U0208264

数字孪生流域降水遥感及动态评价

冶运涛　董甲平　顾晶晶等　著

科学出版社

北　京

内 容 简 介

本书以数字孪生流域基础理论为指导，围绕降水高精度评价问题开展了系统研究，解析了降水遥感机理与方法，建立了遥感降水影响因子定量识别方法、遥感降水降尺度深度学习模型、遥感降水融合高精度校正方法，研究了基于时序遥感的流域降水量动态评价和非点源污染风险动态评估。

本书可为具有气象气候、水文水利、水土资源、生态环境、遥感科学等专业背景的科研人员及大专院校的本科生和研究生，以及水文、气象、农业、林业、水利和环保等行业部门的专业人员和业务管理人员等提供有益参考。

审图号：GS京（2023）1849号

图书在版编目（CIP）数据

数字孪生流域降水遥感及动态评价／冶运涛等著.—北京：科学出版社，2023.9

ISBN 978-7-03-075971-9

Ⅰ.①数… Ⅱ.①冶… Ⅲ.①数字技术–应用–遥感技术–降水
Ⅳ.①P426.6-39

中国国家版本馆CIP数据核字（2023）第125604号

责任编辑：刘　超／责任校对：樊雅琼
责任印制：赵　博／封面设计：无极书装

科学出版社 出版
北京东黄城根北街16号
邮政编码：100717
http://www.sciencep.com

涿州市般润文化传播有限公司印刷
科学出版社发行　各地新华书店经销

*

2023年9月第　一　版　　开本：787×1092　1/16
2025年3月第三次印刷　　印张：14 1/4
字数：330 000

定价：160.00元
（如有印装质量问题，我社负责调换）

撰 写 名 单

冶运涛　董甲平　顾晶晶

关昊哲　曹　引　黄建雄

梁犁丽　段　浩　蒋云钟

前　言

数字孪生流域是智慧水利建设的核心，是水利高质量发展的显著标志。精准映射作为数字孪生流域的基础特征之一，其实现程度高低关系着数字孪生流域建设成败。降水是数字孪生流域感知的重要水分通量和映射关系要素。由于降水时空变率很大，常表现为非正态分布，虽然运用地面雨量计和地基雷达可以监测区域性降水，但是地面监测站点在陆地上分布不均，很难通过这些手段获得大区域性降水分布。因此，精准地测量降水量及其空间分布，将其映射到数字孪生流域虚拟空间，服务于数字化场景构建、智慧化模拟和精准化决策，长期以来是一个颇具挑战性的科学研究目标。

我国水资源时空分布不均，其与人口、生产力和土地等分布不相匹配，需要高时效和高精细化程度的水资源评价以进行水资源的时空合理化配置。但当前降水产品的时空分辨率限制了水资源评价的时效性和精细度，因此，探索并构建一套高精度、高时空分辨率的降水数据集对水资源评价具有重要意义。相比于气象站点和雷达观测，遥感数据具有覆盖范围广、实时性强和信息量丰富等特点，成为了重要的降水数据来源，但仍存在空间分辨率低、数据精度较差等问题。目前这些问题主要通过降水降尺度方法解决。

本书以数字孪生流域理论为指导，分析了降水遥感机理与方法，以滦河流域为研究对象，使用全球降水观测计划多卫星产品（IMERG）并结合多元高分辨率陆表环境变量，开展了降水环境因子筛选、统计降尺度模型构建、降尺度模型结果残差校正、降水量动态评价、基于遥感降水的非点源污染风险评估等方面研究，取得了数字孪生流域降水遥感及动态评价系统成果。

本书内容分为九章，各章安排如下。

第1章是绪论。介绍了本书的研究背景及意义，综述了数字孪生流域、遥感降水尺度、降水量动态评价和非点源污染风险评估的国内外研究现状，给出了本书的研究内容、技术路线。

第2章是数字孪生流域基础理论。给出了数字孪生流域的定义，辨析了与传统建模仿真的区别；提出了数字孪生流域内涵与特征、数字孪生流域基本模型和核心能力，以及数字孪生流域要解决的关键科学问题和关键技术体系，并从感知网、数据网、知识网、模型网及服务网展望了数字孪生流域发展方向，阐述了数字孪生流域的赋能领域。

第3章是降水遥感的机理与方法。介绍有关降水的物理基础，包括降水的基本分类、降水形成条件与过程、降水度量指标与表示方法，以及降水与电磁波之间的相互作用特性。分析了可见光—近红外波段、热红外波段、被动微波、主动微波及多传感器联合反演的基本原理和主要方法。并在介绍地面降水常用观测方法的基础上，概述遥感反演降水的精度检验方法。

第 4 章是遥感降水影响因子定量识别方法。介绍了预选取陆表环境因子，从因子探测、交互探测和生态探测三个方面探究了环境因子及其交互作用对降水空间分布的影响。

第 5 章是遥感降水降尺度深度学习模型。基于降水与陆表环境变量的时空关系，构建了卷积神经网络降水降尺度模型，并从年、季、月和旬四个时间尺度分析了模型的降尺度表现和模型参数的变化情况。

第 6 章是遥感降水融合高精度校正方法。通过结合贝叶斯优化理论和高精度曲面建模理论，提出了一种能够实现参数自优化的高精度残差校正方法，并从降尺度残差校正结果和模型不确定性分析两个方面验证了 Bayes-HASM 的有效性。

第 7 章是基于时序遥感的流域降水量动态评价。基于 2010~2019 年滦河流域的降水降尺度结果，利用 ITA 和距平分析方法，从年、季、月多时间尺度综合分析了滦河流域 10 年间的降水量空间分布和时间变化规律。

第 8 章是基于时序遥感的非点源污染风险动态评估。通过改进的基于降水和地形的输出风险模型，对潘家口流域年尺度和年内逐月的非点源污染风险风险空间分布进行评估，提出了非点源污染风险防控的对策。

第 9 章是总结与展望。对本书的研究工作进行总结，并对未来研究进行展望。

本书出版得到了国家自然科学基金项目"黄河河龙区间河段高含沙水体光学机理及泥沙遥感模型研究"（52279031）、高分辨率对地观测系统重大专项课题"高分水利遥感应用示范系统（二期）–水资源监测评价和管理子系统"（08–Y30F02–9001–20/22）的资助，并得到了科学出版社等单位的大力支持，在此致谢！

在本书撰写过程中，作者引用了大量相关学者研究成果，尽管已有标注和说明，但是不可避免地存在遗漏之处，谨向他们表示感谢。限于作者水平，书中不足之处在所难免，恳请广大读者不吝赐教。

作 者

2023 年 3 月

目　　录

|第1章| 绪 论

1.1 研究背景与意义

推进智慧水利建设要以数字孪生流域建设为核心，是顺应以流域为单元、强化流域治理管理、适应信息技术发展的需要。流域是降水自然形成的以分水岭为边界，以江河湖泊为纽带的空间单元。水的自然属性决定了由流域内上下游、左右岸、干支流和地表地下的自然联系，形成了天然的水系整体，流域内山水林田湖草沙等各生态要素紧密联系、相互影响、相互依存，构成了流域生命共同体。所以强调要以流域为单元，这是顺应自然规律。流域性是江河湖泊最根本、最鲜明的特性。这种特性决定了治水管水的思维和行为必须以流域为基础单元，坚持流域系统观念、坚持全流域"一盘棋"，实现流域统一规划、统一调度、统一治理、统一管理。推进数字孪生流域建设是由水利工作的空间特点决定的，水利是一项大尺度、大范围的工作，不可能在物理流域中试验不同方案，只能在数字空间进行反复预演，经过综合评估分析后选择最优方案，运用到实际工作中，这是顺应技术发展（蔡阳，2022）。

精准映射是数字孪生技术的基础特征之一。数字孪生流域作为数字孪生技术在流域管理治理中具体应用，精准映射亦是其基础特征之一，更是高保真模型的构建的基础。降水是数字孪生流域感知的重要水分通量和映射的关键要素。由于降水时间和空间的变率都很大，常表现为非正态分布，虽然运用地面雨量计和地基雷达可以监测区域性降水，但是地面监测站点在陆地上分布不均，很难通过这些手段获得大区域性和高分辨率降水分布。因此，精准地测量降水量及其空间分布，将其映射到数字孪生流域虚拟流域空间，服务于数字化场景构建、智慧化模拟和精准化决策，长期以来是一个颇具挑战性的科学研究目标。

我国水资源时空分布不均，其与人口、生产力和土地等分布不相匹配，需要通过水资源的时空合理化配置以及严格的水资源管理制度满足经济社会发展和生态环境改善的需求（粟晓玲等，2016）。而合理的水资源配置和严格的水资源管理制度需要以科学的水资源评价为支撑，因此，水资源动态评价是保障我国粮食安全、供水安全、生态安全、能源安全和经济安全的基础性工作，是实现水资源可持续利用的重要保障（卫孟茹等，2022）。随着我国城市化的加速，对水资源开发利用程度的加强和保护需求大幅提升，水资源供需矛盾也日益突出（任怡等，2017），迫切需要对水资源实行更加精细的管理，而当前水资源评价在时效性和精细化程度上均难以支撑日益迫切的需求。降水数据的时空分辨率会直接影响水资源评价的时效性和精细度，而当前降水产品的时空分辨率无法满足精细水资源评价的需求，因此，探索和构建一套高精度、高时空分辨率的降水数据集对水资源评价具有重要意义。

目前降水数据的获取手段主要包括雨量站观测、降水雷达反演、气候模型模拟和卫星遥感观测（邹磊等，2017）。通过雨量站点获取的降水数据准确，但只能代表一定区域内的降水，严重受到站点布设密度的影响，不能够有效的反映降水的空间分布（Xie et al.，2020；Jia et al.，2011）。地面雷达降水产品的校准和高不确定性使得它不能够在水文应用中获得广泛的使用，并且地面雷达一般用于监测有限时间跨度内的极端事件，由于其观测范围有限，不适合长期安排（Jing et al.，2016）。气候模型极易受到地区差异的影响，同时对大量基础气象数据的需求也使其不可能广泛地应用。这些手段均无法满足高质量降水数据的需求。随着卫星技术的发展，相比于其他的获取手段，遥感影像具有几何性质稳定、覆盖范围广、实时性强和信息量丰富的特点，成为降水数据可信赖的来源。目前已经有不少使用卫星遥感资料反演的降水再分析产品，如热带降雨观测卫星（tropical rainfall measuring mission，TRMM）、全球降水测量计划（global precipitation measurement，GPM）和美国气候预测降水中心融合技术降水产品（climate prediction center morphing technique，CMORPH）等。但应用于区域或流域范围内研究时，降水再分析产品的空间分辨率仍然过于粗糙，无法满足精细水文研究的需要，因此对高精度遥感降水数据空间降尺度算法的需求日益迫切。

本书研究所关注的滦河流域地处华北地区东北部，位于内蒙古自治区、河北省和辽宁省的交界地带（刘玉芬，2012）。滦河流域是引滦入津跨流域调水工程的重要水源所在地，滦河流域降水高精度评价对水资源精细化管理具有重要意义，降水作为滦河流域地表径流的主要来源，高质量降水数据的获取对天津、唐山的用水保障具有重要的价值。过去滦河流域的研究主要依靠地面气象站的观测数据，并通过插值算法获取滦河流域的降水数据。然而，该流域内气象站点分布稀疏，44 750km² 的范围内只有 5 个国家级气象站点。因此，基于地面站点的插值降水数据误差显著，且分辨率有限，完全无法满足滦河流域降水高精度评价的需求。

综上所述，建立一套高精度的遥感降水数据统计降尺度模型并获取高空间分辨率和高精度的栅格化降水数据对研究滦河流域、整个京津地区甚至整个中国的降水、水资源、气候变化等领域具有重要的意义。

1.2 国内外研究进展

1.2.1 数字孪生流域研究进展

全球气候变化和人类活动叠加影响使得气候形势愈发复杂多变，导致局地强降水、超强台风、区域性严重干旱及累积水污染等极端事件的突发性、异常性和不确定性更为突出，且数量明显增多，如 2021 年郑州"7·20"暴雨、黄河中下游秋汛、塔克拉玛干沙漠地区洪水及珠江三角洲部分地区旱情。极端天气的超标准载荷极易造成水利工程隐患集中暴发，形成灾害链放大效应。水问题表象在河流，根子在流域，江河湖泊的流域特性决定了必须以流域为单元展开科学研究（Gerath，1996；Cheng et al.，2015）。解决水旱灾害频发、水资源短缺、水环境污染和水生态损害等问题，是国内外公认的科学命题（王浩等，2016；He et al.，2021）。流域是以水为纽带的复杂开放性系统。水系统演化具有很强的不确定性，科学本质上更具综合性、协作性、跨学科性，迫切需要新的工具来支撑新的研究范式（Blair，2021；Bauer et al.，2021a；Bauer et al.，2021b）。同时，可获得的前所未有的遥感、地表或地下仪器监测、社会公众以及网络可用的高度复杂且无序的各种数据，需要新的工具进行处理分析和洞察理解（Blair，2021）。此外，流域治理管理要求决策支持平台具有全息性、时效性、科学性和协同性等性能，亟须新的工具承载这种要求（蒋云钟等，2011；Kalehhouei et al.，2021；Tao et al.，2019）。

2019 年 *Nature* 发表论文 *Make More Digital Twins*（Tao and Qi，2019），数字孪生研究得到国际广泛关注（Tao et al.，2019），其核心是构建仿真模型以实现信息空间和物理空间的无缝集成与实时映射（贺兴等，2020），从而对物理空间对象进行全生命周期管控，降低复杂系统预测不确定性和规避应急事件带来的风险（Grieves et al.，2017）。数字孪生以实时同步、虚实映射、高保真度等特性为拓展流域科学研究提供了一种新的工具，它与流域科学研究和治理管理相结合推动了数字孪生流域概念的诞生（蔡阳等，2021）。数字孪生流域是数字流域的高级阶段（Li et al.，2021；张勇传等，2001），是实现智慧流域理想目标的最佳技术路径（Sepasgozar et al.，2021；冶运涛等，2020），是赋予流域智慧管理的重要设施和基础能力（Nativi et al.，2021）。

欧盟（European Union，EU）和美国国家航空航天局（National Aeronautics and Space Administration，NASA）先后提出了数字孪生地球计划（Bauer et al.，2021a；Bauer et al.，2021b；Allen，2022），旨在建立一个可持续演进、可交互和集成多域多尺度的数字孪生化地球，通过对大自然和人类活动的可视化、监控和预测，模拟未来气候趋势，评估灾难性事件，保护生态环境，推进地球各项管理工作精细化。数字孪生流域作为数字孪生地球的一个重要区域层次，它的开发和研究是实施数字孪生地球的一个很好的试验场所和切入点（张勇传等，2001）。国际上，很多学者探索了数字孪生技术在水治理管理中的应用。Ghaith 等（2021）基于数字孪生建立了城市尺度洪水防御框架；Bartos 等（2021）提出了将水力求解与在线数据同化相结合的雨洪系统数字孪生模型；Alperen 等（2021）研究了基于 ANN 的水文数字孪生防洪模拟；Ranjbar 等（2020）建立了法国加莱渠道的数字孪生框架；Conejos 等（2020）将数字孪生应用于西班牙巴伦西亚供配水网络；Pedersen 等（2021）建立了城市水系统逼真的和原型的数字孪生。在国内，在理论探索方面，与 NASA 提出的数字孪生概念同期，蒋云钟等（2010）提出了智慧流域概念，定义中描述了通过物理流域与数字流域无缝集成实现对流域智慧化管理，已具备数字孪生的思想；此外，国内学者继而发展出"虚拟流域"理论与方法。虚拟流域属于数字流域范畴，但更强调了对真实流域对象的精准化描述（冶运涛等，2019）。这些研究为解析数字孪生流域提供了理论储备。在技术方面，水利部黄河水利委员会、清华大学、华中科技大学、天津大学等单位开展了虚拟化技术在流域管理、水利工程施工中的应用研究（冶运涛等，2019），但这些研究仅仅是利用数字化方式进行信息管理，还处于数字孪生技术的初级应用阶段，尚不具备数字孪生的特征。当前，在国家全力推动下，数字孪生流域已成为全社会焦点，如黄艳等（2022）探索了面向流域水工程防灾联合智能调度的数字孪生长江建设；刘昌军等（2022）研究了数字孪生淮河流域智慧防洪体系；李文学等（2022）、甘郝新等（2022）、廖晓玉等（2022）分别探索了数字孪生黄河、数字孪生珠江、数字孪生松辽流域的建设方案。由于对数字孪生范式认识不足、理论研究不充分和技术挑战尚未攻克，数字孪生的真实效用尚未真正发挥（Fuller et al.，2020；Li et al.，2018）。

综合分析已有研究成果可知，数字孪生流域的基础理论研究尚处于起步阶段，以下关键问题亟待厘清：数字孪生流域的定义及内涵特征，数字孪生流域基本模型，数字孪生流域的核心能力，数字孪生流域的关键技术，数字孪生流域亟须发展方向。通过上述问题探索，为中国数字孪生流域建设提供理论支撑。

1.2.2　遥感降水降尺度研究进展

1.2.2.1　卫星遥感数据源

卫星降水数据空间降尺度算法主要分为两类：动力降尺度和统计降尺度。动力降尺度方法建立在区域气候模式基础之上，使用全球模式提供的初始边界条件，通过高分辨率区域气候模式的数值积分获得高分辨率降水信息。动力降尺度采用数学物理方程描述气候系统内部的各种动力和热力学过程，具有坚实的数学物理基础（徐忠峰等，2019）。但是动力降尺度需要大量的计算资源，随着分辨率的提升，计算量将呈指数增长，而且模拟和配置困难（刘永和等，2011）。统计降尺度方法在较低分辨率下建立卫星降水数据和环境因子的统计关系，并假定上述统计关系在高分辨率下仍然适用，最终基于上述统计关系实现对降水数据的降尺度。统计降尺度方法计算量小、模型构造简单、方法众多形式灵活，并且能够纠正 GCM 的系统误差和控制下垫面有关模型的参数，受到了更广泛的关注（谭伟伟，2020）。

近年来，不断发布的多源卫星融合降水产品也为统计降尺度提供了充分的支持，使获取更高分辨率的降水产品成为了可能。表 1-1 展示了全球主要的卫星降水融合产品。CMAP（Center Merged Analysis of Precipitation）（张莉等，2008）和 GPCP（Global Precipitation Climatology Project）（Robert et al.，2018；Huffman et al.，2009）是早期研发的降水融合产品，它们将多种陆地、海洋卫星数据集与地面站点融合，空间分辨率为 2.5° 或 1°。虽然时间序列长，但受算法影响未能有效消除下垫面的影响，反演的降水精度有限。20 世纪 90 年代末，伴随主动式微波传感器（PR）和微波辐射计的使用，高时空分辨率卫星降水融合产品的研制算法有了进一步的发展，最有代表性的是 TRMM（Tropical Rainfall Measuring Mission）数据使用的 TRMM 多卫星降水分析（TMPA）算法和 CMORPH（Climate Prediction Center Morphing technique）数据使用的 Morphing 技术（潘旸等，

2018）。它们使用搭载专门监测降水的主动式微波传感器获取海洋和陆地上空降水的三维结构，能够有效消除下垫面的影响，反演精度达到地基雷达的水平。但 TRMM 和 CMORPH 均存在时空分辨率不足和对小雨观测不敏感的问题，基于此问题，Joyce 等（2004）研发了基于卡尔曼滤波（KF）的新一代 CMORPH 算法。日本气象厅（JMA）也采用新一代 CMORPH 技术（Okamoto et al.，2005），制作了 GSMaP 全球降水数据。近年来，针对 TRMM 降水雷达时空分辨率不够、对小雨和强降水观测不敏感的问题，NASA 和日本宇宙航空开发机构（JAXA）合作开展了全球降水观测计划合作项目（GPM）。2014 年 2 月发射的 GPM 卫星搭载的双频降雨雷达（DPR）和 GPM 微波成像仪（GMI）能够识别固态降水和微量降水，极大的提高了降水观测的质量（Tang et al.，2016；陈汉清等，2019），是当前最热门也是应用前景最好的降水数据集。

表 1-1　全球主要的卫星降水融合产品列表

产品名称	来源	时间分辨率	空间分辨率	覆盖范围	起始时间
CMAP	US/NOAA/NWS CPC	月	2.5°	全球	1979 年至今
		侯	2.5°	全球	1979 年至今
GPCP	US/NASA/GFSC	月	2.5°	全球	1979 年至今
GPCP pentad	US/NOAA/NWS CPC	侯	2.5°	全球	1979 年至今
GPCP_ 1DD	US/NASA/GFSC	日	1°	50°N～50°S	1997 年至今
TRMM_ 3B43	US/NASA/GFSC PPS	月	0.25°	50°N～50°S	1998 年至今
TRMM_ 3B42	US/NASA/GFSC PPS	3h	0.25°	50°N～50°S	1998 年至今
CMORPH Bias-corrected	US/NOAA/CPC	3h	0.25°	50°N～50°S	1998～2015 年
CMORPH Blended	US/NOAA/CPC	日	0.25°	50°N～50°S	1998～2015 年
GSMaP-MVK	JP/JMA	1h	0.1°	60°N～60°S	2000 年至今
MSWEP	EC/JRC	3h	0.25°	全球	1979～2015 年
GPM-IMERG	US/NASA/JAXA	日	0.1°	全球	2014 年至今

1.2.2.2　降尺度环境因子分析研究进展

统计降尺度算法依托降水与环境因子的统计关系（徐宗学等，2012），因此环境因子的选取会直接决定降尺度结果的优劣。陆表环境因子的筛选和组合已有不少国内外学者进行了钻研和尝试。Immerzeel 等（2009）等基于降水与植被之间的相互影响及反馈关系，首次引入植被指数进行了降水降尺度研究。陈贺等（2007）等在石羊河流域建立了降水与地形因子之间的关系。Jia 等（2011）考虑到地形和植被对降水的影响，使用数字高程模型（digital elevation model，DEM）和归一化植被指数（normalized difference vegetation index，NDVI）因子在柴达木盆地进行了降水降尺度研究。王晓杰等（2013）在天山中段地区建立了降水与 DEM、NDVI 和坡向之间的关系，进行降水降尺度研究。Xie 等（2020）在内蒙古地区使用 NDVI、高程、坡度、坡向和经纬度及指数回归、多元线性回归、广义线性回归和地理加权回归算法展开研究。宁珊等（2020）结合相对湿度、经纬度、高程、坡向、坡度和植被因子，构建了新疆地区的 TRMM 降水量偏最小二乘法降尺度模型。范田亿等（2021）使用 NDVI、DEM、坡度、坡向和经纬度建立了湘江流域地理加权回归降尺度模型。从已有研究来看，大部分研究使用简单的相关系数分析法选取环境因子（顾晶晶等，2021），或直接使用前人的研究成果。但不同时间尺度和不同的流域范围，影响因子均有可能发生变化。因此选择合适的方法定量分析环境因子对降水的影响十分必要。随着统计降水降尺度研究的深入，越来越多的陆表环境因子被用来构建降尺度模型，但对环境因子选择的考虑却不够系统和全面。有哪些因子能够真正地反映降水的空间分异性？所选因子是否存在交互作用？因子之间的交互作用是怎样的？不同因子对降水的影响是否有显著的差异？以及降尺度模型是否会受到多个因子共线性的干扰？以上问题还未有明确的方法进行分析和讨论，仍然在阻碍着降尺度研究中环境因子的选取。

1.2.2.3 统计降水降尺度研究进展

统计降尺度具有计算资源少且运算简单的优势，在空间降尺度领域应用广泛，常用的统计降尺度模型包括多元线性回归、指数回归、偏最小二乘回归、地理加权回归、人工神经网络和深度学习等算法。在较早期的统计降尺度研究中，多元线性回归方法（multiple linear regression，MLR）基于降水量与归一化植被指数存在关系的假设，使用比较广泛（Murphy，2000；Shi et al.，2015）。随后，考虑到降水量受多种因子的影响，逐渐有更多的相关环境因子加入到模型构建中。Jia 等（2011）以柴达木盆地为研究区域，提出了一种基于降水和其他环境因素之间关系的统计降尺度算法；郑杰等（2016）构造了降水数据与经纬度、海拔、坡向和 NDVI 多因子的多元线性回归模型；但线性回归模型假设降水与地表环境变量的空间关系恒定，未能考虑空间变异性对降水的影响。于是，有很多学者开始尝试地理加权回归模型（geographically weighted regression，GWR）。Chen 等（2014）提出了考虑空间异质性的降尺度方法；Xu 等（2015a）提出了利用地理加权回归方法进行降水数据的降尺度的方法；杜军凯等（2019）综合多元线性回归、偏最小二乘回归和地理加权回归建立了太行山区降水产品的降尺度模型。虽然 GWR 模型在降水降尺度上比线性回归模型具有更好的表现，但是在复杂的非线性问题上仍然无法取得令人满意的效果。伴随着计算机硬件和人工智能的不断发展，机器学习和深度学习算法已经在自然语言处理、计算机视觉、图片分类等诸多领域得到了广泛的应用。机器学习和深度学习具有强大的非线性模型的构建能力，而且能够实现数据特征的提取，模型参数的自动优化，近年来在水资源领域也开始逐渐热门。Zhao 等（2017）使用随机森林的集合学习方法建立了降水降尺度模型；Ghorbanpour 等（2021）评估了支持向量机、随机森林、地理加权回归、多元线性回归和指数回归降尺度方法；Sachindra 等（2018）对比了遗传算法、人工神经网络、支持向量机和相关向量机四种机器学习算法在澳大利亚维多利亚州的降水降尺度表现；随着深度学习的普及，越来越多的学者开始尝试使用深度学习进行统计降水降尺度研究。例如杜方洲等（2020）以东北地区为研究区域使用深度学习模型取得了不错的结果；Pan 等（2019）在美国本土的 14 个网格点测试了卷积神经网络（Convolution Neural Network，

CNN）的降水降尺度效果；Baño-Medina 等（2020）基于 VALUE 框架在欧洲大陆对卷积神经网络统计降尺度模型进行了验证；Sha 等（2020）将 UNet 卷积神经网络应用于北美西部降水降尺度研究；Sun 和 Lan（2021）以整个中国为研究区域，从多方面对比了 CNN 与传统统计降尺度的表现；程文聪等（2020）在西北太平洋使用 CNN 进行了降水降尺度研究；Tu 等（2021）使用 WRF 和 CNN 对日本沿海流域进行混合降水降尺度研究。虽然已经取得了不少进展。但是由于卷积神经网络参数庞大复杂，想要充分训练模型并避免过拟合问题就必须提供充足的样本。目前，大多数的卷积神经网络研究将视野投向具有大空间尺度和长时间序列的日降水数据。这就存在了以下的问题：对大空间尺度进行建模势必会冲淡单个流域的降水特征；使用长时间序列训练模型便无法准确反映单一时间段内的降水特征。而且将降尺度后的日降水数据累加到其他尺度时，无法避免误差的传递和累积。以上问题均无法满足高精度降水数据的要求。同时无论是传统的统计降尺度方法还是基于深度学习的降尺度方法，很少将旬尺度纳入研究范围，而且也很少从模型参数的角度对降尺度模型进行分析。

1.2.2.4　降尺度残差校正研究进展

统计降尺度基于以下假设：降水场由一个确定的异质部分和一个随机的同质部分组合而成，其中异质部分可以通过 NDVI、高程等环境变量进行解释，而且这种统计关系在不同的空间尺度上不会改变；而同质部分不会被其他因素干扰、性质稳定且不易被统计模型所模拟（蔡明勇等，2017）。在低分辨率下，异质部分由降水场的长期累积表示，同质部分则是一个自相似的随机场，用于表示模拟降水数据与降水真值之间的残差（Xu et al.，2015b）。

基于任何模型估算出来的降尺度结果与降水真值之间必然存在残差。为了消除这种偏差，对降尺度结果进行残差校正是最行之有效方法（Jing et al.，2016）。但是在过去的降水降尺度研究中，残差校正似乎并未引起足够的重视，在过去的几十年，研究者一直在使用传统的插值方法进行残差校正。例如：Immerzeel 等（2009）和 Xu 等（2015a）使用张力样条插值方法进行残差校正；Park 等（2013）使用克里金插值进行残差校正；马金辉等（2013）使用结合泰森多边形的样条函数插值方法对残差数据进行了插值；Fang 等（2013）、Chen 等（2015）和 Sharifi 等（2019）使用样条插值方法进行了降水降尺度残差校正；胡实等（2020）使用双线性插值方法进行残差校正。这些方法或基于邻域相关性假设，或基于弹性力学机制，而并未从曲面自身的要素出发，考虑曲面的内蕴因素对曲面的约束作用。这就导致，现有降尺度残差校正方法存在着误差问题和多尺度问题。

高精度曲面建模（high accuracy surface modelling，HASM）以全局性近似数据为驱动场，以局地高精度数据为优化控制条件，能够从曲面自身出发，有效解决曲面插值的误差问题和多尺度问题，能够有效弥补现有残差校正方法的不足。虽然 HASM 已经在数字高程模型（digital elevation model，DEM）构建（赵明伟等，2019；Wang et al.，2021）、土壤属性要素模拟（赵苗苗等，2019）、气候要素时空变化分析（周佳等，2020）等领域展现出强大的优势，同时 Yue 等（2007）大量的研究也表明高精度曲面建模方法的模拟精度比经典插值方法提高了多个数量级。目前，已经有学者开始使用 HASM 参与降水降尺度研究 (Zhao et al.，2021)，但目前的研究主要通过融合降尺度结果和实测站点来提高降尺度结果的精度，并未从消除降水同质部分影响的角度进行尝试。同时，在应用 HASM 过程中需要设定大量的结构参数，而且这些参数的组合对模型的结果会产生显著影响。而且模型参数的选取会增加模型的主观性和不确定性。

1.2.3 降水量动态评价研究进展

降水是水文循环和人类生活中最重要的因素之一，因此降水的时空分布一直以来都备受研究者关注（Xing et al.，2015）。以往的降水量空间分布和变化规律分析大多使用气象站点数据（Yang et al.，2017），例如中国水资源公报（中华人民共和国水利部，2002），但受地形、气候等条件的影响，地形复杂、气候恶劣地区的观测站点稀疏，资料匮乏，通过站点数据插值获取的降水时空分布信息，难以准确描述降水的时空变化特征。遥感数据具有获取成本低、监测范围广和更新时间快等特点，能够很好的弥补站点数据空间分布稀疏的缺点，在描述降水量空间分布和时间变化方面具有显著的优势。随着近几年卫星降水产品（TRMM、GPM 等）的大量涌现，为水文分析计算提供了强有力的支撑。使用卫星降水产品进行降水量评价逐渐流行。例如 Kukulies 等（2020）利用 GPM 和另外三个卫星产品研究了青藏高原降水量的时空变化；史婷婷等（2014）利用 TRMM 数据分析福建省多年降水的时空分布格局；刘俊峰等（2011）使用 TRMM 降水数据分析了天山和祁连山区降水垂直分布特征；俞琳飞等（2020）基于 CMORPH CRT 卫星产品研究了太行山区的降水时空格局。虽然多项研究均证实卫星降水产品具备反映降水时空变化规律的能力，但卫星降水产品时空分辨率和数据精度仍有较大的提升空间，目前已有学者开始使用卫星降水降尺度数据开展降水量时空变化规律的研究，例如杜军凯等（2019）利用 TRMM 降水降尺度结果对太行山区降水空间分布和垂向分布特征进行了分析；Baigorria 等（2007）研究了美国阿拉巴马州、乔治亚州和佛罗里达州的月度和每日降雨量的空间变异性。虽然使用降水降尺度数据进行降水量评价的研究逐渐增多，但当前研究的时间尺度多集中于年尺度，由于不同区域地形、气候迥异，利用统计降水降尺度算法获得的高精度、高空间分辨率的降水降尺度数据，从全流域、流域内行政区和子流域三个角度和年、季、月三个时间尺度对滦河流域进行降水量评价的研究还较少。

1.2.4 非点源污染风险评估研究进展

输出系数模型是非点源污染主要的经验模型之一，在 20 世纪 70 年代首次提出，开始于定量研究土地利用方式对水体富营养化的影响，经典的输出系数模型包括以下三种。

1）输出系数模型最早期由 Frink 提出，模型假定土地利用面积与非点源污染负荷呈现线性关系，输出系数大小可表征各土地利用类型的非点源污染强弱，Frink 等利用该模型对康涅狄格州 63 个水体污染物浓度进行预测，结果表明，模型预测值相对于实测值轻微高估，其中对林地和城镇用地污染物负荷估算偏低（Frink，1991）。

2）1996 年，Johnes 提出应用最广泛的经典输出系数模型，模型不仅考虑土地覆被、社会经济和城镇人口等因素，还考虑了降雨等自然因素，增加了输出系数模型模拟的可信度（Johnes，1996）。

3）Soranno 等基于污染源与水体之间的空间距离，对模型进行改进，并且将模型与 GIS 进行结合。在对美国 Mendota 地区非点源污染模拟研究中模型表现良好，但改进的模型仅可对附着态磷元素进行估算，无法估算氮元素（Soranno et al.，1996）。

在国外，输出系数模型已被应用到众多地区，如 Mattikalli 和 Richards（1996）利用输出系数模型模拟了 Glen 河流域长达 50 多年的非点源污染负荷，并分析了研究区土地利用和施肥量与非点源污染之间的关系；Zobrist（2006）选取瑞士典型流域，对研究区内土地利用变化进行长达 24 年的分析，通过实验得到了氮、磷、钾等污染物的输出系数范围；Matias 和 Johns（2012）利用输出系数模型对干旱区非点源污染负荷进行模拟，分析了污染物来源以及磷元素输出系数；Khadam 等（2006）充分考虑到非点源污染中水文变化以及模型参数不确定性，进一步优化输出系数模型，并应用到华盛顿州内水体非点源污染负荷研究中，实验结果表明改进后的输出系数模型对非点源污染模拟和预测效果较好。

在我国，非点源污染研究起步较晚，监测数据不足，机理模型构建困难，所以输出系数模型在我国非点源污染研究中应用广泛。目前，国内基于输出系数模型的非点源污染研究可概括为三个方面。

（1）非点源污染负荷估算

随着国家重大专项计划提出，水环境污染治理与管理进入新的阶段，非点源污染作为水资源恶化的主要原因，开展研究势在必行。而输出系数模型因其不涉及物理机理、模型构建简单和模拟准确等优点，在国内非点源污染研究具有重要地位。如蔡明等（2004）考虑到污染物迁移过程中损失以及降水对非点源污染的重要影响，改进了输出系数模型，并以渭河流域为研究区进行 TN 污染负荷估算，实验结果表明，改进后的模型对非点源污染负荷模拟更准确。丁晓雯等（2008）从降水和地形出发对模型进行改进，计算长江上游 1990 年和 2000 年非点源污染负荷，通过对比改进前后模型模拟精度，发现改进后的模型模拟误差分别减小了 22.09% 和 24.11%。李兆富等（2009）利用实测数据估算输出系数，同时还考虑了降水影响，对输出模型进行改进并在西苕溪流域进行模拟实验，结果表明由于输出系数模型不用考虑污染物迁移机理特点，改进后的输出系数模型具有更好的时空适用性。马广文等（2011）结合遥感、地理信息系统技术和输出系数模型，估算了松花江流域非点源污染负荷，实验结果表明，松花江流域主要污染源是人类活动引起，同时自然环境的影响也不容忽视。李政道等（2020）在参考已有输出系数模型研究基础上，估算红枫湖保护区非点源污染年负荷量，结果表明，流域非点源污染负荷贡献量土地利用类型>农村生活排污>畜禽粪便，在土地利用方式中，农业用地污染贡献量最大。

（2）非点源污染负荷预测

非点源污染负荷预测研究，可以为流域非点源污染治理和管理提供数据支持，有效预防水体水质恶化，防患于未然。如龙天渝等（2008）结合 RS 的空间优势和 GIS 的空间分析能力，利用输出系数模型对三峡库区非点源污染负荷进行预测，研究表明，2020 年三峡库区非点源污染物总量会有一定程度降低，但库区污染负荷并不会减少，农业非点源污染仍然是库区的主要污染源。黎万凤（2009）以改进的输出系数模型为基础，将它与SLURP 模型结合，预测了嘉陵江流域非点源污染负荷，结果表明，2020~2030 年流域非点源污染负荷逐年增加，其中重庆和四川地区最为显著。杨立梦（2014）在土地利用类型不变的假设下，预测了茫溪河流域非点源污染负荷量，研究显示，畜禽粪便污染贡献量最高，农村生活排污次之。程静等（2017）以汾河流域为研究区，将输出系数模型与系统动力学耦合，预测了研究区总氮污染负荷量，结果表明，以目前的发展情况，到 2030 年流域非点源污染只会更加严重，并提出非点源污染治理和管理方案。

（3）非点源输出风险评估

非点源污染治理与管理已经成为全世界性难题。由于非点源污染治理难度大，若能提前发现非点源污染高风险区，就可以提前管理和规划，防患于未然。非点源污染风险评估包括多因子分析法、分布式分析法和输出风险模型，其中多因子分析法和分布式分析法均要考虑非点源污染迁移过程，研究过程中需要确定众多参数，这就限制了它们在输出风险评估中的应用。输出风险模型以输出系数模型为基础，模型不需要考虑非点源污染机理、操作简单、且基础数据易获取，已被广泛应用于非点源污染风险研究（邓欧平等，2013）。如田甜等（2011）结合输出系数模型与 GIS 技术，对三峡库区大宁河流域非点源污染输出风险进行估算，并分析了土地利用变化对输出风险的影响，结果表明，研究区氮素和磷素输出风险主要集中在 0~40% 和 0~30%；就行政区而言，巫山县非点源污染平均输出风险比巫溪县更高。张立坤等（2014）以输出系数为基础，利用 GIS 的空间分析能力，估算了呼兰河流域非点源污染风险，研究显示，流域发生非点源污染风险较高，其中氮素是主要污染物，且结合行政区分析得到各县区污染输出风险。方广玲等（2015）以降雨、地形和施肥等因子，构建非点源污染输出系数模型，对拉萨河流域非点源污染输出风险进行评估，结果表明，1996 年和 2010 年输出风险概率分别为 50.1% 和 34.9%，流域非点源污染为中等风险，并提出流域应合理制定农业规划，建议设置污染物迁移缓冲带。荆延德等（2017）以南四湖为研究对象，分析了不同土地利用方式和坡度等级上非点源污染输出风险，结果表明，研究区内耕地和草地面积占比与非点源污染风险呈现正相关关系，且高风险区坡度集中在 0°~8°，随着坡度增加，高输出风险区面积减小。

从非点源污染产生机制来看，非点源污染以降水为主要驱动，通过在不同土地利用上产生径流和土壤侵蚀，污染物以溶解于径流（溶解态）和附着于泥沙（颗粒态）两种形态流入水体，对水体产生污染。非点源污染影响因素众多，目前研究表明，非点源污染主要受降水、土地利用、植被覆盖、坡度等自然因素及人口、畜禽养殖、农业施肥等非自然因素影响（Bai et al.，2020）。大量研究表明，降水和土地利用是非点源污染重要影响因素，而这两者都具有较强的时空差异性，所以准确获取降水和土地利用数据是进行非点源污染研究的先决条件（张森森等，2021；李晓虹等，2019）。随着遥感技术的快速发展，卫星遥感因其空间尺度宏观、分辨率高及连续性等特点，在流域科学研究中发挥着不可替代的作用，被广泛应用在土地利用分类和降水反演研究中（Ge et al.，2020；Wang et al.，2020）。

1.3　拟解决的关键问题

围绕数字孪生流域降水遥感及动态评价的研究主题，通过分析国内外研究现状，本书提出拟解决的关键问题如下。

1）将数字孪生的理念和技术体系引入到智慧水利中，提出建设数字孪生流域，在理念和技术逻辑上能够极大增强智慧水利的整体性、系统性、完备性、有机性，但是由于数字孪生有其丰富的内涵和特点，需要透彻把握数字孪生内在逻辑，研究构建符合数字孪生流域治理管理业务特色的理论框架，真正把数字孪生理念技术科学地融合到智慧水利体系中，以此提升流域治理管理能力，从而对数字孪生流域建设具有指导意义。

2）高质量降水数据是开展天气、气候、水文、生态等研究的重要基础。由于传统地面雨量计站观测和地基雷达观测受站点数量和地形条件的限制，很难实现大范围降水的均匀监测，而卫星遥感降水能有效弥补传统观测站网的缺点。由于降水遥感机理复杂，算法比较多，产品比较多，如何对降水遥感机理和方法进行综合认知是基础性问题之一。

3）陆表环境变量是统计降尺度模型统计关系的自变量，它们的选取会直接决定降尺度结果的优劣。从分析环境变量及其交互作用对降水空间分异性影响、多环境变量共线性造成的模型失真等方面系统全面地考虑环境变量对降水的影响是本文拟解决的关键问题之一。

4）统计降尺度是利用环境变量和降水数据拟合得到的统计关系实现遥感降水产品的降尺度运算，模型拟合的优劣会对降尺度的效果起决定性影响。考虑到降水与环境变量间复杂的非线性关系及小流域尺度样本数量的限制，构建合适的统计降尺度模型是本文拟解决的关键问题之一；考虑到目前多时间尺度降水降尺度研究的匮乏及多时间尺度降水累加造成的误差问题和多尺度问题，实现参数和超参数自优化并构建适用于多时间尺度的降水降尺度模型及分析模型在不同时间尺度参数的变化情况也是本文拟解决的关键问题之一。

5）降尺度矫正是消除降水场随机同质部分的重要步骤，它对于提升模型的降尺度精度具有重要意义。考虑到矫正过程中，由于运算和尺度转换造成的误差问题和多尺度问题，实现从曲面自身出发，以精确点要素约束未知区域实现降水残差的精确计算是本文拟解决的关机问题之一；模型构建过程中需要设定合适的超参数优化模型并降低模型的不确定性，实现降尺度矫正模型的超参数优化也是本文拟解决的关键问题。

6）降水量是水资源评价的一个重要方面，实现降水量的精细化动态评价对水资源评价具有重要价值。但目前降水量评价仍主要使用地面站点数据且主要集中在年尺度，无法满足精细化降水量评价的需求。使用降水降尺度结果，从年、季和月多时间尺度实现流域内降水量空间分布和时间变化的动态评价是本文拟解决的关键问题之一。

7）土地利用类型是影响非点源污染的关键性因素，日益丰富的卫星遥感数据源为获取时空连续的土地覆被分类提供了基础，选择合适的卫星遥感数据源，如何高精度地对研究区土地覆被分类是本文拟解决的关键问题之一；已有的流域非点源污染风险评估多基于年尺度，无法反映年内风险变化情况，而传统输出系数模型未考虑降水和地形对非点源污染风险影响，如何对降水和地形因子进行改进建立非点源污染风险动态评估模型是本文拟解决关键问题之一。

1.4 总体思路

本书在数字孪生流域基础理论框架下，通过解析降水遥感机理和总结降水遥感方法，使用 IMERG 降水产品和多种地表环境变量，利用"地理探测器"、"卷积神经网络"和"Bayes-HASM"算法改进了统计降水降尺度流程，并使用此流程获得滦河 2010~2019 年高精度、高空间分辨率的降水数据，最终完成滦河流域 2010~2019 年的降水量动态评价，并实现滦河流域的非点源污染风险动态评估。本书整体技术路线如图 1-1 所示。

1）本书以数字孪生流域理论为基础框架，从概念辨析、内涵特征、基本模型、核心能力、关键技术和亟须发展方向 6 个角度，完整叙述数字孪生流域的基础理论。

2）降水是全球水循环的基本组成部分，遥感是孪生流域降水数据的重要获取手段，从降水遥感的物理基础、原理、方法和精度等角度详细阐述了降水遥感的机理和方法，为遥感降水研究奠定理论基础。

3）遥感降水影响的陆表环境变量识别。使用地理探测器从因子探测、交互探测和生态探测三个层次讨论陆表环境变量与降水的空间分异性，并结合共线性分析筛选得到 NDVI、高程、坡度、坡向、经度、纬度 6 个环境变量。

4）遥感降水降尺度自优化模型构建。①将筛选出的地表环境因子使用双线性内插方法重采样到 0.1° 和 0.01°，然后从 0.1° 的图像中随机抽取 70% 作为训练数据，另 30% 作为验证数据。②基于 PyTorch 深度学习框架构建年、季、月和旬卷积神经网络降尺度模型，并基于网格搜索算法筛选模型的最优超参数，将模型权重参数初始化为 [−0.07，0.07] 的均匀分布并使用 Adam 算法实现小批量随机梯度下降。③将分辨率为 0.01° 的 NDVI、高程、经纬度、坡度和坡向数据代入降尺度模型，得到分辨率为 0.01° 的降尺度模型结果。

5）遥感降水降尺度高效高精度校正。降水场的异质部分能够很好的通过卷积神经网络拟合，但随机的同质部分则需要进行残差校正，以 CGDPA 像元中心点为基准数据点集，通过提取对应经纬度的降尺度模型结果做差获得残差点集，随机提取 70% 作为模型的"构建数据"，另 30% 作为模型的"验证数据"。将"构建数据"进行双线性插值得到迭代初值。以迭代初值为驱动场，以"构建数据"为优化控制条件输入 Bayes-HASM 获取高精度残差插值数据，并将残差与降尺度模型结果相加获得高精度降水降尺度残差校正结果。

6）基于时序遥感降水的滦河流域降水量评价。使用以上算法改进的统计降水降尺度流程计算得到 2010~2019 年滦河流域 0.01° 的年、季、月降水数据，以全流域、流域内行政区和流域子流域为统计单元，从降水的空间分布格局及降水的时间变化规律角度对滦河流域进行降水量动态评价。

7）基于时序遥感的非点源污染风险动态评估。从产生机制看，非点源污染以降水为驱动，通过引入动态降水因子和地形因子构建输出风险评估模型，分析非点源污染输出风险年尺度和月尺度空间分布，实现滦河流域非点源污染动态评估。

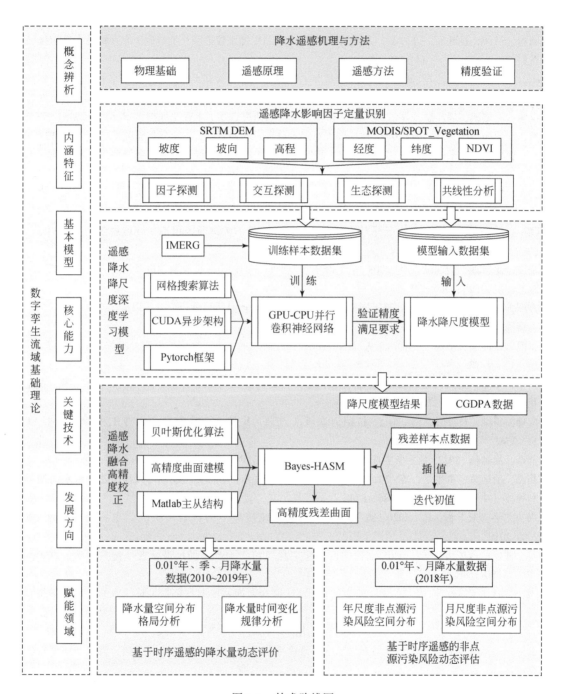

图 1-1　技术路线图

参 考 文 献

蔡明，李怀恩，庄咏涛，等 . 2004. 改进的输出系数法在流域非点源污染负荷估算中的应用 . 水利学报，

（7）：40-45.

蔡明勇，吕洋，杨胜天，等 . 2017. 雅鲁藏布江流域 TRMM 降水数据降尺度研究 . 北京师范大学学报（自然科学版），53（1）：111-119，2.

蔡阳，成建国，曾焱，等 . 2021. 加快构建具有"四预"功能的智慧水利体系 . 中国水利，（20）：2-5.

蔡阳 . 2022. 以数字孪生流域为核心构建具有"四预"功能智慧水利体系 . 中国水利，（20）：2-6，60.

陈汉清，鹿德凯，周泽慧，等 . 2019. GPM 降水产品评估研究综述 . 水资源保护，35（1）：27-34.

陈贺，李原园，杨志峰，等 . 2007. 地形因素对降水分布影响的研究 . 水土保持研究，（1）：119-122.

程静，贾天下，欧阳威 . 2017. 基于 STELLA 和输出系数法的流域非点源负荷预测及污染控制措施 . 水资源保护，33（3）：74-81.

程文聪，史小康，张文军，等 . 2020. 基于深度学习的数值模式降水产品降尺度方法 . 热带气象学报，36（3）：307-316.

邓欧平，孙嗣旸，吕军 . 2013. 长乐江流域非点源氮素污染的关键源区识别 . 环境科学学报，2013，33（8）：2307-2313.

丁晓雯，沈珍瑶，刘瑞民，等 . 2008. 基于降雨和地形特征的输出系数模型改进及精度分析 . 长江流域资源与环境，（2）：306-309.

杜方洲，石玉立，盛夏 . 2020. 基于深度学习的 TRMM 降水产品降尺度研究——以中国东北地区为例 . 国土资源遥感，32（4）：145-153.

杜军凯，贾仰文，李晓星，等 . 2019. 基于 TRMM 卫星降水的太行山区降水时空分布格局 . 水科学进展，30（1）：1-13.

范田亿，张翔，黄兵，等 . 2021. TRMM 卫星降水产品降尺度及其在湘江流域水文模拟中的应用 . 农业工程学报，37（15）：179-188.

方广玲，香宝，杜加强，等 . 2015. 拉萨河流域非点源污染输出风险评估 . 农业工程学报，31（1）：247-254.

甘郝新，吴皓楠 . 2022. 数字孪生珠江流域建设初探 . 中国防汛抗旱，32（2）：36-39.

顾晶晶，冶运涛，董甲平，等 . 2021. 滦河流域遥感反演降水产品高精度空间降尺度方法 . 南水北调与水利科技（中英文），19（5）：862-873.

贺兴，艾芊，朱天怡，等 . 2020. 数字孪生在电力系统应用中的机遇和挑战 . 电网技术，44（6）：2009-2019.

胡实，韩建，占车生，等 . 2020. 太行山区遥感卫星反演降雨产品降尺度研究 . 地理研究，2020，39（7）：1680-1690.

黄艳，喻杉，罗斌，等 . 2022. 面向流域水工程防灾联合智能调度的数字孪生长江探索 . 水利学报，53（3）：253-269.

蒋云钟，冶运涛，王浩 . 2011. 智慧流域及其应用前景 . 系统工程理论与实践，31（6）：1174-1181.

蒋云钟，冶运涛，王浩 . 2010. 从智慧地球到智慧流域 // 北京：中国水利水电科学研究院第十届青年学术交流会 .

荆延德，张华美，孙笑笑 . 2017. 基于输出系数模型的南四湖流域非点源污染输出风险评估 . 水土保持通报，37（3）：270-274.

黎万凤 . 2009. 嘉陵江流域非点源污染负荷的预测分析 . 重庆：重庆大学 .

李文学，寇怀忠 . 2022. 关于建设数字孪生黄河的思考 . 中国防汛抗旱，32（2）：27-31.

李晓虹，雷秋良，周脚根，等 . 2019. 降雨强度对洱海流域凤羽河氮磷排放的影响 . 环境科学，40（12）：5375-5383.

李兆富，杨桂山，李恒鹏 . 2009. 基于改进输出系数模型的流域营养盐输出估算 . 环境科学，30（3）：
　　668-672.

李政道，刘鸿雁，姜畅，等 . 2020. 基于输出系数模型的红枫湖保护区非点源污染负荷研究 . 水土保持通
　　报，40（2）：193-198.

廖晓玉，高远，金思凡，等 . 2022. 松辽流域智慧水利建设方案初探 . 中国防汛抗旱，32（2）：40-
　　43, 53.

刘昌军，吕娟，任明磊，等 . 2022. 数字孪生淮河流域智慧防洪体系研究与实践 . 中国防汛抗旱，32
　　（1）：47-53.

刘俊峰，陈仁升，卿文武，等 . 2011. 基于 TRMM 降水数据的山区降水垂直分布特征 . 水科学进展，22
　　（4）：447-454.

刘永和，郭维栋，冯锦明，等 . 2011. 气象资料的统计降尺度方法综述 . 地球科学进展，26（8）：
　　837-847.

刘玉芬 . 2012. 滦河流域水文、地质与经济概况分析 . 河北民族师范学院学报，32（2）：24-26.

龙天渝，梁常德，李继承，等 . 2008. 基于 SLURP 模型和输出系数法的三峡库区非点源氮磷负荷预测 .
　　环境科学学报，（3）：574-581.

马广文，王业耀，香宝，等 . 2011. 松花江流域非点源氮磷负荷及其差异特征 . 农业工程学报，27（2）：
　　163-169.

马金辉，屈创，张海筱，等 . 2013. 2001-2010 年石羊河流域上游 TRMM 降水资料的降尺度研究 . 地理科
　　学进展，32（9）：1423-1432.

宁珊，张正勇，刘琳，等 . 2020. TRMM 偏最小二乘降尺度降水模型在新疆不同地貌的适应性 . 农业工
　　程学报，36（12）：99-109.

潘旸，谷军霞，徐宾，等 . 2018. 多源降水数据融合研究及应用进展 . 气象科技进展，8（1）：143-152.

任怡，王义民，畅建霞，等 . 2017. 陕西省水资源供求指数和综合干旱指数及其时空分布 . 自然资源学
　　报，32（1）：137-151.

史婷婷，杨晓梅，张涛，等 . 2014. 基于 TRMM 数据的福建省降水时空格局 BME 插值分析 . 地球信息科
　　学学报，16（3）：470-481.

粟晓玲，宋悦，刘俊民，等 . 2016. 耦合地下水模拟的渠井灌区水资源时空优化配置 . 农业工程学报，32
　　（13）：43-51.

谭伟伟 . 2020. 长江经济带卫星遥感降水数据空间降尺度研究 . 武汉：武汉大学 .

田甜，刘瑞民，王秀娟，等 . 2011. 三峡库区大宁河流域非点源污染输出风险分析 . 环境科学与技术，34
　　（6）：185-190.

王浩，贾仰文 . 2016. 变化中的流域“自然–社会”二元水循环理论与研究方法 . 水利学报，47（10）：
　　1219-1226.

王晓杰 . 2013. 基于 TRMM 的天山山区降水降尺度方法及其空间变异特征研究 . 石河子：石河子大学 .

卫孟茹，霍军军，姚立强，等 . 2022. 长江经济带水资源空间均衡性分析 . 科学技术与工程，22（15）：
　　6291-6300.

徐忠峰，韩瑛，杨宗良 . 2019. 区域气候动力降尺度方法研究综述 . 中国科学：地球科学，49（3）：
　　487-498.

徐宗学，刘浏 . 2012. 太湖流域气候变化检测与未来气候变化情景预估 . 水利水电科技进展，2012，32
　　（1）：1-7.

杨立梦 . 2014. 茫溪河流域（井研段）农业非点源污染研究 . 成都：西南交通大学 .

冶运涛, 蒋云钟, 梁犁丽, 等 . 2019. 虚拟流域环境理论技术研究与应用 . 北京: 海洋出版社 .

冶运涛, 蒋云钟, 赵红莉, 等 . 2020. 智慧流域理论、方法与技术 . 北京: 中国水利水电出版社 .

俞琳飞, 李会龙, 杨永辉, 等 . 2020. 基于 CMORPH CRT 产品的太行山区降水时空格局 . 中国生态农业学报 (中英文), 28 (2): 305-316.

张立坤, 香宝, 胡钰, 等 . 2014. 基于输出系数模型的呼兰河流域非点源污染输出风险分析 . 农业环境科学学报, 33 (1): 148-154.

张莉, 丁一汇, 孙颖 . 2008. 全球海气耦合模式对东亚季风降水模拟的检验 . 大气科学, (2): 261-276.

张森森, 肖武, 徐建飞, 等 . 2021. 巢湖流域土地整治与面源污染时空过程及关系 . 水土保持研究, 28 (1): 360-367.

张勇传, 王乘 . 2001. 数字流域——数字地球的一个重要区域层次 . 水电能源科学, (3): 1-3.

赵苗苗, 刘熠, 杨吉林, 等 . 2019. 基于 HASM 的中国植被 NPP 时空变化特征及其与气候的关系 . 生态环境学报, 28 (2): 215-225.

赵明伟, 张扬, 江岭, 等 . 2019. 一种优化高精度曲面建模的 DEM 构建方法 . 测绘科学, 44 (3): 122-126.

郑杰, 闾利, 冯文兰, 等 . 2016. 基于 TRMM 3B43 数据的川西高原月降水量空间降尺度模拟 . 中国农业气象, 37 (2): 245-254.

中华人民共和国水利部 . 2002. 2001 中国水资源公报 . 北京: 中华人民共和国水利部 .

周佳, 赵亚鹏, 岳天祥, 等 . 2020. 结合 HASM 和 GWR 方法的省级尺度近地表气温估算 . 地球信息科学学报, 22 (10): 2098-2107.

邹磊, 夏军, 陈心池, 等 . 2017. 多套降水产品精度评估与可替代性研究 . 水力发电学报, 36 (5): 36-46.

Allen B D. 2022. Digital twins and living models at NASA. https: // ntrs. nasa. gov/api/citations/ 20210 023699 / downloads/ ASME% 20Digital% 20Twin% 20 Summit % 20Keynote_ final. pdf. [2022-07-25] .

Alperen C I, Artigue G, Kurtulus B, et al. 2021. A hydrological digital twin by Artificial Neural Networks for flood simulation in Gardon de Sainte-Croix basin, France//IOP Conference Series: Earth and Environmental Science. IOP Publishing, 906 (1): 012112.

Bai X Y, Shen W, Wang P, et al. 2020. Response of Non-point Source Pollution Loads to Land Use Change under Different Precipitation Scenarios from a Future Perspective. Water Resources Management, 34 (13): 3987-4002.

Baigorria G A, Jones J W, O'Brien J J. 2007. Understanding rainfall spatial variability in southeast USA at different timescales. International Journal of Climatology: A Journal of the Royal Meteorological Society, 27 (6): 749-760.

Baño-Medina J, Manzanas R, Gutiérrez J M. 2020. Configuration and intercomparison of deep learning neural models for statistical downscaling. Geoscientific Model Development, 13 (4): 2109-2124.

Bartos M, Kerkez B. 2021. Pipedream: an interactive digital twin model for natural and urban drainage systems. Environmental Modelling & Software, 144: 105120.

Bauer P, Dueben P D, Hoefler T, et al. 2021a. The digital revolution of earth-system science. Nature Computational Science, 1 (2): 104-113.

Bauer P, Stevens B, Hazeleger W. 2021b. A digital twin of earth for the green transition. Nature Climate Change, 11 (2): 80-83.

Blair G S. 2021. Digital twins of the natural environment. Patterns, 2 (10): 100359.

Chen C, Zhao S, Duan Z, et al. 2015. An improved spatial downscaling procedure for TRMM 3B43 precipitation product using geographically weighted regression. IEEE Journal of Selected Topics in Applied Earth Observations and Remote Sensing, 8 (9): 4592-4604.

Chen F, Liu Y, Liu Q, et al. 2014. Spatial downscaling of TRMM 3B43 precipitation considering spatial heterogeneity. International Journal of Remote Sensing, 35 (9): 3074-3093.

Cheng G D, Li X. 2015. Integrated research methods in watershed science. Science China Earth Sciences, 58 (7): 1159-1168.

Conejos F P, Martinez A F, Hervas C M, et al. 2020. Building and exploiting a digital twin for the management of drinking water distribution networks. Urban Water Journal, 17 (8): 704-713.

Fang J, Du J, Xu W, et al. 2013. Spatial downscaling of TRMM precipitation data based on the orographical effect and meteorological conditions in a mountainous area. Advances in Water Resources, 61: 42-50.

FRINK C R. 1991. Estimating Nutrient Exports to Estuaries. Journal of Environmental Quality, (4): 717-724.

Fuller A, Fan Z, Day C, et al. 2020. Digital twin: enabling technologies, challenges and open research. IEEE access, 8: 108952-108971.

Ge G, Shi Z J, Zhu Y J, et al. 2020. Land use/cover classification in an arid desert-oasis mosaic landscape of China using remote sensed imagery: Performance assessment of four machine learning algorithms. Global Ecology and Conservation, 22 (2): 971-991.

Gerath T M. 1996. The watershed protection approach: is the promise about to be realized?. Natural Resources & Environment, 11 (2): 16-20.

Ghaith M, Yosri A, El-Dakhakhni W. 2021. Digital twin: a city-scale flood imitation framework//Las Vegas: CSCE 2021 Annual Conference.

Ghorbanpour A K, Hessels T, Moghim S, et al. 2021. Comparison and assessment of spatial downscaling methods for enhancing the accuracy of satellite-based precipitation over Lake Urmia Basin. Journal of Hydrology, 596: 126055.

Grieves M, Vickers J. 2017. Digital twin: mitigating unpredictable, undesirable emergent behavior in complex system. Berlin: Springer-Verlag.

He C, James L A. 2021. Watershed science: linking hydrological science with sustainable management of river basins. Science China Earth Sciences, 64 (5): 677-690.

Huffman G J, Adler R F, Bolvin D T, et al. 2009. Improving the global precipitation record: GPCP Version 2.1. Geophysical Research Letters, 36 (17): 1-5.

Immerzeel W W, Rutten M M, Droogers P. 2009. Spatial downscaling of TRMM precipitation using vegetative response on the Iberian Peninsula. Remote Sensing of Environment, 113 (2): 362-370.

Jia S, Zhu W, Lü A, et al. 2011. A statistical spatial downscaling algorithm of TRMM precipitation based on NDVI and DEM in the Qaidam Basin of China. Remote Sensing of Environment, 115 (12): 3069-3079.

Jing W, Yang Y, Yue X, et al. 2016. A comparison of different regression algorithms for downscaling monthly satellite-based precipitation over North China. Remote Sensing, 8 (10): 835.

Johnes P J. 1996. Evaluation and management of the impact of land use change on the nitrogen and phosphorus load delivered to surface waters: the export coefficient modelling approach. Journal of Hydrology, 183 (4): 323-349.

Joyce R J, Janowiak J E, Arkin P A, et al. 2004. CMORPH: A Method that Produces Global Precipitation Estimates from Passive Microwave and Infrared Data at High Spatial and Temporal Resolution. Journal of

Hydrometeorology, 5（3）：287-296.

Kalehhouei M, Hazbavi Z, Spalevic V, et al. 2021. What is smart watershed management? Agriculture & Forestry, 67（2）：195-209.

Khadan I M, Ikhadam G, Kaluarachchi J J. 2006. Water quality modeling under hydrologic variability and parameter uncertainty using erosion-scaled export coefficients. Journal of Hydrology, （2）：354-367.

Kukulies J, Chen D, Wang M. 2020. Temporal and spatial variations of convection, clouds and precipitation over the Tibetan Plateau from recent satellite observations. Part II：Precipitation climatology derived from global precipitation measurement mission. International Journal of Climatology, 40（11）：4858-4875.

Li D R, Yu W B, Shao Z F. 2021. Smart city based on digital twins. Computational Urban Science, 1（1）：1-11.

Li X, Cheng G, Lin H, et al. 2018. Watershed system model：the essentials to model complex human-nature system at the river basin scale. Journal of Geophysical Research：Atmospheres, 123（6）：3019-3034.

Matias N G, Johns P J. 2012. Catchment Phosphorous Losses：An Export Coefficient Modelling Approach with Scenario Analysis for Water Management. Water Resources Management, 26（5）：1041-1064.

Mattikalli N M, Richards K S. 1996. Estimation of surface water quality changes in response to land use change：Application of the The Export Coefficient Model Using Remote Sensing and Geographical Information System. Journal of Environmental Management, 48（3）：263-282.

Murphy J. 2000. Predictions of climate change over Europe using statistical and dynamical downscaling techniques. International Journal of Climatology：A Journal of the Royal Meteorological Society, 20（5）：489-501.

Nativi S, Mazzetti P, Craglia M. 2021. Digital ecosystems for developing digital twins of the earth：the destination earth case. Remote Sensing, 13（11）：2119.

Okamoto K I, Ushio T, Iguchi T, et al. 2005. The global satellite mapping of precipitation（GSMaP）project//Proceedings. 2005 IEEE International Geoscience and Remote Sensing Symposium, 2005. IGARSS´05. IEEE, 5：3414-3416.

Pan B, Hsu K, AghaKouchak A, et al. 2019. Improving precipitation estimation using convolutional neural network. Water Resources Research, 55（3）：2301-2321.

Park N W. 2013. Spatial downscaling of TRMM precipitation using geostatistics and fine scale environmental variables. Advances in Meteorology, （11）：1-9.

Pedersen A N, Borup M, Brink-Kjær A, et al. 2021. Living and prototyping digital twins for urban water systems：towards multi-purpose value creation using models and sensors. Water, 13（5）：592.

Ranjbar R, Duviella E, Etienne L, et al. 2020. Framework for a digital twin of the Canal of Calais. Procedia Computer Science, 178：27-37.

RobertA, Mathew S, George H, et al. 2018. The Global Precipitation Climatology Project（GPCP）Monthly Analysis（New Version 2.3）and a Review of 2017 Global Precipitation. Atmosphere, 9（4）：138.

Sachindra D A, Ahmed K, Rashid M M, et al. 2018. Statistical downscaling of precipitation using machine learning techniques. Atmospheric Research, 212：240-258.

Sepasgozar S M E. 2021. Differentiating digital twin from digital shadow：elucidating a paradigm shift to expedite a smart, sustainable built environment. Buildings, 11（4）：151.

Sha Y, Gagne II D J, West G, et al. 2020. Deep-learning-based gridded downscaling of surface meteorological variables in complex terrain. Part I：Daily maximum and minimum 2-m temperature. Journal of Applied Meteorology and Climatology, 59（12）：2057-2073.

Sharifi E, Saghafian B, Steinacker R. 2019. Downscaling satellite precipitation estimates with multiple linear regression, artificial neural networks, and spline interpolation techniques. Journal of Geophysical Research: Atmospheres, 124 (2): 789-805.

Shi Y, Song L, Xia Z, et al. 2015. Mapping annual precipitation across mainland China in the period 2001-2010 from TRMM3B43 product using spatial downscaling approach. Remote Sensing, 7 (5): 5849-5878.

Soranno P A, Hubler S L, Carpenter S R, et al. 1996. Phosphorus Loads to Surface Waters: A Simple Model to Account for Spatial Pattern of Land Use. Ecological Applications, (3): 865-878.

Sun L, Lan Y. 2021. Statistical downscaling of daily temperature and precipitation over China using deep learning neural models: Localization and comparison with other methods. International Journal of Climatology, 41 (2): 1128-1147.

Tang G, Ma Y, Long D, et al. 2016. Evaluation of GPM Day-1 IMERG and TMPA Version-7 legacy products over Mainland China at multiple spatiotemporal scales. Journal of Hydrology, 533: 152-167.

Tao F, Qi Q L. 2019. Make more digital twins. Nature, 573: 490-491.

Tao F, Zhang H, Liu A, et al. 2019. Digital twin in industry: state-of-the-art. IEEE Transactions on Industrial Informatics, 15 (4): 2405-2415.

Tu T, Ishida K, Ercan A, et al. 2021. Hybrid precipitation downscaling over coastal watersheds in Japan using WRF and CNN. Journal of Hydrology: Regional Studies, 37: 100921.

Wang J, Zhao M, Jiang L, et al. 2021. A new strategy combined HASM and classical interpolation methods for DEM construction in areas without sufficient terrain data. Journal of Mountain Science, 18 (10): 2761-2775.

Wang X Z, Li B F, Chen Y N, et al. 2020. Applicability Evaluation of Multisource Satellite Precipitation Data for Hydrological Research in Arid Mountainous Areas. Remote Sensing, 12 (18): 2886-2901.

Xie S, Liu Y, Yao F. 2020. Spatial downscaling of TRMM precipitation using an optimal regression model with NDVI in Inner Mongolia, China. Water Resources, 47 (6): 1054-1064.

Xing Z, Yan D, Zhang C, et al. 2015. Spatial characterization and bivariate frequency analysis of precipitation and runoff in the Upper Huai River Basin, China. Water Resources Management, 29: 3291-3304.

Xu G, Xu X, Liu M, et al. 2015a. Spatial downscaling of TRMM precipitation product using a combined multifractal and regression approach: Demonstration for South China. Water, 7 (6): 3083-3102.

Xu S, Wu C, Wang L, et al. 2015b. A new satellite-based monthly precipitation downscaling algorithm with non-stationary relationship between precipitation and land surface characteristics. Remote Sensing of Environment, 162: 119-140.

Yang P, Xia J, Zhang Y, et al. 2017. Temporal and spatial variations of precipitation in Northwest China during 1960-2013. Atmospheric Research, 183: 283-295.

Yue T X, Du Z P, Song D J, et al. 2007. A new method of surface modeling and its application to DEM construction. Geomorphology, 91 (1-2): 161-172.

Zhao N, Jiao Y. 2021. A New HASM-Based Downscaling Method for High-Resolution Precipitation Estimates. Remote Sensing, 13 (14): 2693.

Zhao X, Jing W, Zhang P. 2017. Mapping fine spatial resolution precipitation from TRMM precipitation datasets using an ensemble learning method and MODIS optical products in China. Sustainability, 9 (10): 1912.

Zobrist J. 2006. Bayesian estimation of export coefficients from diffuse and point sources in Swiss watersheds. Joural of Hydrology, 329 (1): 207-223.

第2章 数字孪生流域基础理论

2.1 数字孪生流域的概念辨析

2.1.1 数字孪生流域定义

数字孪生可追溯到美国密歇根大学 Grieves 教授于 2003 年前后在其产品全生命周期管理课程上提出的"与物理产品等价的虚拟数字表达"概念（Grieves，2021），当时没有被称为数字孪生，却具备了数字孪生的基本组成要素，被认为是数字孪生的雏形。2010 年，数字孪生由 NASA 首次书面提出并给出了定义，即充分利用物理模型、传感器更新、运行历史等数据，集成多学科、多物理量、多尺度、多概率的仿真过程，在虚拟空间中完成映射，从而反映相对应的实体装备的全生命周期过程（Eric et al.，2011；陶飞等，2019）。2014 年，Grieves 教授提出数字孪生概念模型包括 3 个主要部分：实体空间中的物理产品；虚拟空间中的虚拟产品；将虚拟产品和物理产品联系在一起的数据和信息的连接（Grieves，2021）。尽管其他科研机构、企业和学者也提出各自对数字孪生的理解，但仍是以上述概念为基础，针对不同的使用目的进行阐述（Semeraro et al.，2021）。陶飞等（2019）在 Grieves 数字孪生三维模型基础上发展出五维模型，包括物理实体、虚拟实体、服务、数据、连接。随着大数据和人工智能的发展，知识作为核心要素将在数字孪生研究中发挥重要作用（管永玉和凌卫青，2020；Zhou et al.，2020）。与数字孪生流域相关的数字孪生地球被定义为可用数据和物理规律约束的地球系统状态和时间演进进行数字复制的信息系统（Bauer et al.，2021a，2021b），该定义的核心要素包括虚拟地球空间（数字复制）、数据、知识（物理规律约束）以及服务（信息系统）。

综合上述研究成果，将数字孪生五维模型扩展为六维模型，包括物理实体、虚拟实体、连接、服务、数据和知识。由此，将数字孪生六维模型和流域治理管理相结合，提出数字孪生流域包括物理流域、虚拟流域、实时连接交互、数字赋能服务、孪生流域数据、孪生流域知识 6 个基本要素。在 6 个要素协同下，完成对流域的动态监控、诊断评估、模拟仿真、预测预报、决策优化、管理控制等功能。其中，虚拟流域是物理流域的数字镜像，是数字孪生流域的虚拟孪生体；物理流域是数字孪生流域的物理孪生体。

从技术角度理解，与数字孪生流域相关的概念是数字孪生地球，Bauer 等（2021b）认为数字孪生地球是地球数字复制的信息系统。如果单纯从传统信息系统的角度，无法反映新一代信息技术给各行业带来的革命性变化，更反映不出对传统基础设施改造的特点，而数字孪生流域超越了传统信息系统的范畴（唐新华，2021），可以认为是一种新型基础设施。从科学研究角度理解，虚拟空间拓展了地理科学研究空间，受到了国际重视，英国皇家科学院院士 Batty（1993）认为，发展虚拟地理学可以有效的建立起现实地理环境与虚拟空间的连接桥梁；Bainbridge（2007）在 Science 撰文论述了虚拟世界的科学研究潜力；李双成等（2022）认为在孪生空间中，物与物之间、人与人之间、人与物之间的时空壁垒被清除，一个万物感知、万物互联、万物交融的虚实交融空间将开辟地理学模拟现实、预测未来的新综合研究范式。数字孪生作为科学研究和工程实践新范式受到国际认可（Semeraro et al.，2021；Li et al.，2022；Nativi et al.，2021）。

通过上面对数字孪生流域基本组成要素和数字孪生概念的分析，本书定义数字孪生流域为：数字孪生流域是服务流域全生命周期管理的全量数据和领域知识驱动物理流域和虚拟流域交互映射、共智进化、虚实融合的新基建新范式。

数字孪生流域基本原理是通过物理流域与虚拟流域的精准映射与动态交互，实现物理流域、虚拟流域、流域服务系统的全流域要素、全时空数据、全领域知识、全业务流程的无缝集成和深度融合，以孪生数据和孪生知识驱动物理流域、虚拟流域、流域服务系统的全景仿真（张晓华等，2019）、演化自治、实时同步、闭环互动与共生进化，在虚拟流域空间实现对物理流域对象全生命周期过程的监控、诊断、模拟、预测、决策、控制、管理，从而在满足特定目标和约束的前提下，达到流域治理管理决策最优。

2.1.2 数字孪生与传统建模仿真区别

建模和仿真是数字孪生流域的核心，但是数字孪生与传统的建模仿真仍有区别，如表2-1 所示。

表 2-1 数字孪生与传统建模仿真的区别

比较内容	传统水利建模和仿真	数字孪生
应用方式	分析和辅助业务的计算工具，只能通过人工应用融入尚未数字化的流域治理管理业务链	与数字化业务系统深度融合，实现治理管理与决策活动的自动闭环
应用阶段	多用于规划阶段	规划、设计、建设、运行全生命周期
建模方法	以人工离线方式、机理驱动模型为主	以自动化方式为主，辅以人工方式；几何模型、机理模型、数据模型、知识模型等多维多尺度高保真模型
模型更新	采用手动方式进行模型结构和模型参数更新	持续获取实时数据自动更新模型结构、状态变量和参数
模型计算架构	以 CPU 串行架构为主，代码适应性不强	支持 CPU/GPU 并行架构，代码适应性强
模型集成性	缺乏标准化支撑，模型接口标准化差，不同维度不同尺度模型连接性不强	利用标准化接口，连接物理流域、虚拟流域模型、数据、知识及服务

续表

比较内容	传统水利建模和仿真	数字孪生
建模表现	计算结果后处理可视化呈现，呈现方式以二维为主	模型计算过程实时可视化呈现，呈现方式以三维为主

资料来源：张晓华等，2019；Bauer et al.，2021a，2021b。

2.2　数字孪生流域的内涵特征

数字孪生流域的内涵是：基于高度集成的数据闭环赋能新体系（沈沉等，2022），生成以自然地理、干支流水系、水利工程、气象水文、经济社会、生态环境等为主要内容的全息数字虚拟镜像空间；通过"由实入虚"，利用多维多时空尺度高保真模型的数字化仿真、虚拟化交互，形成数据驱动决策、虚实充分融合交织的智能系统；通过"以虚映实"，使物理流域对象可以在虚拟流域空间进行协同建模、仿真预测、自主演化、干预操控；通过"由虚控实"，以最优化方案在物理流域中的实施来最大程度地规避风险、减少损失、提高效益（蔡阳等，2021），实现物理流域对象的模拟、监控、诊断、预测与控制，解决物理流域系统中规划、设计、运行、管理、任务执行等闭环过程中的复杂性和不确定性问题（Bauer et al.，2021a，2021b；Grieves，2021）。

基于数字孪生流域概念定义与内涵分析，将数字孪生核心特点（Tao et al.，2018；Barricelli et al.，2019；Jones et al.，2020）和流域治理管理相结合，提出数字孪生流域的特征，应包括高度保真、演化自治、实时同步、闭环互动、共生进化。

1）高度保真性指河流、湖泊等自然水系以及地下含水层结构和大坝、闸门、泵站、渠道、管道等物理流域对象与虚拟流域空间中的虚拟对象不仅在几何结构和外形表观有着高度的相似性，而且水流运动状态、工程运行状态以及流域治理管理活动状态也保持高度仿真，同时要求建立描述水资源-生态环境-社会经济系相互作用、共同演化的流域综合数学模型，能够精确模拟预测物理流域系统的时空变化过程。

2）演化自治性是物理流域对象（如物理空间中的水流运动）和虚拟流域对象（如虚拟空间中水流运动）遵循质量守恒、动量守恒、能量守恒等相同的物理原理进行相互独立的时空演化。如根据采集的真实河道的边界条件或假定的边界条件，在虚拟流域空间中，利用数字孪生模型（包括水文水动力模型和可视化模型）能够立体直观地自主模拟仿真推演历史或未来或某种工况条件下河道水流的演进过程，分析各种外部影响因子对河道水流状态及伴随属性的影响，从而提升数字孪生流域的推演能力。

3）实时同步性是指物理流域对象在受气候变化和人类活动影响下处于不断变化过程中，那么这就要求虚拟流域对象与对应的物理流域对象的初始条件和动态运行时的结构、状态、参数保持一致性。利用物理流域对象（如河道）当前状态（如地形、水位、流量）的实时数据初始化虚拟流域模型运行的起始状态，以保证数字孪生模型能够实时预测物理流域对象的运行轨迹，尤其能够跟踪极端事件的变化态势。在数字孪生模型运行中，利用实测数据不断调整模型结构、状态和参数，使物理流域对象演化的物理规律与虚拟流域模型蕴含的物理规律保持一致，以保证对物理流域对象变化轨迹进行高精度的预测。

4）闭环互动性指虚拟流域和物理流域之间通过实时连接交互嵌入业务链中，实现数字孪生流域的闭环来实现业务赋能。一方面，通过对物理流域空间中水循环过程的监测分析以及演变规律和形成机理的深度洞察，完善和调整流域数字模型结构和参数来降低不确定性，使其更加准确反映流域水循环特性，精准预测水循环变化趋势。另一方面，在虚拟流域空间中，利用数字孪生流域高度保真性和演化自治性，通过模拟仿真推演结果的分析评估，滚动调整水利工程运行、应急调度、人员防灾避险等应对措施，制定工程运行和优化调度等方案策略，从而改变物理流域对象的演化轨迹。

5）共生进化性指以数字孪生技术构成的虚拟流域和物理流域的"双胞胎"通过高度保真性、演化自治性、实时同步性和闭环互动性来实现共生融合、迭代进化，促进彼此之间的发展。对物理流域来说，虚拟流域通过复演物理流域的历史轨迹、监视和模拟物理流域实时运行态势和预测物理流域未来变化，对流域治理管理的全生命周期进行全方位掌控，为制定可行性的流域治理管理方案提供协商决策平台，从而使物理流域每条河流向"幸福河"目标逼近。对虚拟流域来说，随着"幸福河"分阶段实现，说明管理和技术人员对物理流域的运行规律认识更加深刻，从而能够对物理流域进行"精准画像"，以更加全面的精准认知促进虚拟流域的调整和升级。

2.3 数字孪生流域的基本模型

由前文数字孪生流域概念定义分析可知，数字孪生流域基本模型 W_{DT} 如式（2-1）所示：

$$W_{DT} = \{W_P, W_V, W_C, W_S, W_D, W_K\} \tag{2-1}$$

式中，W_P 表示物理流域；W_V 表示虚拟流域；W_C 表示实时连接交互；W_S 表示数字赋能服务；W_D 表示孪生流域数据；W_K 表示孪生流域知识。W_{DT} 基本架构如图 2-1 所示。

1）物理流域（W_P）。W_P 是将物理流域信息及时反馈给流域虚拟孪生体（即虚拟流域），包括自然地形地貌、水利工程、流域治理管理活动对象及与其关联的监测控制信息化设施设备。在现有监测站网基础上，构建天空地一体化水利感知网，及时、准确地采集物理流域的水文、水资源、水利工程、水土保持、河湖、经济社会、生态环境等信息，全面掌握流域下垫面数字地形、植被覆盖、河道阻水建筑物、河滩占用、水文大断面、重要河段水下地形等信息，为"由实入虚"提供基础，支撑数字孪生流域的运行。

2）虚拟流域（W_V）。W_V 是重点构建多维多尺度的虚拟模型或数字孪生模型，包括几何模型 M_G、机理模型 M_M、数据模型 M_D、机理和数据融合模型 $M_{M\&D}$、智能识别模型 M_R、行为模型 M_B、知识模型 M_K，这些模型能够从多时空尺度多维度对 W_P 进行描述与刻画，如式（2-2）所示：

$$W_V = \{M_G, M_M, M_D, M_{M\&D}, M_R, M_B, M_K\} \tag{2-2}$$

式中，M_G 为描述 W_P 几何结构和参数、空间位置与关系的实景三维模型，与 W_P 保持时空一

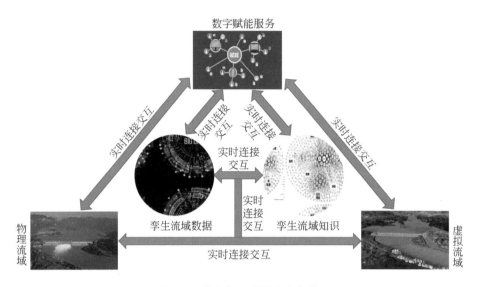

图 2-1　数字孪生流域基本架构

致性；对 M_G 进行材质、光照、纹理等渲染，外观与 W_P 具有高度的相似性和逼真度。M_G 可用 BIM、AutoCAD、3dMAX 等建模软件或倾斜摄影测量、激光扫描点云进行创建。

M_M 是气象、水文、水动力、结构、生态环境、社会经济等模型，适用于流域系统物理对象过程和参数能够观测、运动机理明晰和变化规律充分掌握、数学模型表达形式固定的情况。M_D 通常利用数理统计、机器学习和深度学习对海量样本进行训练建立，适用于物理流域对象物理机制不清楚、参数众多且状态变量缺少观测的情况。$M_{M\&D}$ 是将 M_M 和 M_D 相结合进行融合建模，分为并联型和串联型两种方式，前者是以 M_M 为主，M_D 作为误差补偿方式校正 M_M；后者是 M_D 通过海量样本训练获得 M_M 的输入或者通过估计 M_M 模型内部变量或参数的关系作为 M_M 的输出。

M_R 是遥感、视频、语音等信息的人工智能识别模型，实现河湖"四乱"问题、水利工程安全运行和安全监测、应急突发涉水事件等自动识别（蔡阳等，2021）。为了增加 M_R 的识别准确率，重视识别对象或事件样本库的构建，M_R 对不断积累样本的学习训练，不断提升认知能力。

M_B 是描述物理流域对象的实时响应及行为的模型，比如水循环健康状态评估模型、水工程安全评估模型、水工程调度模型、方案决策模型、水工程控制执行模型、节水效率评估模型等。

M_K 是通过对流域知识进行存储计算的模型。知识模型可以通过知识图谱方式进行构建，随着规律规则、经验日益丰富，能够自主学习和演化，对 W_V 进行同步校正和一致性分析，既能提高 W_V 的实时判断、动态评估、持续优化及精准预测的能力，又能提升 W_P 的精细管理、自动控制与安全运行水平。

3）实时连接交互（W_C）。W_C 由业务网、工控网、政务网、互联网、传感网及通信协议、输入输出设备、安全保障设施及相关技术组成，实现物理流域、虚拟流域、数字赋能服务、孪生流域数据和孪生流域知识间的高效连接传输、协同交互操控及同步迭代优化，如式（2-3）所示：

$$W_C = \{C_{PV}, C_{PD}, C_{PS}, C_{PK}, C_{VD}, C_{VS}, C_{VK}, C_{DK}, C_{DS}, C_{KS}\} \qquad (2-3)$$

式中，C_{PV} 实现 W_P 和 W_V 之间的交互，利用水利传感器、数据采集中间件等采集 W_V 数据，通过 Modbus-RTU、OPC-UA 等协议传输给 W_V，用于实时校正各种水利数字模型；采集的 W_V 的模拟分析、仿真预测、方案决策等数据转化为控制指令和管理措施，既能传输至物理设备执行器进行控制，又能传给相应管理人员进行操控。C_{PD} 实现 W_P 和 W_D 之间的交互，利用 C_{PV} 类似实现方式采集数据至 W_D，反过来，W_D 经过融合同化处理后的数据或质量反馈指导 W_P 的健康运行。C_{PS} 实现 W_P 和 W_S 之间的交互，利用与 C_{PV} 类似实现方式采集数据至 W_S 进行更新和优化；W_S 产生的诊断分析、决策优化、管理措施、控制运行等结果以大屏端、电脑端和移动端方式推送给用户，以人工方式实现对事件的管理和设备的调控。C_{PK} 实现 W_P 和 W_K 之间的交互，利用 W_K 反馈指导 W_P 的健康运行。C_{VD} 实现 W_V 和 W_D 之间的交互，通过 JDBC、ODBC、OLE DB、数据库网关等数据库接口实现，W_V 一方面把模拟分析、预测预报相关数据实时传输至 W_D 进行存储，另一方面能够实时读取 W_D 中的融合同化数据、关联分析数据、物理流域对象的全生命周期数据等驱动水利模拟分析、预测预报。C_{VS} 实现 W_V 和 W_S 之间的交互，可以通过 Socket、RPC、MQSeries 等软件接口（陶飞等，2019）实现 W_V 和 W_S 的数据收发、消息同步、指令传递等双向通信。C_{VK} 实现 W_V 和 W_K 之间的交互，W_V 推导的规律性结果、生成的方案反馈给 W_K 进行存储管理，W_K 发过来指导 W_V 的建模、仿真与预测。C_{DK} 实现 W_D 和 W_K 之间的交互，一方面通过数据挖掘的可用结果实时传输至 W_K 进行存储；另一方面，W_D 能够读取 W_K 的知识指导数据挖掘。C_{DS} 实现 W_D 和 W_S 之间的交互，利用与 C_{VD} 相似的实现方式，一方面将 W_S 产生的数据实时传输至 W_D 进行存储，另一方面通过读取 W_D 中的水利实时、历史、预测等数据以支撑业务运行及优化。C_{KS} 实现 W_K 和 W_S 之间的交互，利用与 C_{VD} 的实现方式，一方面将 W_S 产生的知识实时传输至 W_K 进行存储，另一方面通过读取 W_K 中的规则、算法、模型等知识以支撑业务运行及优化。

4）数字赋能服务（W_S）。W_S 是数字孪生流域建设的目的，通过面向水行政主管部门、水利工程运管单位、社会公众、技术开发运维人员等不同用户，数字孪生通过集成物联网、大数据、云计算、人工智能、虚拟现实、区块链等技术，实现物理流域与虚拟流域的平行运行，以虚拟流域在虚拟空间中的实时更新数据反馈优化物理流域，如式（2-4）所示。

$$W_S = \{S_f, S_{b1}, S_{b2}, S_{b3}, S_{b4}, S_{b5}\} \qquad (2-4)$$

式中，S_f 是面向技术开发运维人员的功能性服务，将数字孪生流域中各类水利数据、水利模型、水利算法、水利仿真、统计分析和计算结果进行服务化封装，以工具组件（如监测预警组件、协同填报组件等）、中间件（如数据交换中间件）、模块引擎（如模拟引擎、知识引擎、仿真引擎等）等形式支撑数字孪生流域的感知、传输、数据、模型、知识、仿真等功能的运行与实现。S_{b1}、S_{b2}、S_{b3}、S_{b4}、S_{b5} 是面向水行政主管部门、工程运行管单位以及社会公众，基于深度和强化学习、知识引导和推理、群智协同优化、智能控制等先进数字技术，以应用软件规范输入输出而以"大屏、电脑、手机""三端合一"提供的工程安全运行、业务高效管理、资源优化配置与调控、生态环境保护、应急快速处置、公共主动服务等业务性服务。

5）孪生流域数据（W_D）。W_D是数字孪生流域的动力源，是建设数字孪生流域的基础，主要包括 W_P 数据 D_P，W_V 数据 D_V，W_S 数据 D_S，及融合同化衍生数据 D_f，如式（2-5）所示。

$$W_D = \{D_P, D_V, D_S, D_f\} \qquad (2\text{-}5)$$

式中，D_P 主要包括河流、水库、灌区、引调水工程等的基础数据、属性数据及监测数据；D_V 主要包括 W_V 相关的几何尺寸、空间位置、外观纹理等几何模型相关数据，模型边界条件、模型参数化时空分布等数学模型相关数据，外部条件变化、水系统响应及运行状态调整等行为相关数据，边界条件约束、调度控制运行规则、流域实体关联关系等规则数据，以及基于上述模型开展的模拟评价、预测预报、调配优化等的仿真模拟数据；D_S 包括 S_f 的流域算法和模型、流域数据处理方法等相关数据和 S_b 的流域防洪、水资源管理与调配等业务管理数据；D_f 是对 D_P、D_V、D_S、D_K 进行数据治理（如数据转换、数据预处理、数据分类、数据关联、数据集成、数据融合等）后得到的衍生数据，通过融合自然水系、水利工程、流域治理管理活动等实况数据与"时间–空间–业务域"关联数据、历史统计数据、专家经验知识等数据得到的"信息–物理"融合数据（陶飞等，2019）。

6）孪生流域知识（W_K）。知识通常分为描述性和程序性知识，由事实、概念、过程和规则组成（Laurini，2014）。因此，W_K 包括事实知识 K_f、概念知识 K_c、过程知识 K_p 和规则知识 K_r，如式（2-6）所示。

$$W_K = \{K_f, K_c, K_p, K_r\} \qquad (2\text{-}6)$$

式中，K_f 主要包括法律法规、标准规范、制度规章及水利对象之间关系、专家经验、视频识别的样本、遥感识别的样本、语音识别的样本等；K_c 主要包括流域治理管理中所涉及的概念，如河流、水库、水资源分区等；K_p 主要包括面向特定流域科学问题的计算过程模型以及经过演化推导过程后的最终结论（如地下水位管控的阈值、降水与径流的定性或定量关系、历史场景等）；K_r 主要包括预报调度方案、业务流程规则等。

2.4　数字孪生流域的核心能力

为反映高度保真、演化自治、实时同步、闭环互动、共生进化等特征需求，数字孪生流域应具备 7 种核心能力，即物理流域感知操控能力、全要素数字化表达能力、实景可视动态呈现能力、流域数据融合供给能力、流域知识融合供给能力、流域模拟仿真推演能力、孪生自主学习优化能力。

1）物理流域感知操控能力。数字孪生流域根据物理流域的结构、特征和承载的资源、生态环境和社会经济功能，在流域上布设雨量、水位、流量、水质、泥沙、墒情、位移、形变、视频、位置等传感器以及利用卫星、航空遥感"感知"真实的物理流域，形成空天地集成传感网，通过各类传感器资源接入管理实现物理流域对象的泛在实时连接、全息协同感知以及运行态势诊断（Zhang et al.，2018），支撑对物理流域对象、过程和行为的智能化感知、识别、跟踪、管理和控制。通过虚拟流域对各种流域治理方案优化，对物理流域进行智能干预和远程操控使其运行达到最优，进而为虚拟流域迭代优化提供海量运行数据，使得数字孪生流域具备自我学习、智慧生长能力（Tao and Qi，2019）。

2）全要素数字化表达能力。数字孪生流域对物理流域各种管控对象全要素进行精确的数字化标识，利用流域、区域、计算单元等编码相结合以及空间剖分和时间细分整合的方式对物理流域对象进行唯一标识，支撑数据资源互联互通。通过新型智能数据采集设备，对物理流域进行多维度、多层级、多粒度的数字化、语义化描述（陈军等，2021；朱庆等，2022），能够在虚拟流域空间重现拟真物理流域，从粗到细、从宏观到微观、从地上到地下、从外部到内部复制、仿真或预测物理流域的状态和过程，实现物理流域空间在虚拟流域空间中的精准映射，为数字孪生流域可视化展现、智能计算分析、高保真仿真模拟、智能决策等提供数据基础。

3）实景可视动态呈现能力。数字孪生流域感知、汇聚、融合物理流域对象全生命周期的数据，获得流域地理地貌、土地利用、工程、降水、土壤水分及生态环境、社会经济等各方面的时效信息，通过对物理流域对象进行多层次实时渲染及可视化呈现，支撑对空间分析、大数据分析、仿真过程的多终端一体化展示，不仅能够真实展现流域地形地貌、自然环境、工程背景等各种场景，更重要的是能够将运行机理复杂，结构复杂，且内部状态和过程不可见的流域系统变得透明，帮助决策者全面深入了解的物理流域对象的性能、运行状态及趋势、历史信息、运行环境和任务需求等（Qiu et al.，2022；Macchione et al.，2019；Hunter et al.，2016），有效支持流域资源配置、生态环境保护和工程安全运行。支撑视频虚实融合、倾斜摄影动态加载等，能够提供虚拟场景的自动实时动态演变、运行态势自动实时动态还原。

4）流域数据融合供给能力。数字孪生流域能够全面汇聚、关联集成流域多源、多类型、多形态的水资源、生态环境、社会经济等数据，提供涉水全空间（空中、地表、地下、水中）、涉水全要素、涉水全过程的一体化流域数据融合能力（Gong et al.，2015；Li et al.，2014）。能够在保证流域数据及时、全面、准确、完整要求的前提下，以实时数据流方式按需供给几何模型、机理模型、数据模型、知识模型、业务模型等多维多尺度模型，支撑更为精确全面的流域结构、功能和行为的动态呈现和可视化表达（Li et al.，2014），更准确地实现动态监测、态势诊断、趋势预判、虚实互动等核心功能。

5）流域知识融合供给能力。数字孪生流域能够从 Word、Excel、PPT、CSV 或 JSON、XML、HTML 等文件进行导入、读取和存储，解析成流域的概念、实体、事件、关系等相关知识源。能够提供自然语言处理、知识抽取、知识融合以及知识加工能力，以及集成表示学习、关系推理、属性推理、事件推理、路径计算、比较算法等模型能力。具有稳定高效的知识谱图架构以灵活适应流域资源优化配置、生态环境保护、工程安全运行等不同应用场景需求（王传庆等，2022）。

6）流域模拟仿真推演能力。数字孪生流域能够在虚拟流域空间中通过数据建模、事态拟合，进行某些特定事件的评估、计算、推演，同时具备预测流域未来运行态势的能力，即给定外部环境信息，数字孪生流域模型能够对流域特性进行较高准确度的计算推演，结果可用于防汛态势诊断、治理决策方案优化等应用场景。与物理流域相比，虚拟流域具有可重复性、可逆性、全景数据可采集、重建成本低、实验后果可控等特性（王成山等，2021）。通过提供空间类模拟仿真、流程类模拟仿真、空间-流程综合类模拟仿真等能力，可以为流域规划、应急方案等方案的评估与优化提供细化的、量化的、变化的、直观化的分析与评估结论。

7）孪生自主学习优化能力。数字孪生流域模型系统可以利用深度学习、强化学习、对抗学习、粒子滤波、集合卡尔曼滤波等在线学习算法，融合领域知识和专业模型，利用实时采集流域数据更新模型计算边界条件，实现孪生模型的结构和参数的自我学习和持续优化，实现高精度的仿真模拟。

2.5　数字孪生流域的关键技术

2.5.1　科学问题

结合数字孪生流域概念、内涵、特征，围绕数字孪生流域基本模型和核心能力，将制约数字孪生流域构建的核心科学问题归纳为两方面：一方面是如何实现物理流域向虚拟流域保真建模，另一方面是如何实现虚拟流域向物理流域反馈优化。

1）实现物理流域向虚拟流域保真建模方面。物理流域对象空间分布广、行为特征不同，建立精准映射的前提是要根据不同物理流域对象的时空演变特点，优化布局可靠的感知装置、构建高效传输的连接以及海量数据的接入与处理方式。由于流域系统复杂性，影响水循环系统运行的环境因素多，水循环系统运行状态存在随机性和不确定性，应充分结合物理机理建模和数据驱动建模的优点，构建物理流域与虚拟流域融合的动态多维、多时空保真模型，同时要平衡虚拟流域环境模型保真度与计算复杂度之间的矛盾，根据研究对象和场景的变化能够实现模型自适应动态匹配和无缝切换，从而保证以有效计算资源支持模型高效求解、数据快速分析与场景沉浸渲染（王成山等，2021）。

2）实现虚拟流域向物理流域反馈优化方面。流域治理管理决策影响因素众多、约束条件复杂、目标维度高、非线性特点突出、时效滞后，传统的单一时空尺度、单目标最优的决策模式已无法满足可变时空下的综合效益最优，需要构建物理流域和虚拟流域之间的迭代交互与动态演化模式，实现物理流域系统运行数据驱动下的虚拟流域模型自主学习与进化。虚拟流域通过与物理流域之间数据、知识的双向流动，利用人工智能将数据与知识深度融合，进而对流域治理管理决策方案进行挖掘分析，生成最优方案与执行指令反馈给物理流域对象。

2.5.2　关键技术

围绕上述两个科学问题，需要突破六项关键技术，包括：物理流域对象全景感控与共融关键技术；虚拟流域高保真模型构建关键技术；数字孪生流域实时连接交互关键技术；数字孪生流域孪生数据关键技术；数字孪生流域孪生知识关键技术；数字孪生流域数字赋能服务关键技术，如图 2-2 所示。

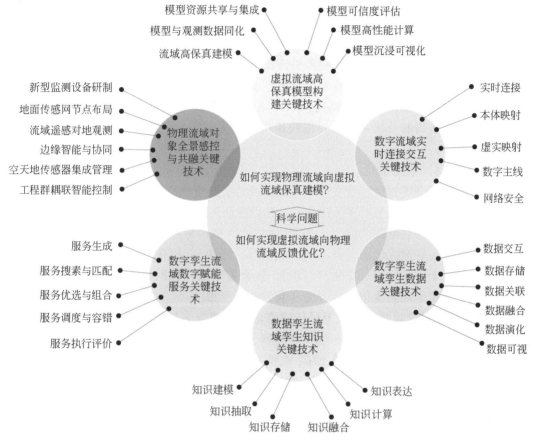

图 2-2　数字孪生流域关键技术组成

2.5.2.1　物理流域全景感控与共融关键技术

物理流域的全面感知是实现数字孪生流域的基础。虽然具备了较为全面的空间信息基础设施，但如何有效地集成利用，构建一体化空间信息基础设施，应对"三多现状"（多观测融合、多协议互联、多主题交互）和"三高需求"（高时空感知、高精度感知、高智能感知）一直面临巨大挑战（龚健雅等，2019），而构建空天地集成化传感网是应对这一挑战具有希望的解决方案（龚健雅等，2019）。空天地集成化传感网，利用高速通信网络和无处不在的感知手段，遵循观测、数据、处理和服务等标准规范，集成现有空间信息基础设施，采用异构资源集成管理、多平台协同观测、多源数据融合，以及信息聚焦服务等多种方法和技术，构建互联互通的流域感知基础体系（Zhang et al., 2018；陈能成等，

2017）。

1）新型监测设备研制。水文监测要素主要包括水位、流量、雨量、水质、泥沙含量。水文传感器虽然在业务应用中发挥了重要作用，但是由于国产化设备较少。尤其是针对江河断面水流和泥沙通量在线监测国产化设备少、设备计量校准装置少、监测精度不高等突出问题，研制基于声学、光学、雷达等传感技术的水流流速在线监测国产化关键设备；研制基于光学、声学等传感技术的泥沙含量在线监测国产化关键设备；研发流量和泥沙在线监测关键设备计量校准方法及量值溯源关键技术与方法体系，研制计量校准装置。高寒高海拔河流湖泊水文要素在线监测技术与装备、水文仪器装备检验测试装备等亟须攻克。另外，还需要开发面向复杂环境的低功耗水环境综合阵列传感器（李文正，2022）。同时，加强智能测绘设备研制及技术攻关，以快速构建及更新实景三维流域（龚健雅等，2019；陈能成等，2017）。

2）地面传感网节点布局。地面观测网设计过程中，如何设计最优化的传感器节点布置方案，从而能够准确捕捉关键生态水文变量的时空异质性特征，为流域集成模拟研究提供高精度的输入数据，同时节省运维成本。如以优化雨量站网为目标，有学者提出了一种考虑地形影响和特殊选址要求的"点观测-面覆盖"型传感网站点（雨量站）最大覆盖模型，形成了面覆盖观测优化布局方法（龚健雅等，2019）；以优化流量站网为目标，有学者提出了一种基于线目标交点集的"点观测-线覆盖"型传感网站点（流量站）最大覆盖模型，形成了线覆盖观测优化布局方法（龚健雅等，2019）。

3）流域遥感对地观测。新型卫星传感器愈发精细与多样，且时间、空间、光谱分辨率显著提升，在流域下垫面要素、水循环过程、生态环境与灾害等领域的作用日益显著。随着基于流域遥感试验构建的流域土壤-植被-大气等相关参量遥感反演方法的不断优化，众多有价值的流域遥感数据产品如流域地物类型、植被结构参数、植被生长状况、水环境参数、水循环参量与资源管理等，以及与之相关的遥感产品生成方法不断涌现，如何从纷繁复杂的遥感信息产品中，挖掘出有用的流域管理信息，成为流域管理的"最后一公里"瓶颈（吴炳方等，2020）。同时，还需要针对流域管理需求发展水循环地表状态变量探测卫星、水循环地气通量探测卫星、冰冻圈（固态水）的专题卫星等。

4）边缘智能与协同。包括对人工智能算法与模型的边缘侧处理和适配。基于深度学习架构下的模型及机器学习算法，对人工智能模型及算法在边缘侧进行剪枝、量化、压缩，通过软件定义的轻量化容器技术，实现物理资源的边缘侧应用，通过多参量物理代理实现多种传感接入、业务分发、边缘计算及区域自治，最终实现高性能、低成本、高灵活性的人工智能技术边缘侧下沉。

5）空天地传感器集成管理。开展海量传感器组网通信、异构传感器接入、传感网资源管理、传感网服务组合、流式数据挖掘分析和地理信息互操作等技术研究；研究协同多源异构感知资源的新方法，包括传感器信息建模、观测能力评价、协同监测、点面观测数据融合和按需聚焦服务等方法。

6）工程群耦联智能控制。针对明渠非恒定流输水的水动力学过程具有强耦合、大时滞等非线性控制特点，需将控制算法与渠道运行方式结合，开展渠道运行方式、控制方式和闸门控制算法的适用性和匹配性研究（Shang et al.，2012）；研究分段子系统渠道水力特性对控制系统影响的物理机制，探索合理的渠道运行方式，并研制闸泵控制器；改进渠道运行的闸泵群联合控制模式，开发动态耦合控制模式和控制算法；研发冰期输水过程控制技术，制定冰期输水的闸泵群安全调度操作程序；研究极端、事故条件下的分级、分段控制模式，研发能够处理常态和应急工况的闸泵群全自动控制平台。

2.5.2.2 虚拟流域高保真模型构建关键技术

数字孪生建模是精确刻画物理流域对象的核心，它使数字孪生流域能够提供监控、仿真、预测、优化决策支持功能性服务以满足流域治理管理的需要（Tao et al.，2022）。

1）流域高保真建模。引入先验知识改善机器学习模型的可解释性、鲁棒性与可泛化性，是突破目前人工智能在流域应用瓶颈的一个重要方向。流域系统在长期的生产实践中积累了大量的逻辑规则、代数模型、物理模型等，将上述机理知识引入数据驱动的分析方法中，可降低对训练样本数量及质量的要求，使机器学习模型具有应对动态环境的能力。针对不同场景下模型的获取难度，物理机理与数据驱动融合建模方法可分为数据模型对机理模型的改进、机理模型对数据模型的指导，以及构建混合模型等（Chen et al.，2021）。

2）模型与观测数据同化。数据同化成功地融合了先验的模型信息和大量观测信息，以概率方式调和了模型和观测，批判式地渐进真值（Reichle，2008）。数据同化已成为地理系统科学方法论的重要组成部分，它以新的范式改进了地球系统的可观测性和可预报性。但面临着广义和严谨的数据同化数学框架、自然-社会系统的数据同化、数据同化不确定性研究以及与机器学习新方法的融合（Li et al.，2020）。

3）模型资源共享与集成。对多源异构的流域模型进行标准化、规范化的描述，以屏蔽流域模型的异构型，也需要具有模型广泛共享能力，帮助模型使用者发现、获取和使用散布在网络中的流域模型，支持模型的共享与重用（Li et al.，2018）。根据流域过程内在机理，对多流域模型进行尺度适应、计算网格转换、数据匹配、逻辑连接与整合。同时，在集成模拟过程中，还需要对参与集成的各种子模型（或组件、模块）进行控制与优化，对误差和不确定性进行跟踪和量化，因此需要大力发展集成建模环境，推动集成建模过程中的模型选择、整合集成、过程控制，从而实现面向多要素、多过程乃至全要素、全过程的集成流域建模（Li et al.，2018）。

4）模型可信度评估。模型可信度评估是一项非常复杂的过程，涉及对大量定性和定量指标的测量与评估，评估过程中通常还需要依赖领域专家的判断，同时需要将不同类型的测量与评估结果进行综合处理。如今的流域模型越来越复杂，其状态变量与输出变量众多，变量关联关系复杂多样，如何度量复杂模型的可信度，已成为建模与仿真领域的关键难题（Balci，2010）。因此，需要针对数字孪生模型在构建检验、运行管理、重构优化、迁移复用、流通交付等阶段开展系统性评价理论和方法研究（张辰源和陶飞，2021）。

5）模型高性能计算。实时性是衡量数字孪生系统性能的重要指标。随着地理信息系统、数字高程模型、遥感、航测和雷达等遥测技术的发展，流域模型输入所需的降水、蒸发、地形、土地覆被、土壤等信息的时空精度不断提高，模型模拟的空间范围越来越大，时空分辨率越来越趋于精细化。随着洪水监测预报、非点源污染、水资源评价管理及气候变化等科学问题的深入研究，需要根据实际应用开展多学科交融、多过程耦合的分布式模拟。传统流域模型所采用的串行计算方式，限制了模拟的时空范围和精度，不利于多要素、多过程的耦合，亟须发展并行计算技术。硬件架构（多核 CPU、GPU 和计算机集群等）的发展和并行环境（MPI、OpenMP、CUDA 和 Hybrid 等）的逐步完善，为流域模型并行化研究提供软硬件支撑（Asgari et al.，2022）。

6）模型沉浸可视化。传统的数字流域平台在地理空间元素的真实可视化和流域管理的强大决策支持方面存在局限性，因此需要开展数字孪生模型沉浸式可视化研究（Qiu et al.，2022；Macchione，2019）。主要研究流域场景管理、场景重构以及场景输出等场景控制技术；利用场景与模型的耦合机制，实现流域场景与流域模型的有效融合，通过将不同尺度的流域模型运算与结果展示构建到真三维的虚拟环境上，实现从宏观到微观多尺度流域现象展示、分析与预测（Qiu et al.，2022；Macchione，2019）；融合数据索引与加速技术构建多感知数据分离与调度引擎，实现不同感知数据的识别、分离、调度与同步，针对不同设备性能、网络带宽条件下可视化流畅性需求，自适应地调整输出内容、输出格式与绘制质量；最终实现专业虚拟现实环境、高性能工作站、移动设备以及三维显示器、三维鼠标、漫游/触感头盔等多感知设备的协同运作，实现沉浸式、多感知交互的虚拟流域环境的表达与人机交互（Lyv，2011）。

2.5.2.3　数字孪生流域实时连接交互关键技术

在物理流域与虚拟流域模型、数据、知识和服务的连接中，物理流域对象的识别、感知和跟踪至关重要。因此，（radio frequency identification，RFID）、传感器、无线传感器网络和其他物联网技术至关重要。数据和知识的交换需要统一的通信接口和协议技术，包括协议解析和转换、接口兼容性和通用网关接口等（Qi et al.，2021）。由于人类在物理和虚拟世界中都与数字孪生交互，因此人与计算机的交互技术，例如 VR（virtual reality）、AR（augmented reality）、MR（mixed reality），以及人与机器的交互协作都应纳入考虑。鉴于模型的多样性，模型和数据、知识的连接需要通信接口、协议和标准技术，以确保虚拟模型和数据、知识之间的稳定交互。同样，服务和虚拟模型之间的连接也需要通信接口、协议、标准技术和协作技术。最后，必须合并安全技术（例如设备安全、网络安全、信息安全）以保护数字孪生流域的安全（Qi et al.，2021）。

1）实时连接。主要用于确保数字孪生流域不同部分之间的实时交互（Qi et al.，2021）。当前，接口、协议和标准的不一致是数字孪生流域连接的瓶颈。有必要研究通用的互联理论、标准以及具有异构多源元素的设备（Qi et al.，2021）。随着数据流量持续以指数级级增长，诸如多维复用和相干技术之类的研究热点可以提供更多的带宽和更低的延迟访问服务（Qi et al.，2021）。面对海量传入数据，一种有前途的解决方案是构建具有数千万条小型路由条目的超大容量路由器，以提供端到端的通信。有必要开发新的网络体系架构，以实现对网络流量的灵活控制并使网络更为智能。随着通信带宽和能源消耗的增加，有必要为绿色通信开发新的策略和方法（Qi et al.，2021）。

2）本体映射。要实现知识的共享，就需要建设本体之间的映射，本体映射是分布式环境下实现不同本体之间知识共享和互操作的基础性任务。本体映射系统可分为预处理组件、映射发现组件、资源组件、匹配器组件、映射表示组件。对于流域而言，需要基于领域知识特点建立领域本体的映射方法，主要是针对解决水问题的需求，使用具体的领域规则、启发式学习或者是背景知识进行辅助映射，能够提高领域本体映射的准确率（Choi et al.，2006）。

3）虚实映射。通过数据采集、信息集成获得统一规范的数据，对虚拟模型的自定义属性绑定对应的数据接口，将模型与数据关联起来。同时虚拟模型的物理、行为、逻辑需要在几何模型中体现、关联与集成，达到物理流域与虚拟流域的初步融合。为了实现进一步的虚实深度融合，研究虚-实数据订阅传输模式，实现虚实空间的动态映射。基于数据采集、数据集成和数据匹配等，可以通过数字孪生实时呈现流域运行状态，实现物理流域与虚拟流域的数据同步（孙玉成等，2022）。

4）数字主线。数字主线是数字孪生技术体系中最为关键的核心技术，能够屏蔽不同类型数据和模型格式，支持全类数据和模型快速流转和无缝集成，主要包括正向数字主线技术和逆向数字主线技术两大类型（刘阳和赵旭，2021）。正向数字主线技术以基于模型的系统工程（model-based systems engineering，MBSE）为代表，在数据和模型构建初期就基于统一建模语言 UML（unified modeling language）定义好各类数据和模型规范，为后期全类数据和模型在数字空间集成融合提供基础支撑。逆向数字主线技术以资产管理壳（asset administration shell，AAS）为代表，面向数字孪生打造了数据/信息/模型的互联/互通/互操作的标准体系，对已构建完成或定义好规范的数据和模型进行"逆向"集成，进而为数模联动和虚实映射提供基础。

5）网络安全。数字孪生方便了流域治理管理，但是隐藏着黑客、病毒等的入侵和攻击。网络化和数字化进程加快，越来越多的核心资产被网络集成和管理的同时，也被暴露在网络空间中，成为潜在被攻击的对象。针对数字孪生系统的信息安全问题，以数字孪生安全大脑为核心，提出以主动防御为目的基于云边协同的安全数据交互及协同防御、仿生的平行数字孪生系统主动防御、仿生的平行数字孪生系统安全态势感知、基于免疫系统的数字孪生系统主动防控、基于人工智能（artificial intelligence，AI）的数字孪生系统的反攻击智能识别等技术（李琳利等，2022）。

2.5.2.4 数字孪生流域孪生数据关键技术

保障高质量的数据资源是实现数字孪生精准映射和保真建模的基础。数字孪生提出了对数据全面获取、数据深度挖掘、数据充分融合、数据实时交互、数据通用普适、数据按需使用的新需求（Zhang et al.，2022），因此需要基于互补性、标准化、及时性、关联、融合、信息增长、服务化等准则，研究数字孪生流域数据"交互-存储-关联-融合-演化-可视"全生命周期全链条数据技术。

1）数据交互。包括数据采集、数据降维、数据压缩、数据中间件、数据一致性评估等技术。其中，数据采集技术可通过传感器、网络爬虫、软件接口等多种方式从各部分数字孪生流域数据中提取连接数据；数据降维技术可减少无关数据、冗余数据；数据中间件技术实现数据格式、接口及通信协议的转换，保证数据统一传输；数据一致性评估技术实现数据距离计算、一致性评估阈值设定等。

2）数据存储。面向具有不同结构、格式、类型、封装及接口等数据，研究数据统一建模、数据库管理、数据空间扩展、数据集成等技术。其中，数据统一建模技术实现对各类数据的统一转换与描述；数据库管理技术支持基本数据操作；数据空间扩展技术能够适应不断增长的数字孪生流域数据；数据集成技术可消除数据孤岛，保证数字孪生流域数据的全面共享。

3）数据关联。包括数据时空配准、数据关联关系挖掘、知识挖掘等技术。数据时空配准技术使数字孪生数据在时间上同步、在空间上属于同一坐标系；数据关联关系挖掘算法支持对数据分类、关系及相关性分析；知识挖掘技术进一步从数据分类、关系、相关性中提取知识。

4）数据融合。包括异常数据检测、粒度转换、异构数据融合、数据融合容错机制、数据融合算法等技术。异常数据检测技术在数据融合前去除异常数据；粒度转换技术可将不同粒度的数据（如稀疏数据和密集数据、原始数据和数据特征、抽象符号和具有实际意义的数据）转到相同粒度；异构数据融合技术融合具有不同类型、结构、采样频率的数据；容错机制可增强数据融合的鲁棒性。

5）数据演化。包括复杂网络建模技术、传播动力学建模技术，其中复杂网络建模技术支持数据关联关系网络的构建；基于信息测量技术可评估网络节点信息量、信息分布、信息累计量；传播动力学建模技术可分析从单个数据到融合数据的信息传递，动态描述信息传播过程。此外，可从信息增长、变化、传递过程中挖掘数据进化规则，优化对融合数据类型、方法、机制的选择。

6）数据可视。包括文本、网络或图、时空及多维数据等可视化技术，其中文本可视化能够将文本中蕴含的语义特征（例如词频与重要度、逻辑结构、主题聚类、动态演化规律等）直观地展示出来；网络或图可视化的形式主要是基于节点和边的可视化、具有层次特征的可视化等；时空数据可视化是反映物理流域对象随时间进展与空间位置所发生的行为变化，通常通过物理流域对象的属性可视化展现；多维数据可视化方法主要包括基于几何图形、基于图标、基于像素、基于层次结构、基于图结构及混合方法等。

2.5.2.5 数字孪生流域孪生知识关键技术

数字孪生流域知识库是在时空数据库基础上通过知识抽取、空间或非空间关联，形成领域知识网络，基于语义推理和空间计算，实现知识重组，为用户提供时空知识服务。时空知识库针对抽取或收集的每一类知识，厘清其内涵、来源和用途，进行详细的粒度划分，有效揭示和形式化描述流域的概念、实体、属性及其相互关系，构成知识图谱。关键技术包括知识建模、知识抽取、知识存储、知识融合、知识计算、知识表达，实现从知识加工、知识图谱构建到知识表达的深度序化（刘万增等，2021）。

1）知识建模。基于多源知识进行结构化建模和关联化处理，构建本体模型，实现实体、属性、关系的有序聚合，指导知识的抽取。知识建模除了用到语义关系外，也要充分考虑时间和空间关系。

2）知识抽取。将蕴含于信息源中的知识经过分析、识别、理解、筛选、关联、归纳等过程抽取出来，形成知识点存入到知识库。知识抽取除了从结构化、半结构和非结构化数据中抽取实体及其概念、语义关系和属性，还需利用空间分析、知识挖掘、深度学习等技术，从二维或三维空间数据中发现蕴含的实体空间分布格局、空间关联、空间关系、时空演化等过程性知识（刘万增等，2021）。

3）知识存储。知识存储方式的质量直接影响到知识查询、知识计算及知识更新的效率，主要分为基于表结构的存储和基于图结构的存储，前者代表为关系型数据库，后者代表为图数据库。图数据库的数据模型主要是以节点和关系（边）来体现，也可以处理键值对。相比传统的关系型数据库，查询速度快、操作简单、能提供更为丰富的关系展现方式，成为知识存储的主流工具。

4）知识融合。旨在消除实体、关系、属性等指称项与事实对象之间的歧义，形成高质量的知识（Qi et al.，2018）。从多源异构文本中获取知识，存在大量的数据冗余和空间或逻辑不一致的问题，需要借助实体链接、本体对齐、实体匹配、属性空间化等技术进行知识融合（刘万增等，2021）。在知识融合前，应当进行知识归一化处理，清洗、规范知识表达。然后，通过语义相似度计算和实体相似度计算记录实体链接。经过知识验证，进行概念、属性、实力层次的语义对齐，达到知识融合的目的。

5）知识计算。针对已建的知识图谱所存在的不完备性和错误信息，将知识统计与图挖掘、知识推理等方法与场景应用相结合，提高知识的完备性和扩大知识的覆盖面。知识统计和图挖掘的方法是基于图特征的算法来进行社区计算、相似子图计算、链接预测、不一致检测等；知识推理是在从给定知识图谱中推导出新的实体、关系和属性。

6）知识表达。不同于计算机领域对知识表达的定义，流域时空知识表达应当从时空的视角，将隐性知识同地图表达相结合，形成静态表达、动态表达以及交互式表达等模式，直观地反映格局差异、趋势特征、成因机理等系统性知识，便于人们识别和理解知识。

2.5.2.6 数字孪生流域数字赋能服务关键技术

数字孪生流域数字赋能服务是将数据、知识、模型、应用程序以及计算存储资源封装在服务中（Qi et al.，2018），屏蔽底层各种数字孪生资源的异构性和复杂性，基于云计算架构，根据不同用户的需求提供个性化、便捷性的数字孪生云服务。目前水系统多是单部门、行业内开发，网络互联的广度和深度不够，各种数字孪生资源的移植性差、扩展性不强，感知-数据-知识-模型-应用的服务链条尚不完整，导致数字赋能服务研究较少。借鉴其他领域研究成果，归纳数字孪生云服务研究重点包括服务生成、服务搜索与匹配、服务评估与推荐、服务优选与组合、服务供需匹配、服务调度与容错等技术（Qi et al.，2018；Qi et al.，2021）。

1）服务生成。针对计算存储、数据、知识、模型、应用程序等不同类型的数字孪生资源，研究数字孪生资源服务建模和数字化描述方法，对其进行规范统一的描述。基于 Web 本体语言（OWL）、语义 Web 服务描述语言（web service description language，WSDL）、网络本体语言描述模型（web ontology language description logic，OWL- DL）等，构建适合于数字孪生资源特点的服务描述语言；在此基础上，研究能够适应流域治理管理业务需求的服务封装逻辑（如服务描述接口、服务操作接口及服务部署接口），对各种数字孪生资源进行注册和发布，为服务搜索与匹配（即服务发现）提供基础（程颖等，2018）。

2）服务搜索与匹配。在云环境下，用户根据流域防洪、水资源管理与调配、水利工程建设管理等业务的需求，在云服务平台上提出数字孪生服务资源的请求，云服务平台根据预设的匹配算法搜索与用户服务请求相匹配的服务资源，将其推荐给用户。数字孪生服务资源的搜索与匹配问题属于多属性决策优化问题，可采用语义描述相关技术制定搜索匹配策略，并构建服务发现框架与搜索机制，研究服务供需匹配模型和方法，同时研究服务评估和推荐方法，以提高服务资源与业务需求之间匹配的效率和精准度（易树平等，2016）。

3）服务优选与组合。针对流域治理管理中防洪、水资源管理与调配、水生态环境保护等多数字孪生资源服务的需求业务，从云服务平台得到满足各子任务功能性约束需求的待选服务资源集体中各选一个服务资源，按照一定的顺序组装成组合资源服务，协同完成该任务资源服务任务的过程。服务组合问题是个多目标规划问题，因此研究以服务质量为主要函数目标，求解算法可用智能演化算法，以发挥其在速度、通用型、编码难易度上的优势（易树平等，2016）。

4）服务调度与容错。服务调度就是经过调度策略的优化得到服务申请的响应接口，形成服务分配方案输出。接口执行分配方案处理服务申请，进行服务的选择，即从服务集中选出最合适的服务匹配服务申请，并将结果通过接口反馈给用户。在数字孪生平台运行过程中，除了考虑 I/O、调用的前提条件和效果等基本属性之外，还应考虑运行状态、业务关系等动态属性（张卫等，2012）。伴随数字孪生平台的运行，服务及其组合服务的执行可能会不可避免地发生某些故障。因此，服务调度故障的检测和恢复也是研究重点。

5）服务执行评价。服务执行评价反映的用户对服务使用效果的反馈信息。硬件资源、软件资源和智力资源所形成的服务效用不同，在评价方法、评价指标选择方面也需要有所区别。服务执行评价需要对服务资源的使用全过程进行监控，以了解服务资源和业务需求之间的供需情况。通过对服务执行情况进行评价，部分服务可能因为资源描述与实际运行状况不符、服务能力达不到用户需求等原因，从资源服务库中被删除。也有部分资源特别是智力资源在阶段任务执行完成后，因知识沉淀和累积以及服务能力的提高、可参与的服务范围增大，与其对应的资源描述信息会被调整修改，而等待下一次被用户检索（易树平等，2016）。

2.6 数字孪生流域亟须发展的方向

2.6.1 发展趋势

数字孪生流域作为流域治理管理所需的感知、数据、知识、模型、服务等核心的绝佳载体（管文玉和凌卫青，2020），为"大云物移智链"技术与流域治理管理的融合的潜力释放创造了有利条件（王成山等，2021）。网络化是感知单元、数据单元、知识单元、模型单元、服务单元等打破孤岛、协同联动激发更大价值的发展趋势。随着感知网、数据网、知识网、模型网和服务网形态的构建，数字孪生流域才能真正在流域治理管理中具有增值效益，为元流域（元宇宙在流域治理管理中的应用）或水利元宇宙或更加广尺度的元水圈发展奠定基础（Wang et al.，2022），循序推进智慧流域建设。

1）感知网。中国已形成了地面站网体系，以水利部门为例，全国县级以上水利部门各类信息采集点达 43.4 万处，其中，水文、水资源、水土保持等各类采集点共约 20.9 万处，大中型水库安全监测采集点约 22.5 万处。截至目前，我国智能手机用户已超过 10亿。另外我国对地观测卫星初步建成了包括气象、海洋、资源、环境和减灾、高分等较为完善的对地遥感器和卫星系统及应用系列卫星体系（施建成等，2021）。未来流域感知体系的发展趋势就是构建具有感知、计算和通信能力的传感器网络与万维网结合而产生的空天地集成化观测网络，构建智慧流域的综合感知基站（陈栋等，2022），对物理流域各种状态进行立体、即时和准确感知，通过一系列接口提供观测数据与空间信息服务，从而在正确的时间、正确的地点将正确的信息传递给正确的人或物的 4R 灵性服务（李文正，2022），为流域资源优化配置、生态环境等综合管理提供数字化基础。

2）数据网。*Science* 2010 年 3 月的文章指出科学技术的发展正在变得越来越依赖数据，图灵奖获得者 Gray 也指出数据密集型科学发现将成为科技发展的第四范式（Tansley and Tolle，2009），中国学者也指出流域科学研究需要加强大数据的研究。随着流域计算和大数据研究的发展，如何基于动态实时观测大数据，快速提取流域事件和行为的格局和过程信息，科学分析其演化规律，并提供主动的智能服务，是时空大数据流域实践新的挑战和机遇。截至 2020 年底，全国省级以上水利部门存储的各类数据资源约 2887 项，数据总量约 6.02PB，但是水利数据仍存在内容不全面、准确性不高、频次参差不齐、价值密度较低、共享程度不高、更新周期长、开发利用水平低等问题（蔡阳等，2021），可用数据的供给与流域防洪、水资源管理与调配、河湖管理保护等智慧化应用的需求尚无法实现时空精准匹配。数据供给与需求失衡成为制约水利大数据分析和应用亟须克服的"痛点"，更是数字孪生流域理想目标实现亟须打破的"瓶颈"。因此，涉水大数据的获取、处理、分析与挖掘在数字孪生流域研究中仍是重中之重。大数据时代对流域科学中的数据集成、数据和模型的集成提出了新的挑战，需要加强无缝、自动、智能化的数据–模型对接（Li et al.，2018），为此，高级别的自动数据质量控制、高层次的数据集成，以及数据向模型的推送技术都十分关键。

3）知识网。知识图谱能够提升数字孪生流域的语义理解和知识推理能力（Abu-Salih，2021）。流域知识图谱是领域知识图谱在流域治理管理和科学研究中具体应用，较通用领域知识图谱，往往需要可靠的知识来源、更强的专业相关性和更优质准确的内容（蒲天骄等，2021），它将流域的数据信息表达成更加贴近人类认知世界的知识表现形式，具有规模巨大、语义关系丰富、质量优秀、结构友好的特性（Tansley and Tolle，2009）。流域知识图谱旨在充分利用流域物联网承载的数据信息，以结构化方式刻画流域系统中的概念、实体、事件及其间的关系，为涉水行业产业链提供一种更有效的跨媒体大数据组织、管理、认知能力。结合大数据与人工智能技术，流域知识图谱正逐步成为推动流域人工智能发展的核心驱动力之一。但目前流域知识图谱应用场景相对有限、应用方式仍显得创新不足，因而在一定程度上显得内生驱动力有所不足。如何有效推动知识图谱的应用，实现基于流域原生数据的深度知识推理，提高大规模知识图谱的计算效率与算法精度，一方面需要认真剖析流域数据与知识的特性，在认知推理、图计算、类脑计算以及演化计算的算法上多下功夫；另一方面，有待加强知识图谱标准化测试工具的建设。

4）模型网。流域虚拟模型是数字孪生流域建设的核心，是能够体现数字孪生智能化协同交互和自主性进化的根本。通过对水文过程的模拟，促进对流域水循环和生物化学过程的理解，重点在天空地集成化感知网支持下，以区域气候模式为驱动，以分布式水文模型和陆面过程模型为骨架，耦合地下水模型、水资源模型、生态模型和社会经济模型，形成具有综合模拟能力的流域集成模型，全面揭示水循环及其伴随物理、化学和生物过程的发生和演化规律。但由于水系统的复杂性，传统的机理模型过参数化和建模条件简化，导致模型在运行过程中，误差累积效应带来模拟预测轨迹与真实轨迹偏离越来越多，为了解决上述问题，一是要开展流域科学基础研究，利用大数据深化对水系统演变规律与相互作用机理的认识，改进模型结构对物理流域进行精准描述；二是在模型运行演进中动态融合持续的观测数据，实时校正模型状态变量和参数，调整模型运行轨迹；三是以机器学习和深度学习为基础构建数据驱动模型，并融合多维多尺度模型形成高保真模型。除了对模型进行研发外，需要开发一个支持集成模型高效开发、已有模型或模块的便捷连接、模型管理、数据前处理、参数标定、可视化的计算机软件平台。模型平台应具有的特征包括（Li et al.，2018）：①平台中既包括地表水、地下水、陆面过程、生态过程、植被生长等自然过程模型，也包括土地利用、水资源调配与管理、经济、政策等社会经济模型；②支持模型向流域尺度扩展；③支持从分钟到年、数十年甚至上万年的时间尺度模拟；④支持数据同化和模型–观测融合；⑤集成知识系统，充分利用非结构化信息；⑥集成机器学习技术；⑦具有在网络环境下运行的能力，支持云计算；⑧具有快速定制决策支持能力。

5）服务网。数字孪生流域服务是云计算和数字孪生结合的新型服务模式（Aheleroff et al.，2021）。融合现有的云计算、物联网、语义 Web、高性能计算等技术，将各类资源（包括硬物理设备、仿真系统、计算与通信系统、软件、模型、数据和知识等）虚拟化、服务化，并进行统一的、集中的智能化管理和经营，实现智能化、多方共赢、普适化和高效的共享和协同，通过网络为流域全生命周期管理提供随时可获取的、按需使用的、安全可靠的、优质高效的服务（Li et al., 2020）。它由云提供端（云服务提供者）、云请求端（云服务使用者）和云服务平台（中间件）组成。云提供端通过云服务平台提供相应的资源和能力服务；云请求端通过云服务平台提出服务请求；云服务平台根据用户提交的任务请求，在云端化技术、云服务综合管理技术、云安全技术和云业务管理模式技术等支持下寻找符合用户需求的服务，并为云请求端提供按需服务（Li et al., 2020）。

2.6.2　赋能领域

数字孪生流域系统通过借鉴产生于工业互联网领域的数字孪生理念，以水利行业为例，结合流域防洪、水资源管理与调配、河湖管理保护、水利工程建设与管理等业务，阐述数字孪生流域赋能领域，主要包括赋能流域感知、赋能流域认知、赋能流域智能、赋能流域调控、赋能流域管理等方面。

1）赋能流域感知。即利用数字孪生流域对流域自然规律掌握基础上，补充水利传感器的不足。从理想角度而言，在流域自然社会系统布设更多的水利传感器能够更多跟踪捕捉流域自然水系、水利工程和水利治理管理活动的运行状态，但是庞大数量的水利传感器要求前期投入大量资金和后期还要投入很多运维成本，因而要求结合潜在收益研究分析和实践验证，寻找最佳的水利传感器布设方式。而数字孪生流域和大数据相结合，基于"自然–社会"二元水循环规律和演变特征、部门共享数据、天空地监测数据、社交媒体数据，就可以对没有布设水利传感器的自然水系、水利工程和水利治理管理活动对象的状态进行推算和了解。

2）赋能流域认知。流域水利系统是以流域为单元，由水资源系统、生态环境系统、社会经济系统组成的相互作用、耦合共生的复杂性系统，如极端降水和超标洪水形成机理、自然水循环和社会水循环演变机理和变化规律、江河变化机理和泥沙冲淤规律等基础性科学问题仍有待研究。可以采用整体论和还原论相结合的综合集成思路，利用数字孪生流域的虚拟流域不断模拟水利系统的运行特性，形成水利大数据集，以大数据分析方法探索未知的物理流域对象的时空特征和变化规律。

3）赋能流域智能。流域智能主要体现在物理流域对象的自我感知、自主学习、自主判断、自主预测、自主决策、自主执行的进化能力。虚拟流域以在线、全面的运行方式，通过在线实时的模拟仿真、历史数据的萃取、经验数据的积累，形成海量的样本数据，利用深度学习、强化学习总结物理流域对象的特征，构建物理流域对象的运行规则和知识图谱，并进行不断的自我训练，获得最优决策方案以指导执行操作，再根据执行效果进行再训练，增加虚拟流域的"智商"，提高不确定场景的应变能力。

4）赋能流域调控。数字孪生流域可以预演洪水行进路径、洪峰、洪量、过程，动态调整防洪调度方案；根据流域内不同区域生产、生活、生态对水位、水量、水质等指标的要求，预演工程体系调度，动态调整和优化水资源调度方案。由于河流、渠道、管道等组成的水利工程群存在输入数据多输出变量多、模型存在非线性、随机扰动频繁等问题，数字孪生流域可以作为水库群、引调水工程、灌区等闸门、泵站联合控制的仿真测试平台，在不同水动力边界条件下获得闸门、泵站的控制运行规律，为全面评估闸门、泵站的预测控制、最优控制等算法适用性提供闭环验证环境，以实现水利工程群的准确控制和性能优化。

5）赋能流域管理。数字孪生流域可以有助于管理者动态掌握水资源利用、河湖"四乱"、河湖水系连通、复苏河湖生态环境、生产建设项目水土流失、水利设施毁坏等情况，实现权威存证、精准定位、影响分析，加强信息共享和业务协同，支撑上下游、左右岸、干支流的跨层级、跨行业、跨部门之间对涉水日常事务和应急事件的联合防御、联合管控、联合治理，赋能依法实施流域统一监督和管理。

参 考 文 献

蔡阳，成建国，曾焱，等．2021．加快构建具有"四预"功能的智慧水利体系．中国水利，（20）：2-5.

陈栋，张翔，陈能成．2022．智慧城市感知基站：未来智慧城市的综合感知基础设施．武汉大学学报·信息科学版，47（2）：159-180.

陈军，刘万增，武昊，等．2021．智能化测绘的基本问题与发展方向．测绘学报，50（8）：995-1005.

陈能成，肖长江，李良雄．2017．卫星耦合传感网的实时动态网络地理信息系统技术及应用．测绘学报，46（10）：1698-1704.

程颖，戚庆林，陶飞．2018．新一代信息技术驱动的制造服务管理：研究现状与展望．中国机械工程，29（18）：2177-2188.

龚健雅，张翔，向隆刚，等．2019．智慧城市综合感知与智能决策的进展及应用．测绘学报，48（12）：1482-1497.

管文玉，凌卫青．2020．基于文献计量的数字孪生研究可视化知识图谱分析．计算机集成制造系统，26（1）：18-27.

李琳利，顾复，李浩，等．2022．仿生视角的数字孪生系统信息安全框架及技术．浙江大学学报（工学版），56（3）：419-435.

李双成，张文彬，陈立英，等．2022．孪生空间及其应用——兼论地理研究空间的重构．地理学报，77（3）：507-517.

李文正．2022．数字孪生流域系统架构及关键技术研究．中国水利，（9）：25-29.

刘万增，陈军，翟曦，等．2021．时空知识中心的研究进展与应用．测绘学报，50（9）：1183-1193.

刘阳，赵旭．2021．工业数字孪生技术体系及关键技术研究．信息通信技术与政策，47（1）：8-13.

蒲天骄，谈元鹏，彭国政，等．2021．电力领域知识图谱的构建与应用．电网技术，45（6）：2080-2091.

沈沉，曹仟妮，贾孟硕，等．2022．电力系统数字孪生的概念、特点及应用展望．中国电机工程学报，42（2）：487-499.

施建成，郭华东，董晓龙，等．2021．中国空间地球科学发展现状及未来策略．空间科学学报，41（1）：95-117.

孙玉成，宋家烨，王健，等．2022．面向生产过程的智能车间数字孪生建模及应用．南京航空航天大学学报，54（3）：481-488.

唐新华．2021．新型基础设施在国家治理现代化建设中的功能研究．中国科学院院刊，36（1）：79-85.

陶飞，刘蔚然，张萌，等．2019．数字孪生五维模型及十大领域应用．计算机集成制造系统，25（1）：1-18.

王成山，董博，于浩，等．2021．智慧城市综合能源系统数字孪生技术及应用．中国电机工程学报，41（5）：1597-1608.

王传庆，李阳阳，费超群，等 . 2022. 知识图谱平台综述 . 计算机应用研究，39（11）：1-12.

吴炳方，朱伟伟，曾红伟，等 . 2020. 流域遥感：内涵与挑战 . 水科学进展，31（5）：654-673.

易树平，刘觅，温沛涵 . 2016. 基于全生命周期的云制造服务研究综述 . 计算机集成制造系统，22（4）：871-882.

张辰源，陶飞 . 2021. 数字孪生模型评价指标体系 . 计算机集成制造系统，27（8）：2171-2186.

张卫，潘晓弘，刘志，等 . 2012. 基于云模型蚁群优化的制造服务调度策略 . 计算机集成制造系统，18（1）：201-207.

张晓华，刘道伟，李柏青，等 . 2019. 智能全景系统概念及其在现代电网中的应用体系 . 中国电机工程学报，39（10）：2885-2895.

朱庆，张利国，丁雨淋，等 . 2022. 从实景三维建模到数字孪生建模 . 测绘学报，51（6）：1040-1049.

Abu-Salih B. 2021. Domain-specific knowledge graphs：a survey. Journal of Network and Computer Applications，185：103076.

Aheleroff S，Xu X，Zhong R Y，et al. 2021. Digital twin as a service（DTaaS）in industry 4.0：an architecture reference model. Advanced Engineering Informatics，47：101225.

Asgari M，Yang W，Lindsay J，et al. 2022. A review of parallel computing applications in calibrating watershed hydrologic models. Environmental Modelling & Software，151：105370.

Bainbridge W S. 2007. The scientific research potential of virtual worlds. Science，317（5837）：472-476.

Balci O. 2010. Golden rules of verification，validation，testing，and certification of modeling and simulation applications. SCS M&S Magazine，2010，4（4）：1-7.

Barricelli B R，Casirahi E，Fogli D. 2019. A survey on digital twin：definitions，characteristics，applications，and design implications. IEEE Access，7：167653-167671.

Batty M. 1993. The geography of cyberspace. Environment and Planning B：Planning and Design，20（6）：615-616.

Bauer P，Duben P D，Hoefler T，et al. 2021a. The digital revolution of earth-system science. Nature Computational Science，1（2）：104-113.

Bauer P，Stevens B，Hazeleger W. 2021b. A digital twin of earth for the green transition. Nature Climate Change，11（2）：80-83.

Chen M，Lyv G，Zhou C，et al. 2021. Geographic modeling and simulation systems for geographic research in the new era：some thoughts on their development and construction. Science China Earth Sciences，64（8）：1207-1223.

Choi N，Song I Y，Han H. 2022. A survey on ontology mapping. ACM Sigmod Record，35（3）：34-41.

Eric J，Anthony R，Thomas G，et al. 2011. Reengineering aircraft structural life prediction using a digital twin. International Journal of Aerospace Engineering，2011：154798.

Gong J，Geng J，Chen Z. 2015. Real-time GIS data model and sensor web service platform for environmental data management. International Journal of Health Geographics，14（1）：1-13.

Grieves M. 2021. Digital twin：manufacturing excellence through virtual factory replication. https：//www. 3ds. com/fileadmin/PRODUCTS-SERVICES/DELMIA/PDF/Whitepaper/DELMIA-APRISO-Digital-Twin- Whitepaper. pdf. ［2021-08-22］.

Grieves M. 2022. Intelligent digital twins and the development and management of complex systems. Digital Twin，2（8）：249077431.

Hunter J，Brooking C，Reading L，et al. 2016. A web-based system enabling the integration，analysis，and 3D sub-surface visualization of groundwater monitoring data and geological models. International Journal of Digital Earth, 9 (2): 197-214.

Jones D, Snider C, Nassehi A, et al. 2020. Characterising the digital twin: a systematic literature review. CIRP Journal of Manufacturing Science and Technology, 29: 36-52.

Laurini R. 2014. A conceptual framework for geographic knowledge engineering. Journal of Visual Languages & Computing, 25 (1): 2-19.

Li B H, Zhang L, Chai X D. 2020. Introduction to cloud manufacturing. Zte Communications, 8 (4): 6-9.

Li X, Cheng G D, Lin H, et al. 2018. Watershed system model: the essentials to model complex human-nature system at the river basin scale. Journal of Geophysical Research: Atmospheres, 123 (6): 3019-3034.

Li X, Liu F, Fang M. 2020. Harmonizing models and observations: data assimilation in earth system science. Science China Earth Sciences, 63: 1059-1068.

Li X, Yang J, Guan X, et al. 2014. An event-driven spatiotemporal data model (E-ST) supporting dynamic expression and simulation of geographic processes. Transactions in GIS, 18: 76-96.

Li X, Zheng D, Feng M, et al. 2022. Information geography: the information revolution reshapes geography. Science China Earth Sciences, 65 (2): 379-382.

Lyv G N. 2011. Geographic analysis-oriented virtual geographic environment: framework, structure and functions. Science China Earth Sciences, 54 (5): 733-743.

Macchione F, Costabile P, Costanzo C, et al. 2019. Moving to 3-D flood hazard maps for enhancing risk communication. Environmental Modelling & Software, 111: 510-522.

Nativi S, Mazzetti P, Craglia M. 2021. Digital ecosystems for developing digital twins of the earth: the destination earth case. Remote Sensing, 13 (11): 2119.

Qi Q, Tao F, Hu T, et al. 2021. Enabling technologies and tools for digital twin. Journal of Manufacturing Systems, 58: 3-21.

Qi Q, Tao F, Zuo Y, et al. 2018. Digital twin service towards smart manufacturing. Procedia Cirp, 72: 237-242.

Qiu Y, Duan H, Xie H, et al. 2022. Design and development of a web-based interactive twin platform for watershed management. Transactions in GIS, 26 (3): 1299-1317.

Reichle R H. 2008. Data assimilation methods in the earth sciences. Advances in Water Resources, 31 (11): 1411-1418.

Semeraro C, Lezoche M, Panetto H, et al. 2021. Digital twin paradigm: a systematic literature review. Computers in Industry, 130: 103469.

Shang Y Z, Rogers P, Wang G Q. 2012. Design and evaluation of control systems for a real canal. Science China Technological Sciences, 55 (1): 142-154.

Tansley S, Tolle K M. 2009. The fourth paradigm: data-intensive scientific discovery. Redmond: Microsoft research.

Tao F, Cheng J, Qi Q, et al. 2018. Digital twin-driven product design, manufacturing and service with big data. The International Journal of Advanced Manufacturing Technology, 94 (9): 3563-3576.

Tao F, Qi Q. 2019. Make more digital twins. Nature, 573: 490-491.

Tao F, Xiao B, Qi Q, et al. 2022. Digital twin modeling. Journal of Manufacturing Systems, 64: 372-389.

Wang S, Zhong Y, Wang E. 2019. An integrated GIS platform architecture for spatiotemporal big data. Future Generation Computer Systems, 94: 160-172.

Wang X Y, Wang J, Wu C K, et al. 2022. Engineering brain: metaverse for future engineering. AI in Civil Engineering, 1 (1)：1-18.

Zhang M, Tao F, Huang B, et al. 2022. Digital twin data：methods and key technologies. Digital Twin, 1 (2)：2.

Zhang X, Chen N, Chen Z, et al. 2018. Geospatial sensor web：a cyber- physical infrastructure for geoscience research and application. Earth-science Reviews, 185：684-703.

Zhou G, Zhang C, Li Z, et al. 2020. Knowledge-driven digital twin manufacturing cell towards intelligent manufacturing. International Journal of Production Research, 58 (4)：1034-1051.

第3章 | 降水遥感的机理与方法

3.1 引　言

降水是指从云中降落至地球表面的所有固态和液态水分（Michaelides et al., 2009），其主要形式是雨和雪。作为地球水循环的基本组成成分，降水以一个水分通量，连接着大气过程与地表过程，具有重要的气象学、气候学和水文学意义（刘元波等, 2016）。大气中大约 3/4 的热能都来源于降水所释放的潜热，在气候系统中起着极为重要的作用（Kummerow and Barnes, 1998）。同时，降水及其时空分配影响着陆地水文过程和地表水资源变化。譬如，不仅导致土壤水分发生变化、产生地表径流、抬高河湖水位等，而且对于植被生长、生态系统演替和人类的生产生活等有着重要的影响。

与其他地球水循环要素不同，降水的时间和空间变率都很大，常表现为非正态分布，是目前最难准确测量的水文变量之一（刘元波等, 2016）。虽然运用地面雨量计和地基雷达可以监测区域性地表降水，但是由于它们在陆地上分布不均，且在海洋上分布更加稀少，所以很难通过这些手段准确地获得大区域和全球性的降水分布。因此，精准地测量降水量及其区域和全球分布，长期以来是一个颇具挑战性的科学研究目标（Michaelides et al., 2009）。

本章首先介绍有关降水的物理基础，包括降水的基本分类、降水形成条件与过程、降水度量指标与表示方法以及降水与电磁波之间的相互作用特性。其次，简述可见光–近红外波段、热红外波段、被动微波、主动微波及多传感器联合反演的基本原理和主要方法。最后，在介绍地面降水常用观测方法的基础上，概述遥感反演降水的精度检验方法。

3.2 降水遥感物理基础

降水不同于大气水汽、地表水体、土壤水分和冰川积雪等状态变量，它是大气圈与岩土圈和海洋之间的交换通量，属于物质交换过程（刘元波等, 2016）。通过降水，大气中的水分降落至地球表面，直接参与岩土圈、生物圈和人类圈中多种多样的物理、化学和生物过程。降水过程本身是大气的动力、热力等宏观动力学过程和热力相变、物理化学等微观物理过程综合作用的结果，同时受到地表水热过程变化影响（Wallace and Hobbs, 2006）。

认识和了解有关降水的宏观物理条件和微观物理过程，对于深入地开展降水遥感研究和人工降水实践等具有重要意义。下面从降水形成的宏观背景条件、降水形成的微观物理过程、降水度量指标与表示方法及降水粒子与电磁波相互作用特性等 4 个方面，简要介绍有关降水的相关物理知识，为深入地认识和了解降水遥感反演方法奠定基础。

3.2.1 宏观背景条件

降水涉及多种物理过程的相互作用。例如，大气的宏观动力过程，降水粒子的微观物理过程，气体湍流作用，大气的电过程，以及辐射作用等。从降水的形成机制来看，降水需要 3 个条件：①水汽条件，空气中存在充足的水汽；②垂直运动条件，水汽在降水地区辐合上升，在上升过程中绝热膨胀、冷却凝结成云；③云滴增长条件，云滴增长变为雨滴而下降（Lamb and Verlinde，2011）。可见，云的形成发展是降水形成的先决条件。

云的姿态千奇百怪，分为四族十属（World Meteorological Organization，1975）。高云族和中云族一般没有降水发生，而低云族和直展云族则往往伴随降水。其中，对流云和层状云最为典型，各自具有不同宏观特征。对流云的顶部具有轮廓鲜明的花椰菜状隆起，具有极强的湍流特性，整个生命期较短。对流云的垂直高度和水平长度处于同一数量级，淡积雨云的水平尺度为数百米到 1km，浓积云和积雨云的水平尺度为数千米，有些降雨性积雨云可延展到 10~20km，一般属于小尺度天气系统。对于层状云而言，它的水平分布十分广阔，与大范围有规则的上升气流运动或大范围不规则的扰动有关，比对流云的存在时间长很多。层状云的水平尺度一般为 10~1000km，垂直尺度为 0.1~1km。

3.2.2 微观物理过程

云的生成为降水提供了宏观背景条件，而降水的形成受多种因素的影响。在一定的大气运动背景下，云雾粒子（云滴）需要通过凝结（或凝华）和碰并（碰冻）等微观物理过程，形成降水粒子及粒子群，最终以雨、雪等不同的形态降落至地表。

3.2.2.1 降水基本形态

由于云体温度、云底大气条件和气流分布等状况的差异，降水具有不同形态，包括雨、雪、雨夹雪、霰和冰雹等。

从全球范围内来看，降雨是最普遍的一种降水形式。雨滴直径小于 0.5mm 的降雨为毛毛雨，多数来自层云。小雨滴在降落时会有一部分蒸发，甚至未落到地面就被完全蒸发。一般情况下，雨滴直径大于 0.5mm，雨滴清楚可辨，下降如线，多来自层积云、积云和积雨云等，有时伴有雷暴 [图 3-1（a）]。在降雨时，过冷水滴（冻雨）在碰到温度等于或低于 0℃ 的物体时，发生冻结而形成透明或无色的冰覆盖层，在树枝上形成"树挂"，也称雨凇、冰凌或树凝 [图 3-1（f）]。

降雪是降水的另一种重要形式，属于固态降水。雪花形状繁多，但基本形状是对称的六角形，例如，星状、柱状和片状等，一般来自层积云、高层云和高积云，甚至卷云。雪花自云中飘落，若云下气温低于 0℃，一直落到地面，而形成降雪 [图 3-1（b）]。若云下气温高于0℃，雪花会出现融化，雨和雪可能同时降落，形成雨夹雪 [图3-1（e）]。

霰和冰雹都属于固态降水。霰，也称雪丸或软雹，是白色不透明的近似球形的、有雪状结构的颗粒固态降水，直径2~5cm，多来自对流降水云系 [图3-1（c）]。冰雹是近似球形的冰块，由透明和不透明层的冰层相间组成，直径超过5mm，大的直径可达数十毫米，多出现在积雨云降水云系中。冰雹是一种具有很大破坏性的灾害性天气 [图3-1（d）]。

图3-1 雨、雪、霰、冰雹、雨夹雪和雨凇
资料来源：刘元波等，2016。

3.2.2.2 云雾和降水的微观分布特征

尽管云雾和降水的形态多样，但它们的粒子基本上是由大量液态水滴或固态冰晶组成的。温度超过0℃的暖云主要由水滴组成。温度不足0℃的冷云当温度不太低时，可由未冻结的过冷水滴和冰晶共同组成，这类云也被称为混合云。随着温度的降低，过冷水滴所占的比例越来越小，到-35~-40℃时，云团全由冰晶所组成。即使对于同一云团，云滴大小并不相同（图3-2）。

为了刻画云雾和降水粒子的微观分布特征，人们通常使用粒子直径及其密度分布函数来进行描述（Best，1950）。单位体积内包含的云（雨）滴个数，称为云（雨）滴的数密度。云（雨）中各种大小云（雨）滴的数密度分布，称为云（雨）滴谱。

1）云雾滴谱。对于云雾滴谱分布，Deirmendjian（1969）提出采用修正的Γ分布进行描述，即

$$n(D) = aD^{\alpha} e^{-bD^{\nu}} \tag{3-1}$$

式中，n 为云雾粒子的数密度分布函数，单位为个/（cm^3·μm）；D 为粒子尺度大小，单位为 cm；谱分布参数 a、b、α、ν 均为正实数。该函数分布曲线呈偏态，适于描述具有单峰分布的滴谱。在半径较小一侧，云雾滴的浓度迅速下降；在半径较大一侧，浓度缓慢

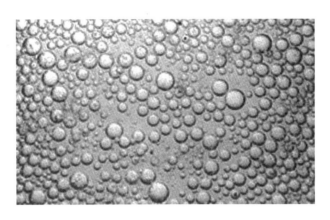

图 3-2　在一次暴雨中拍摄到的不同大小雨滴分布的照片

注：其中最大雨滴的直径为 5mm，最小的雨滴直径不足 0.5mm。

资料来源：刘元波等，2016。

减小。

云雾滴谱随着云型、云的不同部位、云的发展阶段等因素变化而变化。一般而言，雾滴要比云滴小很多。在雾的形成和消散时期，雾滴半径甚至小于 1μm；在相对稳定、持续时间较长的地面雾中，雾滴半径要大一些，约不足 10μm。对于层状云，其云滴半径为 5~6μm；对于积云，晴天积云的云滴接近于层状云，而积雨云的云滴较大，发展旺盛时可达数十微米量级。层状云和积状云在云滴数密度上差异明显，前者的云滴数密度大，平均可达 $10^2 \sim 10^3$ 个/cm³，而后者的云滴数密度要低一个数量级。另外，大陆性云比海洋性云的密度要高。在同一云型的不同发展阶段、同一云团的不同部位，在云雾滴谱的谱型和谱宽上也存在差异。一般而言，积状云的谱型要比层状云宽。Hess 等（1998）给出了 6种典型云雾情况下云雾滴谱分布参数的特征值，包括大陆和海洋的层云与积云等。

2）冰晶谱。当云内气温低于 0℃时，可以形成冰晶。在冰晶与云中过冷水滴共存的情况下，由于冰面饱和水汽压低于同温度下水面饱和水汽压，冰晶优势增长。冰晶粒子之间相互碰并（丛集过程），当冰晶粒径超过 300μm 时称为雪晶，雪晶的聚集体即为雪花。冰晶与过冷水滴经碰冻而长大（淞附机制），可形成白色不透明的霰粒或半透明的小雹粒。冰晶的基本形状为对称的六角棱柱状（两个基面和 6 个棱晶面），但受环境因素影响会形成很多形状。由于冰晶属于非球形粒子，在实际测量时常用一些特定的尺度来描述。Heymsfield 和 Platt（1984）利用 8 组平均卷云滴谱，获得冰晶谱的幂指数分布曲线，即

$$n(D_{\max}) = aD_{\max}^b \tag{3-2}$$

式中，$D_{\max}$ 为冰晶的最大尺度，单位为 μm；a 和 b 分别是截距和斜率。观测表明，云中冰晶的数密度为 10~50 个/μm³。云顶温度越低，冰晶的数密度越大，成熟对流云的冰晶数密度可达 10^2 个/μm³。

3）降水粒子滴谱。对于雨、雪、冰雹等降水粒子，Sempere-Torres 等（1994，1998）提出通用模型，可以描述其滴谱分布，即

$$n(D) = R^a f\left(\frac{2D}{R^b}\right) \tag{3-3}$$

式中，R 为降水强度，单位为 mm/h，a 和 b 为谱分布参数。Marshall-Pamer（M-P）分布模型、伽马（Gamma）分布模型、对数正态分布模型、标准化分布模型等，都可以转化成该模型的表达形式。

M-P 模型和伽马模型是使用最为广泛的雨滴谱分布模型。Mashall 和 Palmer（1948）提出了 M-P 模型，用双参数指数表示雨滴谱的分布，即

$$n(D) = n_0 e^{-\lambda D} \tag{3-4}$$

式中，n_0 为 $D=0$ 时的初值，$n_0 = 0.08/$（$cm^3 \cdot cm$）；λ 为大小因子，是降水强度的函数，$\lambda = 0.41 R^{-0.21}$。

研究表明，即使在同一次降雨事件中 n_0 和 λ 值也会发生变化，在不同的降水条件下差异更大（Joss and Waldvogel 1969；Waldvogel，1974），虽然 M-P 分布模型从大体上能拟合出降雨的平均谱型，但在小雨滴和大雨滴区间上的拟合偏差较大，同时该模型也不适于表达雨滴谱中存在的双峰或多峰现象（Joss and Gori 1978；Paul，1984）。Ulbrich（1983）提出使用具有三参数的伽马分布模型，以便更好地描述实际的雨滴谱分布，其表达式为

$$n(D) = n_0 D^\mu e^{-\lambda D} \tag{3-5}$$

式中，μ 为形状因子，当 $\mu>0$ 时表示曲线向上弯曲，当 $\mu<0$ 时表示曲线向下弯曲，当 $\mu=0$ 时伽马分布模型转化成为 M-P 模型。实际应用表明，伽马分布模型有效地提高了对于小雨滴和大雨滴区间的拟合精度（Ulbrich and Atlas，1998）。

在一定的降水条件下，雪晶通过碰并作用，丛集而成雪花。在 0℃ 时，雪花出现的概率最高，尺度也最大；随着温度的下降，在 -15℃ 时，存在第 2 个极大值。大部分雪花直径为 2~5mm，最大雪花可达 15mm。Gunn 和 Marshall（1958）用 M-P 模型式（3-4）来描述雪花的谱分布。式中，D 表示雪花融化成水滴的等效直径，单位为 mm。这里，$n_0 = 3800 R^{-0.87} m^3/mm$；$\lambda = 25.5 R^{-0.48}/cm$，其中 R 为降水强度，单位为 mm/h，用积雪融化后的水柱高表示。

对于霰和冰雹而言，霰普遍接近于球形；而冰雹并非球形，尺度在数毫米，最大等效直径可达 100mm，密度在 0.9g/cm^3 左右。Atlas 和 Ludlam（1961）提出用式（3-4）表示冰雹的谱分布。

3.2.2.3 降水粒子形成机制

降水形成是由微小的云滴、冰晶，逐渐增大为雨滴、雪花或其他降水物，并降落到地面的过程。云滴的直径一般不超过 50μm，最大可达 100μm，在云中的分布浓度约为 100 个/cm^3。雨滴是直径大于 100μm 的水滴，它在云中的浓度要比云滴的浓度低 6 个量级左右。在云滴与雨滴之间，直径 50~100μm 的水滴称为大云滴，在云中分布的浓度与云滴和雨滴相差较大。一块云能否降水，就要看一定时间内能否使百万数量级的云滴增大转变成一个雨滴。云滴增大的机制主要有两种，即凝结（或凝华）增长和碰并（碰冻）增长。这两种增大机制在降水形成过程中始终存在。在云滴增长的初期，以凝结（或凝华）

增长为主。在云滴增长到一定阶段后，则以碰并（碰冻）增长为主。

1）云滴凝结或凝华。云滴的凝结（或凝华）增长过程是指云滴依靠水汽分子在它表面凝聚增长的过程。在云的形成和发展阶段，由于云体持续的上升冷却或云外水汽的不断输入，使云内空气中水汽压大于云滴的饱和水汽压，因此，云滴能够由水汽凝结（凝华）而增长。一旦云滴表面产生凝结（凝华），水汽从空气中析出，空气湿度减小，云滴周围便不能维持过饱和状态，而使凝结（凝华）停止。所以，在一般情况下，云滴的凝结（凝华）增长有一定限度。要使云滴的凝结（凝华）增长不断地进行下去，还需有水汽的扩散过程，即当云层内部存在着冰水云滴共存、冷暖云滴共存、或大小云滴共存的任何一种条件时，就会发生水汽从一种云滴转至另外一种云滴上的扩散转移过程。譬如，当冷、暖云滴共存时，暖水云滴就会蒸发而减小，而水汽转化到冷水云滴上，使其不断增大。在冰晶、水滴和水汽三者共存的云中，相同温度下冰面饱和水汽压低于水面饱和水汽压，水分子直接从过冷水滴中转化为冰晶（即凝华过程）。这种水滴和冰晶同时存在，而水汽从水滴转移到冰晶，使冰晶增大而水滴减小的冰水转化过程，被称为冰晶效应，亦称为贝吉龙过程（Korolev，2007）。无论是凝结过程还是凝华过程，本质上都是水汽分子的扩散和热传导过程。云滴增长率与其半径成反比，随着尺度增大，增长率下降。云滴通过凝结过程长大而成为雨滴可能会需要很长时间，甚至超过云的发展期（盛斐轩等，2006）。

2）云滴碰并或碰冻。云滴通过凝结增长达到一定大小后，其碰并增长起着更为重要的作用。云滴碰并增长是指大小云滴之间发生碰并增大的过程，主要有布朗碰并、湍流碰并和重力碰并等，其中重力碰并是最主要的碰并增长模式。所谓重力碰并是指由于云内云滴大小不一，其运动速度也有所不同，大云滴下降速度比小云滴快（图3-3），大云滴在下降过程中会很快追上小云滴，大小云滴因相互碰撞而黏附起来，成为较大云滴。在下落过程中，重力和空气阻力达到平衡后，水滴（云滴和雨滴）匀速下降，此时的下降速度被称为水滴的下落末速度。一般而言，水滴粒径越大，其下落末速度越大，两者近似呈指数关系（Jones et al.，2010）。在上升气流中，小云滴的上升速度会比大云滴快而追上大云滴，并与之合并成为更大云滴。云滴增大后在下降过程中又可合并更多的小云滴，像滚雪球一样越滚越大。此外，由于云中分子的不规则运动（布朗运动）、云中空气的湍流混合、云滴带有正负不同电荷等原因，也可引起云滴的相互碰并。对于冰晶而言，除了水汽凝华增长之外，冰晶与冷水云滴之间还存在碰撞并冻结的增长过程（碰冻增长），冰晶之间存在着相互粘连作用而增长的过程（丛集增长过程）（盛斐轩，等，2006）。

3.2.2.4　降水形成过程

凝结增长和碰并增长是形成降水粒子的两种主要机制（刘元波等，2016）。由于不同种类的云在形态、空间尺度、气流场、温度场和含水量分布等方面具有不同的宏观特性，以及所受影响因素不同，其降水形成过程也具有不同特点。

1）层状云降水。层状云是中纬度地区降水的主要云系。其中，高层云、层积云和雨层云中都可产生降水，而雨层云的降水强度大且降水时间长。根据云团的结构组成，由层状云引起的降水可分为暖性层状云（水云）和混合层状云（水-冰混合云）降水。暖性层

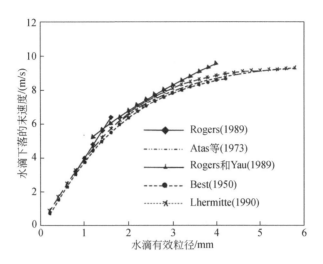

图 3-3　水滴粒子大小与下落末速度之间的统计关系

资料来源：刘元波等，2016。

状云的云层较薄，上升气流较弱，含水量较小。在暖性层状云中，需要既存在水汽凝结过程，也存在重力碰并过程，才能形成有效降水，只有凝结过程是不能形成降水。在冷暖锋面区和地形抬升的条件下，存在较强的上升气流和较大的含水量，则云层会形成足够厚度，且能维持较长时间，有利于形成降水。混合层状云可以分为 3 个层次，即冰晶层、过冷水滴层和暖水层。当层状云云层高而温度低时，在上部会生成冰晶，但冰晶的凝华增长比较缓慢。长大的冰晶落入过冷水滴层后，凝华增长迅速，并与过冷水滴进行碰冻增长。在接近 0℃层附近，冰晶表面变得较为潮湿，容易粘连成为雪团。当冰晶落入温度高于 0℃ 的暖水层时，很快融化成水滴，融化的水滴主要靠与云滴碰并而增长。由于水滴对雷达波的反射能力比同等大小的冰晶大 5 倍，因此用雷达观测混合层状云时，常常可以观测到 0℃ 等温层高度以下存在一个明显的雷达亮带。

2）积状云降水。与层状云相比，积状云的云层较厚，内部存在较强的上升气流和较大的含水量。积状云可从淡积云发展为浓积云，云内全由大小不同的水滴组成；如果进一步发展为积雨云，则云的上部就产生了冰晶。浓积云和积雨云都会产生降水。就浓积云而言，云中上升气流和湍流作用较强，相应地引起水滴荷电并形成较强的电场，云滴凝结起伏增长，与此同时在重力碰并等作用下快速增长，很快长成数百微米级水滴，并形成降水。云滴碰并增长过程是热带地区云中产生阵性降雨的主要机制。就积雨云而言，存在贝吉龙过程和重力碰并过程。通过贝吉龙过程，积雨云的冰晶层得以发育。由于云中上升气流较强，冰晶层的冰晶要长到足够大，才能落入过冷水滴层。落入过冷水滴层的冰晶的末速度较大，加上过冷水滴层中水滴含量高，冰晶与过冷水滴的重力碰并增长过程比在层状云中快得多，更易引起降水。

降水形成是一个十分复杂的过程，既涉及到云的生成发展等宏观动力特性，也涉及降水粒子形成等微观物理机制，主要内容可用图 3-4 表示。

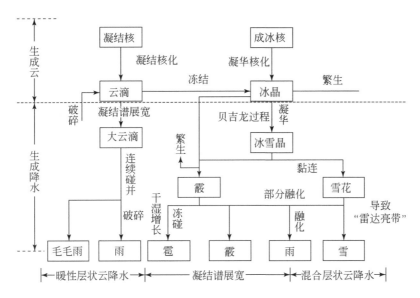

图 3-4 降水形成的主要过程转化机制示意图

资料来源：刘元波等，2016。

3.2.3 度量指标与表示方法

3.2.3.1 降水度量指标

1）降水量。降水落到地面后（固态融化后）未经蒸发、渗透、流失而在水平面上集聚的深度，称为降水量，单位为 mm，由于降水是在一定时间内进行的，因此常用日、月、年等时间单位，称为日降水量、月降水量和年降水量。

2）降水强度。单位时间内的降水量，称为降水强度，通常以小时或日为时间单位，即 mm/h 或 mm/d。气象部门为确定一定时间内的降水数量特征，并用以预报未来降水数量的变化趋势，常将降水强度划分为若干等级（表 3-1）。

3）降水日数。指能观测到降水的日数。一个降水日测得的最小降水量一般定为 0.1mm。一般用月降水日数或年降水日数进行统计。

表 3-1 降水强度划分标准（GB/T 28592—2012）

雨	小雨	中雨	大雨	暴雨	大暴雨	特大暴雨
（mm/d）	≤9.9	10.0～24.9	25.0～49.9	50.0～99.9	100.0～249.9	≥250.0
雪	小雪	中雪	大雪	暴雪	大暴雪	特大暴雪
（mm/d）	≤2.4	2.5～4.9	5.0～9.9	10.0～19.9	20.0～29.9	≥30.0

3.2.3.2 降水量的表示方法

降水量在时间和空间上往往分布不均,同一地区在不同年份、年内不同月份的降水量分配不同,同一时间在不同地域也不一致。降水变化通常包含降水量的大小和降水结构两个方面。在时间上,可以采用单位时间内降水量的时间序列数据,包括降水量、降水强度、降水日数等,在小时、逐日、逐月、逐年、逐年代等不同时间尺度上,用时间序列变化图来表示。在空间上,可以利用降水量的空间分布图,在集水域、流域、大流域、大陆和全球等不同空间尺度上,表示降水量的时空格局及变化。降水量图主要以等值线或加色层表示,等值线间距并不一定完全相等。

3.3 降水遥感原理

云是大气水汽重要的停留和存储场所,降水则是大气水分离开云团而降落地表的水分通量变化过程。云的热力学相态(包括冰晶和水滴及其混合)和宏观动力学性质(包括层状云和积状云)等,直接影响云滴、雨滴、霰、冰晶、雪粒等水凝物与电磁波之间的相互作用,即电磁波的反射、散射、吸收和辐射过程等。

云滴大小一般为 $1 \sim 100\mu m$,其中典型液态云滴的特征尺度为 $10\mu m$,固态云滴(冰晶)约为 $30\mu m$。具有这一特征尺度的液态水滴和固态冰晶,对可见光($0.38 \sim 0.75\mu m$)、近红外和短波红外($0.75 \sim 3\mu m$)、中红外($3 \sim 8\mu m$)、热红外($8 \sim 14\mu m$)等波段的电磁波辐射具有不同的消光作用。在短波区间($0.38 \sim 4\mu m$),尤其是可见光波段,云滴对太阳辐射的影响在宏观上仅表现为散射作用,而散射作用的大小受到云滴大小和云滴相态的支配,且随着太阳照射角度和云体结构的改变而变化。在长波区间($4 \sim 100\mu m$),地气系统具有热辐射,而水滴和冰晶同时也具有强烈吸收作用,发射与吸收作用主要决定于云顶温度、云的透光性及云下的地表温度等。云滴的消光能力除与波长有关外,也是云的水含量所决定的光学厚度、云滴谱分布所决定的云滴有效半径、云体温度和气压要素所决定的云滴相态这 3 个变量的函数。

来自太阳、大气(含云)和地表的电磁波,构成大气的复杂电磁场。处于电磁场中的云和降水粒子,无论在可见光、近红外、热红外波段,还是微波波段,都表现出独特的物理性质。譬如,云在可见光波段具有强烈的波谱反射特性,降水云在热红外波段则表现出低温辐射特性,而降水粒子在微波波段具有强烈的吸收和散射特性。即使在相同的波段区间上,不同大小的云和降水粒子与电磁波之间的相互作用,也不尽相同。例如散射作用,云滴之于可见光为米氏散射,对于红外或微波则为瑞利散射;大雨滴主要属于几何光学散射的范畴。正是由于这些多种多样的物理特性,利用卫星遥感反演降水成为可能。下面对不同波段区间的云和降水粒子的电磁特性加以简要介绍。

3.3.1 水凝物的可见光—近红外波谱特性

云层覆盖了地球表面的50%。云中水滴和冰晶对太阳光的散射和折射作用,使云体成为较强反射面。云顶表面反射率的变化范围较大，反射率的大小取决于云雾滴谱等云的微观组成结构和厚度、相态及含水量等云的宏观特性。一般而言，云的反射率随着云层高度和云中含水量的增高而增大。根据 Conover（1965）研究结果，云的反照率为 29% ~92%，平均约为 60%（表 3-2）。由于云在可见光波段具有高反射率，在卫星遥感中常用来区分大气云团和地表物体。

表 3-2 典型云型的平均反射率

云的种类	反照率/%
大而厚的积雨云	92
云顶在 6km 以下的小积雨云	86
厚的卷层云，有降水	74
陆上卷层云	32
陆上卷云	36
海上的厚层云，云底高约 0.5km	64
海上的薄层云	42
海上的厚层积云	60
陆上的层积云	68
陆地上的积云和层积云	69

资料来源：Conover, 1965；刘元波等, 2016。

不同云具有不同的反射率，而反射率也随着波长的变化而变化。目前而言，直接测量云的连续反射光谱曲线仍然十分困难（Kokhanovsky, 2006）。图 3-5（a）给出了 350 ~2150nm 波谱区间上冰水混合云的反射波谱曲线（Ehrlich et al., 2009）。太阳辐射 95% 以上的能量集中在此区间（Kokhanovsky, 2012）。图中阴影部分为 2007 年 4 月 7 日在格陵兰海域上空，利用波谱模块机载辐射测量系统反照率测量仪，通过测量上行短波辐射和下行短波辐射，而计算获得的结果，包括测量值及其不确定范围。图中曲线是利用辐射传输模型（Library for Radiative transfer, libRadtran code）模拟得到的结果。曲线 B1 ~ B6 代表了 6 种不同的冰水组合情况，其中曲线 B1 代表水云，曲线 B6 代表冰云。可以看出，除 762nm、920nm 和 1130nm 之外，云的反射率在 350 ~1300nm 区间上较高，且相对稳定。在 1350 ~1500mm 和 1800 ~1950nm 区间上云的反射率较低；其中在 1490nm 和 1950nm 处存在极小值，该极小值与水和冰在此波段存在的吸收率极大值有关［图 3-5（b）］。另外，根据辐射传输模型的模拟结果，云中冰水组成比例的不同也会影响云的反射率，水云的反射率一般高于冰云的反射率，在波长大于 1200nm 时这种差异更加明显。

另一方面，云也具有强烈的吸收特性，并且表现出对波谱的依赖性。受多种因素的影响，在自然条件下很难测量获得云的真实吸收率波谱曲线。图 3-6 给出了 350 ~2150mm 波谱区间上冰水混合云的表观吸收率波谱曲线（Schmidt et al., 2010）。其中，红色曲线表示 2007 年 7 月 17 日位于巴拿马附近薄云区的测量结果，蓝色曲线为厚云区的测量结果，黑

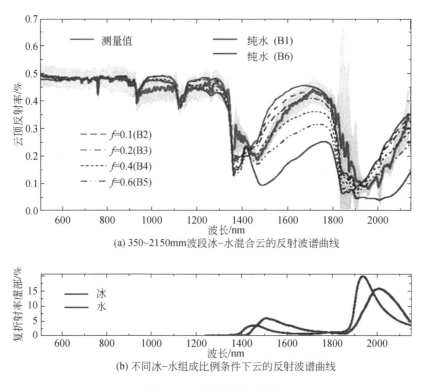

(a) 350~2150mm波段冰-水混合云的反射波谱曲线

(b) 不同冰-水组成比例条件下云的反射波谱曲线

图3-5　云的反射光谱曲线

注：（a）图中，阴影部分为2007年4月7日在格陵兰岛海域上空，利用机载反照率测量仪测量获得的云顶反射率，B1～B6曲线利用辐射传输模型模拟得到不同冰-水组成比例条件下云的反射波谱曲线（b）图中水（蓝色）和冰（红色）复折射率虚部的波谱变化曲线代表粒子的辐射吸收能力，气质越大，吸收越强［根据（Ehrlich，2009）修改］。

线为两者的平均值。从图上可以看出，在350nm处吸收率最低，450～1350nm波段区间吸收率相对较低且相对稳定，在波长大于1350nm时云的吸收率较高，并且存在多处吸收峰（1400nm和1500nm）和吸收谷（1450nm和1800nm）。另外，薄云与厚云呈现相似的波谱变化趋势，但吸收率之间存在一定差异，薄云普遍地低于厚云吸收率。

可见，由水滴和冰晶等粒子构成的云具有波谱反射和吸收特性，其波谱曲线差异性特征可用于云物理、气溶胶和降水遥感（Schmidt et al.，2010），就目前情况来看，利用这些波谱特性反演云和降水过程的研究并不多见，这可能与直接测量云的反射和吸收性质难度较大有关（Kokhanovsky，2012）。

3.3.2　水凝物的热红外辐射特性

热红外辐射是指波长大于3μm的长波辐射。在热红外传输中，一般只考虑吸收作用或发射作用，忽视散射作用。根据基尔霍夫热辐射定律，在热平衡条件下，物体对热辐射的吸收率恒等于同温度下的发射率。由于热红外遥感与温度密切关联，因此更多使用发射

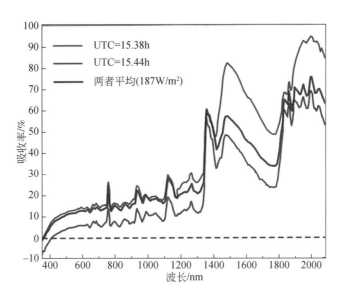

图 3-6　基于测量获得的不同时刻云的表观吸收率波谱曲线

注：红线为薄云区（世界时 UTC 测量时间为 15.38h），蓝线为厚云区（时间为 15.44h），黑线为两者平均值

资料来源：Schmidt et al., 2010

率，而不是吸收率。在热红外波段存在大气窗口，其中 $3\sim5\mu m$ 和 $8\sim15\mu m$ 是两个重要窗口。

云团的热红外辐射性质与云的发射率、云的有效粒子大小和云的光学厚度等因素有关。图 3-7（a）给出了在北极地区测量获得的、云的宽波段发射率与云的有效粒子半径和云滴光学路径长度之间的关系（Garrett et al., 2002）。可见，云的发射率随着云滴光学路径增厚而增大；在同等云滴光学路径长度的情况下，云的发射率随着云滴有效半径增大而降低。在云温为 250K 的情况下，薄云具有较低的发射率；随着云滴粒子增大，云团的发射率呈减小趋势。当云滴光学路径大于 $40g/m^2$ 时，例如平均含水量为 $0.2g/m^3$、厚度为 200m 的层状云，云的宽波段发射率趋近于 0.96，而这时云的发射率与云滴大小之间不再存在显著的关系。

云团的发射率也随着波长的变化而变化。图 3-7（b）给出了一个高层云的发射率波谱曲线，其中云的含水量为 $0.28g/m^3$（Yamamoto et al., 1970；Feigelson, 1984）。从图上可以看出，云的发射率随着云团厚度的增加而增大，但即使云团厚度无限大，云的发射率也不会高于 1。在 $5\mu m$、$7\mu m$、$10\mu m$ 等波段附近，云团的发射率存在极小值；而在 $6.3\mu m$、$12\mu m$ 和远红外波段附近，则存在着极大值（Yamamoto et al., 1970）。因此，根据云团发射率的变化，可以推测云团的组成信息。例如，在 $10\sim13.5\mu m$ 区间上，云团发射率可以从 0.22 增加到 0.59，这表明所测量的云团中存在着大量粒径很小的冰晶（Huang et al., 2004）。

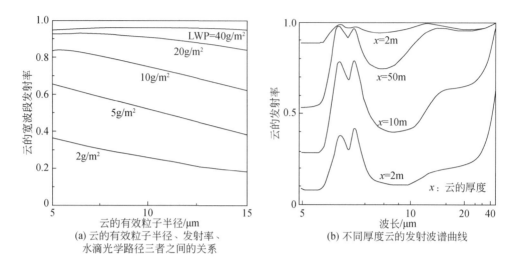

图3-7　云团热红外辐射性质与云的发射率、有效粒子大小和光学厚度等因素的关系

资料来源：Garrett et al.，2002；Yamamoto et al.，1970；刘元波等，2016。

根据斯特藩–波尔兹曼定律和基尔霍夫热辐射定律，来自云顶的长波辐射取决于云的发射率和云顶温度，因此云顶温度是表示云团性质的最基本物理参量。当云团的光学厚度很大、云为不透明时，云的发射率趋近于1，云层可近似看作黑体，云顶的发射辐射温度（亮温）接近于云顶温度。在这种情况下，来自云下和云上的辐射不能穿透云层。由于热红外波段11μm附近的电磁辐射受大气水汽及其他吸收气体的影响较小，同时卫星传感器所接收的辐射主要来自云顶的有效辐射，故而11μm波段亮温能反映云顶的实际温度。当云团较薄时，云顶亮温与云顶实际温度之间存在较大的差异，这时可以结合云团的发射波谱变化信息，发展不同的云顶温度反演方法。

云团温度与云的相态和降水强度之间存在一定关系。图3-8（a）给出了云团温度与云相态之间的统计关系（Feigelson，1984）。可以看出，云内水滴和冰晶的组成随着云团温度变化而变化。在接近于0℃时，云团组成以水滴为主；随着温度的降低，水滴逐渐减少而冰晶增加；在–15℃左右，冰晶超过水滴；到–40℃度时，水滴基本消失。云团温度不仅控制了云的相态，也与降水强度有着密切的关系。云顶温度与降水强度之间存在一个指数衰减关系［图3-8（b）］。由图可见，当云顶温度从190K升高到215K时，降水强度由150mm/h下降到10mm/h。

3.3.3　水凝物的微波辐射特性

微波波长不小于1mm，位于较长的波谱区间，普朗克辐射定律由此简化为瑞利–金斯辐射定律，即黑体辐射亮度与绝对温度成正比，与波长的4次方成反比。也就是说，黑体的绝对温度越高，其辐射亮度越大；在相同温度条件下，辐射亮度随着波长增加而降低。

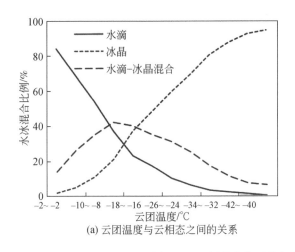
(a) 云团温度与云相态之间的关系

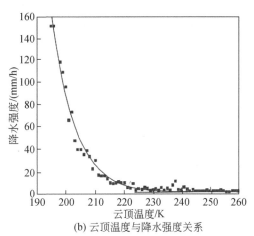
(b) 云顶温度与降水强度关系

图 3-8 云团温度与云的相态和降水强度之间关系

注：（a）图为云团温度与云相态之间的关系；（b）图为由 GOES-8 测量的云顶温度与由地面
雷达测量的降水强度之间的指数衰减关系

资料来源：Feigelson，1984；Vicente et al.，1998；刘元波等，2016。

在自然条件下，水凝物对微波的吸收与辐射，要比晴空大气强得多。云滴和雨滴等水凝物的微波发射率接近于 1，冷云温度一般低于 0℃，因此水凝物的辐射亮度一般低于 280K。

对于地表而言，位于微波区间的地表发射率，其数值变化范围大（0.4～1.0）。在陆地上，地表发射率一般较高（0.7～0.9），它不但与地面物体的物理属性有关，同时也受地表湿度状况的影响（Savage and Weinman，1975）。例如，土壤表面变湿，可导致发射率迅速下降。因此，相对于云团而言，陆地的辐射亮度较高，在微波遥感影像中表现为"暖"背景（Wilheit et al.，1994）。在海洋上，洋面的微波发射率较低（0.4～0.6），接近于常数，随着盐度、海冰、海表粗糙度及海洋泡沫等变化而变化。相对于云团而言，虽然洋面温度高于云团，但由于洋面的微波发射率很低，根据瑞利-金斯辐射定律，洋面的辐射亮度也较低，在微波遥感影像中表现为"冷"背景。海洋微波辐射的"冷"背景和陆地微波辐射的"暖"背景，在利用微波辐射特性反演大气水凝物的物理属性时，会起到截然不同的作用，需要区别对待。

3.3.4 水凝物的微波衰减特性

大气中的水凝物一方面本身发射微波辐射；另一方面也吸收和散射来自周围的微波辐射。当电磁波遇到以液态或固态方式存在的云和降水粒子时，其中的一部分能量被粒子吸收，变成热能或其他形式的能量；另一部分能量会被粒子散射，使原入射方向的电磁波能量发生改变而削弱。在吸收作用和散射作用的共同影响下，微波辐射能在辐射传输过程中发生衰减。因此，微波衰减过程是吸收和散射两种作用的综合表现。

微观尺度水凝物的介电特性是计算电磁波散射特性的基础，常用复介电常数来表示。

复介电常数的平方根即为媒介的复折射率（$m=n+ik$），其中实部 n 代表散射能力，虚部 k 代表吸收能力。对于任一媒介而言，其复折射率不但与介质本身的组成有关，同时它也是电磁波波长和该介质温度的函数（Gunn and East，1954；Oguchi，1983）。刘元波等（2016）给出了水汽、液态水和冰的复折射率波谱曲线。其中，复折射率虚部的波谱变化表明，水的3个相态都存在着吸收波段，主要集中在红外波段，但三者的吸收特征不尽相同。在微波区间（0.001～1m），水的复折射率虚部在波长1～3cm（对应频率10～30GHz）处，存在一个最高吸收区；而冰的复折射率实部几乎接近于一个常数（1.78），这表明冰的散射能力在整个微波区间上不随波长和温度的变化而变化（Oguchi，1983）。

在自然大气中，水分除了以水汽、水滴和冰晶等单纯形式存在之外，还会以混合形式存在，例如雪花。根据组分的不同，雪花可分为干雪和湿雪。干雪可视为冰与空气的两者混合体，而湿雪则为冰、水和空气的三者混合体。对于干雪，Garnet（1904）引入有效介电常数的概念，构建介电函数描述其介电特性（Bohren and Battan，1980）。图3-9（a）给出了干雪（冰–气混合物）有效介电常数的实数部分与冰密度之间关系的一个研究案例。其中实测数据来自 Cumming（1952），是 –18℃ 条件下测量的结果，实验测量波长为3.2cm，对应频率9.375GHz。图中曲线是运用 Garnet 介电函数得到的模拟结果，两者非常吻合。由于冰的介电常数（复折射率）的实部与温度和频率无关，干雪的介电常数实部也与两者无关（Evans，1965）。由图可见，随着冰的密度由100kg/m³增加到900kg/m³，干雪的有效介电常数呈现单调增加的趋势（Bohren and Battan，1980；Oguchi，1983）。对于湿雪，可用改进 Debye 模型来表述（Hallikainen et al.，1986）。图3-9（b）给出了湿雪的介电常数实部（增量）与含水量之间的关系，这里的增量是指与干雪相比增加的数值。由图可见，湿雪的介电常数实部也随着含水量的增加而增加。另外，在湿雪中由于液态水的存在，湿雪的介电常数与微波频率之间存在一定的关系，它会随着微波频率的增大而减小（Hallikainen et al.，1986）。

除了水凝物的组成之外，水凝物的吸收和散射特征也与水凝物粒子的大小形状等因素有关。大气中的水凝物则可以产生十分强烈的吸收和散射作用，一般用吸收截面和散射截面来表述。具体而言，雾滴的直径一般为1～10μm，云滴的直径一般在50μm左右或更小，雨滴的直径多数大于100μm，但一般不会超过8mm（Oguchi，1983）。对于直径小于50μm的非降水云雾粒子，由于其直径远远小于微波波长（0.001～1m），所以可采用瑞利散射公式，建立散射截面或吸收截面与水凝物的介电常数和粒子大小形状等因素之间的定量关系，以描述这些粒子的辐射特性（Gunn and East，1954）。另外，由于非降水云雾粒子的吸收系数与云雾粒子直径的立方成正比，也就是说与云中含水量成正比，因此，它更依赖于云雾粒子的总质量信息，而与粒子的大小组成之间没有必然的关系。同时，云雾粒子在微波波段的吸收作用，比散射作用大1个量级以上，在多数情况下可高达3个量级，所以在微波辐射传输的计算处理中，可以忽略云雾粒子的散射作用（Wilheit et al.，1994）。对于降水云来说，雨滴、冰晶、雪花、雹的有效粒径都大于100μm，雨滴的有效粒径一般在毫米量级，而冰雹则更大。较大的粒径不仅增强了水凝物在单位质量内的吸收作用，也大大地增强了散射作用，因此不可忽视散射作用。考虑到降水粒子的有效粒径与微波波长

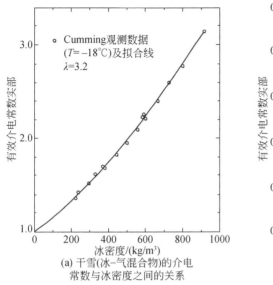
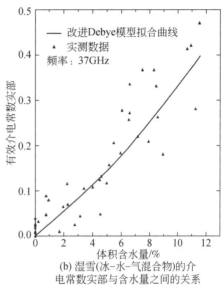

(a) 干雪(冰-气混合物)的介电
常数与冰密度之间的关系

(b) 湿雪(冰-水-气混合物)的介
电常数实部与含水量之间的关系

图 3-9　雪的介电常数与冰密度、含水量之间关系

资料来源：Bohren and Battan，1980；Hallikainen et al.，1986；刘元波等，2016。

之间的关系，瑞利散射公式可能不适用，而需要采用米氏散射公式来描述其辐射特性（Gunn and East，1954）。在这种情况下，水凝物的散射作用更为显著，并与降水粒子的滴谱分布有着极为密切的关系，所涉及的辐射传输问题也更为复杂。

吸收截面和散射截面及两者之和（总消光截面）是描述粒子辐射特征最重要的物理参数。结合微波波长和水凝物组成属性，可以获得水凝物的衰减系数，这是微波遥感的重要度量指标。衰减系数是指单位距离上微波辐射损失的分贝数，单位为 dB/km，它包括吸收系数和散射系数。对于云、雨、雪、雹等不同的水凝物而言，其衰减系数与总消光截面之间的具体函数形式相近，但并不完全相同（Gunn and East，1954）。Rogers 和 Olsen（1976）模拟计算了 1～1000GHz 波段区间上、雨温为 20℃、不同雨滴谱分布条件下的降雨衰减系数分布情况 [图 3-10（a）]。可以看出，降雨衰减系数随着微波频率增大而增大，在 100GHz 达到最大，而后缓慢降低。同时，在 2.5～150mm/h 范围内，降雨衰减系数随着降雨强度的增强而增大。在 1～50GHz 波段区间，采用 L-P 和 M-P 雨滴谱分布模型所得到的衰减系数之间的差异并不大，最大的差异出现在 100GHz 以上区间。当然，这种差异也与降水强度有关，降水弱时差异大，降水强时差异小。有研究表明，降雨衰减系数还与温度和极化方式有关，水平极化大于垂直极化，但极化方式和温度变化所引起的降雨衰减系数很小，所以并不重要（Oguchi，1983）。对于降雪而言，Nishitsuji 和 Matsumoto（1971）在日本札幌测量获得了 35GHz 波段上降雪衰减系数与降水强度之间的关系 [图 3-10（b）]。结果表明，衰减系数随着降水强度增强而增大；在同等降水强度下，降雪（湿雪）的衰减系数要大于降雨。

对于卫星遥感而言，微波的振幅、相位和极化方式等性质都是传感器可以利用的。微

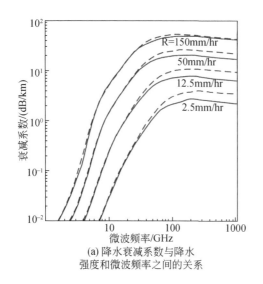
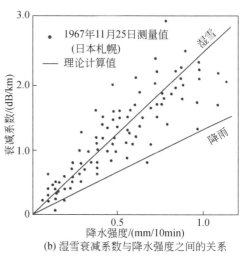

(a) 降水衰减系数与降水
强度和微波频率之间的关系

(b) 湿雪衰减系数与降水强度之间的关系

图 3-10　水凝物的微波衰减系数与降水强度之间的关系

注：（a）图为不同雨滴谱分布条件下，降雨衰减系数与降水强度和微波频率之间的关系，其中实线和虚线分别表示
L-P 和 M-P 雨滴谱分布；（b）图为湿雪衰减系数与降水强度之间的关系。

资料来源：Rogers and Olsen，1976；Oguchi，1983；刘元波等，2016。

波辐射计（被动微波）和微波散射计（主动微波）虽然都采用了微波波段，但在成像原理上存在一定的差异。前者获取的是来自大气和地表等的微波辐射亮温，后者获取的是雷达发射的脉冲信号经大气水凝物和地表的后向散射信号，分别以亮温和后向散射系数来度量。在被动微波的辐射传输方程中，表示信号衰减的核心参数是光学厚度，吸收系数和衰减系数都是光学厚度的函数，吸收系数和衰减系数同时也是媒介复折射率的函数（Wilheit et al.，1977；1994）。

在主动微波的辐射传输方程中，表示信号衰减的核心参数是后向散射系数，它是折射指数的函数，而折射指数又是媒介复折射率的函数（Gunn and East，1954；Oguchi，1983）。

在被动微波遥感中，微波亮温与降水强度之间的定量关系是降水反演的核心依据。Wilheit 等（1977）运用辐射传输模型，以海洋为背景，假定在 0℃ 等温层（冻结层）之下，存在一个符合 M-P 雨滴谱分布模型的降水云层，以及含水量为 25mg/cm^2 的非降水云层，以 SSM/I 微波传感器为例，在观测入射角为 53° 的条件下，模拟 19.35GHz（对应波长 1.55cm）波段、不同极化（垂直极化和水平极化）方式下的云顶亮温，以及云顶亮温与降水强度之间的关系［图 3-11］。结果表明，在 1～20mm/h 范围内，随着降水数强度增加，云顶亮温也随之升高，在 265K 达到顶点，然后趋于降低［图 3-11（a）］。在达到顶点之前，亮温的主要贡献来自微波吸收与发射作用；达到顶点之后，云团变为不透明，吸收作用不再明显增加，而散射作用则持续增大。尽管散射作用仍然小于吸收作用，但已经变得不可忽视。同时也可看到，垂直极化亮温一般高于水平极化亮温，而亮温也随着冻结层升高而增大，另外，在云层中加入冰晶也会增加散射作用。Wilheit 等（1994）进一步模拟了冻结层之上冰晶层厚度对亮温的影响［图 3-11（b）］。可以看出，在 45°观测入射角条件下，92GHz 波段（对应波长 7.37cm）的水平极化温度，随着降水强度增加而降低，也随着冰晶层厚度增加而降低，这表明由冰晶粒子所引起的散射作用得到了增强，而散射作用增强可大大地降低云顶的微波亮温。

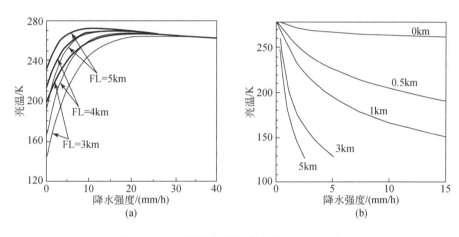

图 3-11　云顶微波亮温与降水强度之间的关系

注：（a）图为海洋背景条件下，微波传感器 SSM/I 的 19.35GHz（对应波长 1.55cm）波段在观测入射角 53°时的模拟亮温，其中粗线和细线分别表示垂直极化和水平极化方式，云内冻结高度分别为 3km、4km、5km；（b）图为不同厚度的具有 M-P 滴谱分布的冰层，在水平极化方式下 92GHz（对应波长 7.37cm）波段的模拟亮温。

资料来源：Wilheit et al.，1994；刘元波等，2016。

在主动微波遥感中，后向散射截面或雷达反射率因子与降水强度之间的关系是雷达反演降水的主要依据。后向散射截面与波长的四次方成反比，与雷达反射率因子和折射指数成正比（Gunn and East，1954）。雷达反射率因子定义为单位体积内所有水凝物粒子直径 6 次方的累积值，即 $Z = \int_0^\infty N(D) D^6 dD$，单位为 mm^6/m^3 其中 D 是水凝物的有效直径，单位为 mm；$N(D) dD$ 是单位体积内粒径从 D 到 $D+dD$ 的粒子数目。由于雷达反射率因子（Z）与回波强度成正比，被用于建立与降水强度（R）之间的关系，即著名的 $Z \sim R$ 关系，一般用 $Z = aR^b$ 来表示，其中 a 值为 $70 \sim 500$，b 值为 $1.0 \sim 2.0$（Twomey，1953；Stout and Mueller，1968）。a 和 b 值的变化与多种物理因素有关，包括降水形式和规模、地面回波造成的雷达噪声、冰雪融化导致的亮带效应、大雨导致的雷达信号衰减等（Altas et al.，1999）。图 3-12（a）给出了 $Z \sim R$ 关系随降水云的不同发展阶段（雨型）变化而变化的案例，包括对流阶段（C）、过渡阶段（T）、初始分层阶段（S1）和第二分层阶段（S2）。图中 μ 表示降水形状因子（Ulbrich and Atlas，1998）。实验数据来自热带海洋-全球大气耦合的海洋-大气作用实验（Tropical Ocean Global Atmospheres Coupled Ocean-Atmosphere Response Experiment，TOGA COARE），地点位于西太平洋岛国密克罗尼西亚的卡平阿马朗伊环礁，时间为 1993 年 1 月 26 日。总体而言，雷达反射率因子随着降水强度增加而增大，不同雨型的 $Z \sim R$ 关系在斜率和指数上存在着一定的差异，其中对流型降雨的 $Z \sim R$ 关系线处于所有 4 个雨型关系线的中间位置。相对于降雨而言，直接测量降雪的 $Z \sim R$ 关系更为困难。图 3-12（b）给出了利用 three-bullet rosette 模型（Liu，2008）作为降雪的粒子分布模型，通过模拟得到降雪的 $Z \sim R$ 关系，包括 13.6GHz、35GHz 和 94GHz 共 3 个波段的情况（Kulie and Bennartz，2009）。可以看出，雷达反射率因子随着降雪强度的增加而增大，不同频率雷达的 $Z \sim R$ 关系在斜率和指数上也存在着一定的差异性。

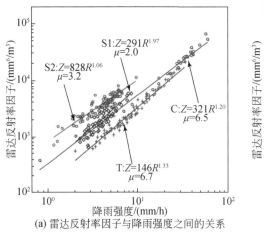
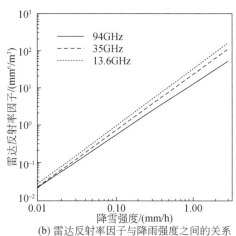

(a) 雷达反射率因子与降雨强度之间的关系　　　　(b) 雷达反射率因子与降雨强度之间的关系

图 3-12　雷达反射率因子（Z）与降水强度（R）之间的关系

注：（a）图为随降水云的不同发展阶段，雷达反射率因子与降雨强度之间的关系，其中标记 C、T、S1、S2 分别表示对流阶段、过渡阶段、初始分层阶段、第二分层阶段，μ 表示降水形状；（b）图为 13.6GHz、35GHz 和 94GHz 3 个波段的雷达反射率因子与降雪强度之间的关系。

资料来源：Altas et al.，1999；Kulie and Bennartz，2009；刘元波等，2016。

3.4　降水遥感方法

基于卫星遥感技术精确地测量降水的时空分布，是最富有挑战性的科学研究目标之一。1960 年 4 月 1 月，世界上第一颗气象卫星——电视和红外辐射观测卫星 1 号（Television InfRared Observation Satellite，TIROS-1）成功发射，在轨运行 78 天，共传回 22 952 张地球影像，为后继气象卫星铺平道路。随后，气象卫星相继发射升空，获得了大量的空间遥感信息，为反演降水提供了可能（Kidd，2001）。早期的遥感降水反演主要依赖于被动遥感，包括地球静止（GEO）卫星和近地轨道（LEO）卫星上搭载的可见光、红外和主/被动微波传感器，这两种卫星各有所长。地球静止卫星上搭载了可见光和红外传感器，通常每隔数十分钟对目标区域进行一次观测，时间分辨率高，能够高频率地提供卫星云图，从而抓住一些生命史较短的降水云系统。近地轨道卫星上搭载的各类传感器，在不同轨道之间会出现扫描盲区，但是微波通道提供的卫星云图，则可以有效地减少卷云等非降水云对降水反演精度的影响。长期以来，被动遥感是降水遥感使用的主要数据来源。

1997 年 11 月发射的热带降雨观测卫星（tropical rainfall measuring mission，TRMM），搭载了世界上第一台星载降水雷达，开创了全球降水监测的新时代（Kummerow and Barnes，1998），在轨运行 17 年，于 2015 年 6 月 15 日坠入南印度洋。继 TRMM 之后，由美国 NASA 和日本 JAXA 合作开展了全球降水量观测计划（global precipitation measurement，GPM），联合研制了新一代降水观测卫星，并于 2014 年 2 月 28 日成功地发射了 GPM 主卫星（GPM-Core）。在卫星上首次搭载了 Ku/Ka 双频降水雷达（dual-frequency precipitation radar，DPR）和多通道微波成像仪（GPM Microwave Imager，GMI），实现对全球 90%～95% 的陆地和海洋表面进行覆盖观测，并可分辨雨、雪和冰雹等多种降水形式（Hou et al.，2014）。

降水过程的复杂性和遥感数据的多元化也为研发丰富多样的降水遥感算法提供了物理基础。自 20 世纪 70 年代以来，人们运用各类遥感数据，研发了多种降水反演算法。既有经验型算法，也包括基于物理原理的算法（Ebert and Manton，1998；Levizzani et al，2007；Kubota et al.，2009）。各类降水反演算法都具有其优势，同时也存在着这样或那样的不足（表 3-3）。运用多平台（地球静止卫星和近地轨道卫星）、多模式（主动和被动）、多传感器（可见光/红外和微波）、多通道的遥感数据，联合监测地球降水的长期变化，成为降水遥感的必然发展趋势（刘元波等，2016）。

表 3-3　星载传感器的降水遥感方法及主要特点

基本类型	主要方法	优点	缺点	应用领域	反演精度
可见光/红外	GPI；GMSRA；OPI；Griffith- Woodley algo-rithm	时间分辨率较高	空间分辨率局限，经验算	全球降水动态监测	30%～300%
被动微波	Wilheit algorithm；SSM/I algorithm；GPROF	测量范围大，标定较准确，频段选择相当灵活、易于操作，亮温对水凝物敏感	海洋/陆地（低/高频段）空间分辨率约 50/10km；特定传感器优化，算法代码不够公开	区域和全球降水监测	100%；海洋 50%，陆地 75%；海洋高估 9%，陆地低估 17%
主动微波	TRMM standard PR algo-rithm	标定相当准确，测量反射率	扫描宽度窄，试验性强；水凝物相态、雨滴谱和降水温度及成像雷达像元内的降水不均匀性	天气过程变化区域降水监测	与地基雷达精度相当"真值"
多传感器联合	CMORPH；TMPA；GS-MaP	时空分辨率相对较高		全球降水的长时序变化	普遍优于单一算法

资料来源：刘元波等，2016。

本节简要地介绍星载传感器降水遥感的基本原理（图 3-13），分别从可见光/红外、被动微波、主动微波和多传感器组合等4个方面，依次介绍降水的主要反演算法。

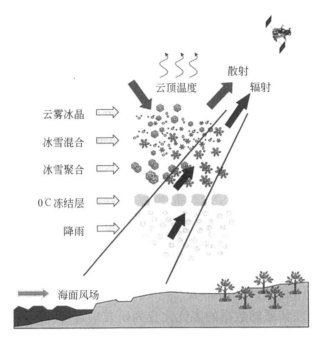

图3-13 降水遥感原理示意图

资料来源：刘元波等，2016。

3.4.1 可见光–红外遥感方法

在可见光波段，卫星传感器接收到的辐射强度包括由云层和地表反射的太阳辐射。在云雾水滴大小固定的条件下，可见光波段云的反射率与垂直方向的液态水分光学路径成正比，即随着云层光学厚度增加而增大。云层的光学厚度越大，反射率越高，降雨的概率也越大。另外，随着云层光学厚度的增加，可见光波段云的反射率对于液态水分光学路径的敏感性也会降低，从而无法探测出雨云。因此，用可见光波段云的反射率来区分薄而无降水的云团和厚而可能降水的云团。

在有云情况下，卫星传感器接收到的是云顶及以上大气的辐射。根据基尔霍夫热辐射定律，可以求得云顶温度（图3-13）。根据降水形成的物理机制，云顶温度越低，则表示云层越厚，且地表降水强度越大。利用红外波段获取的遥感温度数据，可以用来间接地探测地球降水。具体而言，可以建立云顶的红外亮温与降水强度之间的关系，这也是可见光–红外降水遥感反演的基本原理（Greene and Morrissey，2000；Catherine，2010）。由于实际降水过程发生在云体的下部，云顶的辐射温度与云下的降水强度之间并非一种简单的物理关系，所以单纯地利用云层辐射信息推算降水，存在很大的局限性。

可见光和红外波段的卫星传感器通常具有较高的空间分辨率。GEO卫星上搭载的可见光红外传感器，能够开展高频次的对地观测。虽然可见光–红外降水遥感的原理简单，且存在较大局限性，但 GEO 卫星能提供长时间且相对连续的可见光–红外数据，可以获得非常精细的降水强度空间分布和时间变化信息，所以基于可见光–红外遥感反演的降水数据仍然广泛应用于包括气象业务在内的多个领域之中（Catherine，2010）。

3.4.1.1　GPI 降水指数法

目前应用最广泛的是地球静止业务环境卫星（geostationary operational environmental satellite，GOES）降水指数（GPI）（Arkin and Meisner，1987）。该算法的基本思路是：假定冷云的云顶温度在低于 235K 时产生降水，根据遥感像元内冷云温度低于 235K 的覆盖比率推算降水，这时的降水强度取气候平均值 3mm/h。具体方法是，使用红外波段数据估算 1 日或 5 日以上的降水量。首先，将云顶亮温低于 235K 的云体定义为冷云，计算一定空间范围内的冷云覆盖率。其次，将冷云的日覆盖率与降水指数进行数理统计分析，得到线性回归公式的转换系数，最后，使用该公式来推算降水。

GOES 降水指数与冷云覆盖率之间的关系表示式为

$$GPI = r_c F_c t \tag{3-6}$$

式中，GPI 为该空间范围内在持续时间内的总降雨量，单位为 mm；t 是持续时间，单位为 h；r_c 是转换系数，为 3mm/h；F_c 是指面积不小于 50km×50km 区域的冷云覆盖率，单位量纲为 1，区间范围是 0～1。

GPI 指数利用了红外波段亮温低于 235K 的冷云比例及平均降雨强度相对固定等物理特性。这种方法的主要优点是浅显易懂，简单易用；主要缺点是根据云顶特征估算地表降雨，具有较大的不确定性。在 40°N～40°S 空间区域，对流云系是主要的降水系统，其降水特性符合该降水反演方法的基本假设条件。而在纬度高于 40° 的地域，降水系统多以层状云系为主，在这种情况下该方法存在很大局限性，估算精度则要低得多（Kidd，2001）。

3.4.1.2　GOES 多光谱降水法

在 GPI 算法的基础上，Ba 和 Gruber（2001）提出了 GOES 多光谱降水算法（GOES MultiSpectral Rainfall Algorithm，GMSRA）。该方法采用了 GOES 卫星可见光–红外波段区间上 5 个通道的遥感数据，包括 0.65μm、3.9μm、6.7μm、11μm 和 12μm。在算法处理上分为两大步骤：先区分降水云和非降水云，后估算降水云的降水强度。在区分降水云与非降水云时，根据不同波段的特点，获得云顶温度的空间梯度、云的反照率和云的粒径等信息，然后设定阈值进行区分。针对降水云，采用下式推算降水量：

$$R(T_c) = P_b(T_c) \cdot R_{mean}(T_c) \cdot PWRH \cdot growth \tag{3-7}$$

式中，$R(T_c)$ 为云顶温度（T_c）对应的降水强度；$P_b(T_c)$ 是对应 T_c 的降水概率；$R_{mean}(T_c)$ 是对应 T_c 的平均降水强度；PWRH 是经验调节因子，代表干燥条件下降水在到达地面前的蒸发程度，大小为 0～2；growth 是增长因子，是二进制数，其数值取决于同一空间位置上两幅相连的不同时间影像之间云顶温度的差值，负差值表示对流活动在发展（growth=1），正差值表示对流活动减弱（growth=0）。在云顶温度变化不大的层状云中，确定 growth 的数值较为困难。

基于雨量计和地基雷达数据的降水数据,分析表明根据 GMSRA 方法得到的估算精度要高于 GPI 方法。在较小的空间尺度上,该算法通常会低估强降雨量,这也是大多数卫星降水算法面临的问题。在全球尺度上,利用 GMSRA 方法得到的日降水量,普遍比地基雷达要高出数毫米(Ba and Gruber,2001)。

3.4.1.3 其他可见光-红外降水遥感方法

在 GPI 算法和 GMSRAI 算法的基础上,通过建立降雨强度与云顶温度之间的经验指数关系,Vicente 等(1998)提出了自动估计算子技术,在美国 NOAA 的国家环境卫星数据与信息服务中心(National Enviromental Satellite Data and information Service,NESDIS)开展业务化卫星降雨估算。针对极端降水事件,该技术后被进一步改进为水估计算子(Scofield and Kuligowski,2003)。此外,其他的可见光-红外算法还有 Griffth-Woodley 算法(Griffith et al.,1978)和出射长波辐射降水指数法(OPI)(Xie and Arkin,1997)等,这里不再赘述。

Ebert 和 Manton(1998)使用对地静止气象卫星(GMS)和地基雷达数据,在西太平洋海域对 16 种可见光-红外降水反演算法进行比较分析。结果发现,各种算法普遍高估降水,相对精度为 30% ~ 300%。尽管各种算法在降水量估算值上存在不同程度的差异,但是它们所得出的降水空间分布则非常相似。

3.4.2 被动微波遥感方法

与可见光和红外波段相比,微波波段(0.001 ~ 1m,对应频率 300 ~ 0.3GHz)拥有前者不可比拟的优势。①在以被动遥感方式观测降水时,由于雨滴强烈地影响微波辐射传输过程,因此星载微波辐射计可以容易地探测到降雨信息;②微波在云雨大气中具有很强的穿透性,能够在恶劣天气条件下进行全天候工作;③降水云体内部产生的辐射信息可以到达星载微波辐射计,因其本身就直接包含了降水的空间结构信息,所以利用微波资料反演降水更为直接,比可见光-红外方法具有更为坚实的物理基础。

根据微波辐射传输方程,被动微波传感器接收来自传感器下方的辐射,包括大气自身的上行辐射,大气自身的下行辐射经地表反射的辐射,以及地表自身的上行辐射 3 个部分。地表上行辐射在经过云层或降水层时,各种水凝物的吸收作用和散射作用会削弱地表上行辐射强度,而同时水凝物自身的发射辐射则会增强到达传感器的辐射强度。在上行辐射流中,包含了水凝物的种类、大小、形状和角度等复杂的信息,可用于从大气和地表辐射背景中获取降水辐射信息。从水凝物辐射特性的分布区间来看,在微波频率低于 22GHz 时,由于雨滴的吸收率和发射率很高,成为决定上行微波辐射的主要因素;0℃冻结层之上的冰晶对上行微波辐射的影响很小。在微波频率高于 60GHz 时,冰晶散射起着主要作用,微波传感器接收到冰晶的散射辐射信息。在 22 ~ 60GHz,包括雨滴和冰晶在内的水凝物同时具有明显的散射作用和吸收作用。不同水凝物在不同微波频率区间上的吸收和散射特征，已经广泛地用于研发可靠的微波降水反演方法，并成为微波降水反演的重要物理基础（Strangeways，2007）。Alishouse（1983）研究表明，18GHz、19.35GHz 和 37GHz 等频段对于提取大气水分含量和降水等信息十分有用。

尽管作为背景辐射，由于具有明显不同的辐射特性，陆地和海洋在大气降水遥感反演中需要区别对待。对于海洋而言，海面的微波发射率较低（0.4~0.5），微波背景辐射较弱，接近常数。微波传感器接受到辐射强度取决于降水的发射辐射作用，同时海面具有高极化特征，而降水的极化特征较弱，因此，可通过低频微波（低于 22GHz 的辐射亮温，来识别并量化海洋降水。根据瑞利–金斯辐射定律，忽略雨滴的散射作用，则可获得低频微波辐射亮温的简化表达式（Houze，2014）：

$$T_{b\uparrow} = T_A \left[1 + \varepsilon_S \left(\frac{T_s}{T_A} - 1 \right) \tau - (1 - \varepsilon_S) \tau^2 \right] \tag{3-8}$$

式中，T_A 表示雨层的温度，单位为 K；ε_S 和 T_s，分别是地面发射率和地面温度，单位为 K；τ 表示雨层的光学厚度，是吸收系数和雨层厚度的指数函数，而吸收系数是降水强度的函数。在无雨条件下，$T_{b\uparrow} = \varepsilon_S T_s$；在大雨条件下，$T_{b\uparrow} = T_A$。这两种情形分别属于式（3-8）的两种极端情况。由于海洋微波发射率（ε_S）较低，因此洋面表现为"冷"背景，而降水域的微波亮温在两种情形之间，随着降水强度的增大而增高。式（3-8）所表达的微波亮温与降水强度之间的定量关系，成为海洋降水遥感反演的理论基础。

对于陆地而言，地面的微波发射率很高（0.7~0.9），且变化范围较大，同时陆面的极化特征也不明显，这些因素都加大了陆地降水的反演难度。在微波频率较低时（低于22GHz），由于陆地表面具有较高的发射率，因此难以采用类似式（3-8）的方式进行区分。在微波频率较高时（35GHz 以上），冰晶的散射作用可削弱上行微波辐射，传感器接收到的微波亮温（冰晶散射信息为主）与降水速率之间存在一定关系，这一特点可用于定量提取陆地的降水信息（Savage and Weinman 1975；Spencer et al.，1989；Houze，2014）。

根据微波辐射传输原理和海洋与陆地的微波辐射特性，人们提出了许多被动微波降水反演方法。可以根据水凝物的发射和散射差异，将反演方法分为发射型和散射型以及多通道方法（Spencer et al.，1989）。由于目前的微波传感器仅安置在极轨卫星上，所以被动微波算法只适用于极轨卫星。另外，微波辐射信号一般较弱，微波传感器往往需要较长的接收天线，影像的分辨率也不高。在海洋上，极轨卫星低频段的空间分辨率约为 50km×50km；在陆地上，高频段的空间分辨率通常低于 10km×10km。需要注意的是，绝大多数业务化的被动微波算法都针对特定的微波传感器进行优化，所以一般仅对来自该传感器的遥感数据反演结果最佳。通过各种算法对比研究发现，目前的算法都有各自的优缺点，还不存在一种完美而普适的算法。Kummerow 等（2007）提议公开各自研发的降水反演算法，以发展跨传感器的普适性降水反演方法。

3.4.2.1 Wilheit 法

Wilheit 法是第一个具有理论支撑的被动微波降水反演方法。Wilheit 等（1977）利微波辐射传输方程，针对 Nimbus5 卫星搭载的电子扫描微波辐射计（electrically scanning microwave radiometer，ESMR）的 19.35GHz（对应波长 1.55cm）微波通道，忽略降雨云层上部的冰晶散射作用，同时忽略云雾粒子的散射作用，此时粒子衰减截面等于吸收截面，其中吸收截面是液态水介电常数的函数。假定雨滴谱为 M-P 分布，利用吸收截面与吸收系数之间的积分关系，模拟获得冻结层在不同高度下微波辐射亮温与降雨强度之间的定量关系。图 3-14 给出了在冻结层为 4km 高度的条件下微波亮温与降雨强度之间的关系。其中，黑点表示星载 ESMR 亮温数据与对应的地面 WSR-57 雷达降水观测数据，"十"字点表示地面观测的微波亮温与对应的雨量筒直接测量数据，实线表示根据理论模型模拟得到的亮温曲线，虚线表示与计算曲线偏差在 1mm/h 或降水强度 2 倍情况下的亮温曲线。由图可见、理论计算结果与观测数据相当吻合。因此，这一亮温曲线可用于反演海洋上空的降水强度，适用于 1~25mm/h 的降水，显而易见，由于微波亮温与降水强度之间存在着非线性关系，这一方法用于降水反演时存在较大不确定性，平均相对误差约为 50%。

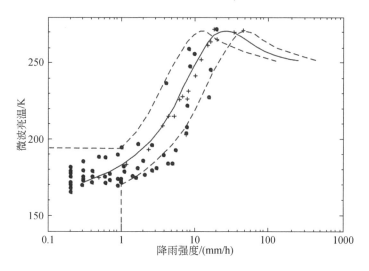

图 3-14　在冻结层为 4km 高度条件下 19.35GHz 波段的微波辐射亮温与降水强度之间的关系

资料来源：Wilheit et al.，1977；刘元波等，2016。

3.4.2.2　Ferraro 法

Ferraro 等（1997）在前人研究的基础上，针对美国国防气象卫星计划（Defense Meteorological Satellite Program，DMSP）卫星搭载的特制微波辐射计（special sensor microwave imager，SSM/I），分别面向陆地和海洋降水，综合了多种微波降水反演算法（Grody，1991；Weng and Grody，1994），提出一个全球降水反演方法。由于该方法是在物理模型基础上简化而来的统计方法，易于使用，因此在降水观测业务中得到广泛应用。

Grody（1991）提出利用 85GHz 波段的散射特性估算陆地降水，同时混合使用发射和散射波段估算海洋降水。由于 85GHz 出现问题而导致 18 个月的观测数据中断，故提出用 37GHz 波段数据替代 85GHz 数据。所以，Ferraro 方法包括两类算法，即 ALG37 算法和

ALG85 算法。ALG85 算法需要 19GHz、22GHz 和 85GHz 3 个波段的微波数据；在高频微波数据缺失的情况下，可使用 ALG37 算法替代，涉及 19GHz、22GHz 和 37GHz 3 个波段的微波数据。

对于 ALG37 算法而言，使用下述公式估算陆地降水：

$$SI_{37} = 62.18 + 0.773TB_{19v} - TB_{37v} \qquad [3\text{-}9(a)]$$
$$R = 1.3 + 1.46SI_{37} \qquad [3\text{-}9(b)]$$

式中，TB_{19} 和 TB_{37v} 分别表示 19GHz 和 37GHz 波段的垂直极化亮温，单位为 K；SI_{37} 表示使用 TB_{19} 和 TB_{37v} 数据得到的散射指数；R 表示降水强度，单位为 mm/h。当 $SI_{37} > 5K$ 时，使用式 [3-9(b)] 估算降水强度。

ALG37 算法使用下述公式估算海洋降水：

$$Q_{19} = -2.70 \left[\ln(290 - TB_{19v}) - 2.84 - 0.401n(290 - TB_{22v}) \right] \qquad [3\text{-}10(a)]$$
$$Q_{37} = -1.15 \left[\ln(290 - TB_{37v}) - 2.99 - 0.32\ln(290 - TB_{22v}) \right] \qquad [3\text{-}10(b)]$$
$$R = 0.001707(100Q)^{1.7359} \qquad [3\text{-}10(c)]$$

式中，TB_{22v}，表示 22GHz 波段的垂直极化亮温，单位为 K；Q_{19} 和 Q_{37} 分别表示使用微波亮温数据得到的云层液态水量，单位为 mm（Weng and Grody，1994）。当 $Q_{19} > 0.60mm$ 时或 $Q_{37} > 0.20$ 时判定为降水，这时使用式 [3-10(c)] 估算降水强度，降水适用区间为 0.30 ~ 35mm/h。

对于 ALG85 算法而言，使用下述公式估算陆地降水：

$$SI_L = [451.9 - 0.44TB_{19v} - 1.775TB_{22v} + 0.00575TB_{22v}^2] - TB_{85v} \qquad [3\text{-}11(a)]$$
$$R = 0.00513SI_L^{1.9468} \qquad [3\text{-}11(b)]$$

式中，SI_L 表示使用 TB_{19v}、TB_{22v} 和 TB_{85v} 数据得到的陆地上空的云层散射指数。当 $SI_L > 10K$ 时，使用式 [3-11(b)] 式估算降水强度，降水适用区间为 0.45 ~ 35mm/h。

ALG37 算法使用下述公式估算海洋降水：

$$SI_w = [-174.4 + 0.72TB_{19v} + 2.439TB_{22v} - 0.00504TB_{22v}^2] - TB_{85v} \qquad [3\text{-}12(a)]$$
$$R = 0.00188SI_w^{2.0343} \qquad [3\text{-}12(b)]$$

式中，SI_w 表示使用 TB_{19v}、TB_{22v} 和 TB_{85v} 数据得到的海洋上空云层的散射指数。当 $SI_w > 10K$ 时，使用式 [3-12(b)] 估算降水强度，降水适用区间为 0.20 ~ 35mm/h。

在陆地上，使用该方法涉及异物同谱问题，即降水云的散射指数可能与雪覆盖地区、沙漠或半干燥地区接近，不易区分，在陆面上存在较大误差。与 GPCC 等雨量计观测数据集的比较结果表明，使用 SSM/I 数据在海洋上的降水反演误差为 50%，在热带和夏季中纬度地区的陆地上为 75%（Ferraro et al.，1994；Ferraro，1997）。

3.4.2.3 GPROF 法

更加复杂的算法都是以概率论为基础建立起来的（Smith et al.，1992；Mugnai et al.，1993）。Kummerow 等（1996）最早提出了戈达廓线算法，并成为 TRMM TMI 的业务算法。该算法可反演即时降水量及降水的三维空间结构，基本思想是采用美国 NASA 的云结构廓线数据库，利用辐射传输模式模拟降水廓线对应的上行辐射亮温，建立一个独立的云–辐射数据集；然后采用贝叶斯方法，并依据数据集中每一条廓线的不同权重，选择一条最接近观测值的降水廓线作为反演结果。具体而言，如果令 R 代表水凝物的三维垂直结构，T_b 表示对应的辐射亮温，当给定传感器观测的辐射亮温 T_b 时，对应降水廓线的概率可表述为：

$$\Pr(R\mid T_b) = \Pr(R) \times \Pr(T_b\mid R) \tag{3-13}$$

式中，$\Pr(R)$ 表示所观测到降水廓线的概率，可由云分解模式获得；$\Pr(T_b\mid R)$ 表示在给定水凝物廓线情况下所观测到的辐射亮温的条件概率，由辐射传输模式给出。

GPROF 方法采用贝叶斯概率反演降水廓线，是降水反演算法的一大进步。它一方面提高了反演速度，另一方面也克服了迭代算法中存在的反演结果非唯一性问题。Kummerow 等（2001）进一步结合 85.5 GHz 波段，利用微波亮温的水平梯度和极化信息，来区分对流云和层状云，从而改善了早期 GPROF 算法对于海洋对流云降水周边区域的高估。在陆地上，改进的算法结合了 Ferraro 法以改善陆地降水的反演精度。

GPROF 方法的反演精度在一定程度上依赖于降水廓线数据库的准确性和代表性。与洋面浮标站点的实测结果相比，GPROF 方法的反演结果呈 6% 正偏差，相关系数达 0.91。与 GPCC 陆地雨量计站点的实测结果相比，GPROF 方法的反演结果呈 17% 正偏差，相关系数为 0.80。与 TRMM 星载测雨雷达（PR）的探测结果相比，GPROF 方法的陆地反演结果要高出 24%。

3.4.3 雷达遥感方法

1997 年 11 月成功发射了美国和日本合作研发的热带降雨测量卫星（TRMM），星上搭载了第一台用于监测降水的主动微波传感器（降水雷达，PR），极大地推动了雷达降水反演算法研究。PR 使用 13.8 GHz 波段发射微波，接收来自大气水凝物和地球表面的微波反射辐射，从而获取海洋和陆地降水的三维结构信息（Iguchi et al.，2000）。

PR 标准算法可以估算经衰减校正的雷达反射率和降水强度的垂直分布廓线。PR 所测量到的雷达反射率因子 $Z_m(r)$ 与真实的雷达反射率因子 $Z_e(r)$ 之间的关系，可用式（3-14）~式（3-17）表示（Iguchi，2007）：

$$Z_m(r) = Z_{mt}(r) + \delta z_m(r) \tag{3-14}$$
$$Z_{mt}(r) = Z_e(r)A(r) \tag{3-15}$$
$$A(r) = e^{0.1\ln10 IA(r)} \tag{3-16}$$
$$\text{PIA}(r) = 2\int_0^r \left[k_p(S) + k_{CLW}(S) + k_{wv}(S) + k_{O_2}(S) \right] ds \tag{3-17}$$

式中，r 表示星载雷达与探测目标之间的距离；$\delta z_m(r)$ 表示测量值 $Z_m(r)$ 的误差；$A(r)$ 是衰减系数，$Z_{mt}(r)$ 是衰减后的雷达反射率因子。PIA(r) 是双向路径积分衰减系数（two-way path integrated attenuation，PIA），它受到很多环境因素的影响，式（3-17）右边的系数 2 表示双向衰减，k_p、k_{CLW}、k_{wv} 和 k_{O_2} 分别代表由降水粒子、云雾水滴（cloud liquid water，CLW）、水汽分子（water vpor，WV）和氧分子所导致的系数衰减。对于低频

（13.8GHz）微波辐射而言，在这些衰减因素中，降水粒子是引起衰减的主要因素，这是算法的关键所在。

降水廓线反演算法可分为两步实现。首先，根据测量得到的垂直廓线 Z_m 估算 Z_e，这一步相当于对雷达的信号衰减进行校正。然后，再建立 $Z_e(r)$ 与降水强度 R 之间的幂次关系：

$$Z_e = aR^b \tag{3-18}$$

式中，雷达反射率因子 Z_e 的单位为 mm^6/m^3，用对数表示的单位为 dBZ；R 的单位是 mm/h；a 和 b 是函数系数，a 的变化区间为 $70 \sim 500$，而 b 的变化区间为 $1.0 \sim 2.0$。这些系数可从降水强度与地基雷达测量之间的经验关系中获得，也可以利用云和降水物理模型进行求解。需要强调的是，$Z \sim R$ 关系是许多降水反演算法的基础。$Z \sim R$ 关系受很多因素的影响，它会随着空间尺度、雨滴大小分布、地面回波产生的雷达噪声、大气中冰雪融化导致的亮带效应、暴雨导致的雷达信号衰减等多种物理作用而发生变化（Morn et al.，2003；Shelton，2009；Villarini and Krajewski，2010）

地表真实性检验结果表明，基于 TRMM 降水雷达的反演精准度可达 80% 以上，与地基雷达相当。所以，PR 反演结果常被作为"真实值"，去评价其他降水反演产品的精度。然而，PR 并非尽善尽美。它的扫描宽度为 216km（轨道抬升后为 247km），观测范围有限。同时，它具有地基雷达的弱点，雷达观测数据的衰减校正和降水估算方法也受到诸多参数不确定性影响，影响的主要因素包括雨滴谱，大气水凝物的相态、密度和形状，成像雷达像元内降水的不均匀分布，由云雾水滴和水汽引起的辐射强度衰减，降水云冻结层的高度，散射截面的不确定性，以及雷达回波信号的变动等。对这些因素按其影响程度的大小进行排列，依次为水凝物相态、雨滴谱、降水云温度和成像雷达像元内降水的不均匀性（Iguchi et al.，2009）。这些问题既是雷达降水反演算法的难点，也是当前降水反演研究的前沿问题。

3.4.4 多传感器联合方法

大量的对比研究发现，在反演瞬时降水方面微波算法的精准度要高于可见光-红外算法（Bauer and Schanz，1998；Ebert and Manton，1998），但是雷达覆盖面积有限，普遍用于小时空尺度降水事件监测，不适合用于大范围降水分布监测。另外，可见光-红外和被动微波观测可获得全球大尺度的降水观测，同时静止卫星具有较高的时间采样频率，在反演连续降水方面可见光-红外算法则具有独特优势。因此，结合不同传感器来源的遥感数据，利用数学或物理原理联合反演大气降水，可以弥补单一传感器数据及反演算法的不足（Michaelides et al.，2009）。与之对应的遥感方法，称之为多传感器联合降水估算（Multi-sensor Precipitation Estimation，MPE）方法。

多传感器联合反演方法发展于 20 世纪 80 年代。其发展过程可以划分为两个阶段，以 1997 年为分界。第一阶段为初步发展阶段，主要是探讨多传感器联合反演方法，研究区为局地范围，研究时间段较短，采用的数据源以地面测量数据、GEO 和被动微波数据（主要是 SSM/I 数据）为主，反演的降水数据分辨率较粗（空间分辨率：2.5°×2.5°，时间分辨率：月）。1997 年后，多传感器联合反演方法进入了蓬勃发展阶段，随着数据源的多元化，尤其是 TRMM 卫星的发射，MPE 方法逐渐成熟，研究区从局地转为全球，分辨率越来越精细（空间分辨率：0.25°×0.25°，时间分辨率：3h）。根据主要数据源的不同，MPE 方法可以分为 PMW-IR、PR-PMW、PR-IR 和 PR-PMW-IR 4 类。目前，用于生产全球降水产品的多传感器联合反演方法主要属于 PMW-IR. PMW-lR 可以细分为标定法和云迹法（Turk et al.，2008），前者包括 TMPA、NRLB 算法。后者有 CMORPH、GSMaP 算法。PERSIANN 是另一类反演全球降水的算法。下面对这些方法分别予以简述。

3.4.4.1 CMORPH 方法

Joyce 等（2004）提出了气候预测中心形变算法（CMORPH）。该算法利用 GEO-IR 数据获取云迹信息，对被动微波反演的降水速率进行插值，从而得到空间和时间分辨率分别为 0.07°×0.07°、30min 的降水产品。在整个计算过程中，降水量完全取决于被动微波，并不依赖于红外数据的大小。红外数据来源于 GOES-8、GOES-10、Meteosat-5、Meteosat-7 以及 GMS-5。被动微波数据源自 TRMM 的微波成像仪（TMI）、美国国防气象卫星（DMSP）系列搭载的特种微波成像仪（SSM/I）和 NOAA 卫星系列搭载的先进微波垂直探测器-B 型（AMSU-B）。该算法先利用被动微波反演得到降水速率（Kummerow et al.，1996；Ferraro，1997；Kummerow et al.，2001；Zhao and Weng，2002；Weng et al.，2003），重采样到 0.07°×0.07°。当被动微波数据有重叠时，如果被动微波来自同一传感器，重叠区域的降水速率用均值代替；如果来自不同传感器，优先用 TMI 反演得到的降水速率，其次是 SSM/I，最后是 AMSU-B；如果有的区域被动微波数据没有覆盖，则对其最邻近像元做反距离加权插值处理，得到降水速率。为与被动微波反演的降水速率匹配，红外数据也重采样到 0.07°，在 5°×5° 区域内，对 GEO-IR 数据循环地做空间滞后相关处理，计算云的运动速度和方向，得到云平流向量（cloud system advection vectors，CSAVs）。因为在北半球从东向西、从南向北的平流速率太大，所以利用 NEXRAD 雷达降雨数据对 CSAVs 进行校正。利用校正后的 CSAVs 对被动微波反演的降水速率进行插值。

Kubota 等（2009）验证了日本周边 CMORPH 算法的精度。研究表明，与其他多传感器联合反演算法对比，其反演结果取得了更好的效果，在某些情况下反演结果甚至优于雷达反演结果。该算法存在的缺点是，由于时间分辨率为 30min，无法检测到在被动微波传感器过境时间之间发生和消散的降水事件。为解决这一问题，研发人员认为可以使用红外传感器针对该情况下的降水事件进行观测，另一个途径是收集更多的不同过境时间的被动微波信息（Joyce et al.，2004）。

3.4.4.2 TMPA 方法

Huffman 等（2007）提出了 TRMM 多卫星降水分析算法（TMPA）。该算法采用一个经过标定的排序方案，将多传感器数据和地面雨量计结合起来，产品的空间和时间分辨率分别为 0.25°×0.25° 和 3h。该算法采用的传感器数据包括 TMI、AMSR-E、SSM/I、AMSR-E、

AMSU-B 和 GEO-IR。在算法中，首先利用 TRMM 联合仪器数据，得到高质量降水数据 HG。对于 GEO-IR 数据，将其转换为 3h、$0.25° \times 0.25°$ 的 T_b 数据，在 1 个月时间段内，选择 $3° \times 3°$ 窗口，利用时空直方图法，结合 HG 降水速率生成 HQ-IR 标定系数，以此系数校正 T_b 估算降水速率。然后将 HG 降水速率与红外 T_b 估算的降水速率结合起来，结合的原则是：在没有 HG 的降水速率数据的区域用红外 T_b 估算的降水速率，否则用 HG 的降水速率，生成 3B42RT 产品。将 3h 的降水速率累计为月数据 MS，利用 Huffman 等（1997）方法与站点数据结合生成站点结合 SG 数据，计算 SGMS 比值，将该比值应用到 3h 的降水速率数据，最终获得 3h 的 $0.25° \times 0.25°$ 的 TRMM 3B42 产品。

Huffman 等（2007）指出 TMPA 在月尺度上对降水变化过程的反演结果与地面气象台站观测结果大体一致；在小尺度上能够重现基于地面观测的降水过程，却不能很好反演历时短、降水量小的过程，但是可以用来研究降水量日变化过程。

3.4.4.3　GSMaP 方法

Okamoto 等（2005）提出 GSMaP 计划，目的是利用卫星数据研发基于物理模型反演降水速率的算法，生产全球高精度、高分辨率的降水产品。GSMaP 计划包括很多种产品，GSMaP_MWR 产品就是其中的一种，它融合了 TMI、AMSR-E、AMSR 和 SSMI 数据（Kubota et al.，2007）。该方法利用 TRMM 数据的各种属性，根据 PR，雨区和无雨区的分类，以及散射算法，得到水凝物廓线。利用 37GHz 和 85.5GHz 的极化订正温度（PCT），结合散射算法来估算地表降雨。对于强降水使用 PCT37，对于弱降水使用 PCT85。GSMaP_MVK 是由 Ushio 等（2009）和 Aonashi 等（2009）基于 CMORPH 算法提出的，数据源与 GSMaP_MWR 的相同。该算法利用 GEO-IR 数据获得云平流矢量，对被动微波反演的降水速率进行插值，最后用卡尔曼滤波得到空间与时间分辨率分别为 $0.1° \times 0.1°$、1h 的降水产品。

Aonashi 等（2009）将 GSMaP 与 TRMM PR 和 GPROF 反演结果进行比较，结果显示，在陆地及海岸地区，对于降水强度为 3～10mm/h 的降水，GSMaP 反演结果与 PR 结果一致性更好；高估（低估）雨强大于 10mm/h（小于 3mm/h）的降水。在陆地及海岸地区，GSMaP 与 PR 的相关系数为 0.6923～0.7677，在海洋上为 06233～0.7075。

3.4.4.4　NRLB 方法

NRLB 是由美国海军研究实验室开发的反演降水算法（Turk and Miller，2005）。NRLB 基于 GEO-IR 和 PMW 所有匹配像元，形成红外 Tb 降水速率查找表（lookup table，LUT），最终得到空间与时间分辨率分别为 $0.25° \times 0.25°$、3h 的降水产品。该算法利用被动微波反演得到降水速率（Kummerow et al.，1996；Ferraro，1997；Kummerow et al.，2001；Zhao and Weng，2002；Weng et al.，2003；Wilheit et al.，2003），以 TRMM-PR 为参照数据，在没有该数据的区域，以 SMMI 数据为参照数据，利用直方图频率匹配法将其他 PMW 反演的降水速率的统一到参照数据，保证被动微波降水速率的有效性。然后将所有 GEO-IR 数据转换为 3h、$0.25° \times 0.25°$ 的 T_b 数据，在以 $2° \times 2°$ 像元为中心的 3×3 窗口区域内，被动微波反演的降水速率与时间（观测时间前后 15min 时段内）、空间一致的 T_b 建立概率匹配关系，获得 T_b 降水速率 LUT，将 LUT 应用于 GEO-IR，获取全球降水产品。随着全球运行的被动微波和 GEO-IR 数据，全球 LUT 不断进行更新，精于实时不断的生产降水产品。

3.4.4.5 PERSIANN 方法

PERSIANN 最初由 Hsu 等（1997）提出，以 AMeDAS、NEXRAD 地基雷达数据为参照数据，以 GMS 红外 T_b 数据，用自组织结构图（self-organizing feature map，SOFM）方法计算获得的 6 个参数为输入变量，利用神经网络方法，反演 0.25°×0.25°、3h 的降水产品。Sorooshian 等（2000）又提出 PERSIANN 改进算法。与 PERSIANN 方法不同之处是，利用被动微波对输入参数做验证和校正，最终反演得到 0.25°×0.25°、0.5h 的降水速率产品。PERSIANN CCS（PERSIANN Cloud Classification System，PERSIANN CCS）（Hong，2004）是在 PERSIANN 算法基础上，增加了云分类系统和 T_b 降水速率关系校正过程。PERSIANN CCS 算法以 GEO-IR 为数据源，利用渐增温度阈值法（incremental temperature threshold，ITT）将影像分为两类：云和非云。对云像元提取云结构信息，共包括 9 个参数。然后用 GOES-IR 数据和雷达数据对这 9 个参数做校正，校正后将其作为输入参数，以雷达数据为参照数据，用 SOFM 方法对云进行分类。而且在云的不同阶段，赋予不同的 T_b 降水速率关系，最终得到 0.5h、0.04°×0.04°降水产品。

Sorooshian 等（2000）在热带地区（30°S～30°N）对 PERSIANN 改进算法进行了精度检验结果显示，在 5°×5°尺度上，PERSIANN 与站点数据（像元内站点个数大于 10）的 R^2 达 0.9，均方根误差为 59.61mm/month；在 1°×1°尺度上，PERSIANN 与地面雷达数据的相关系数为 0.68～0.77，均方根误差为 5.23～8.09mm/d，偏差为-0.70～0.93mm/d。Hong 等（2004）在 25°N～45°N，100°W～120°W 地区，对 PERSIANN CCS 算法进行了精度检验，结果显示，在 0.04°×0.04°、0.12°×0.12°、0.24°×0.24°、0.50°×0.50°、1°×1°不同空间尺度上，PERSIANN CCS 与雷达数据的 R^2 逐渐增大（0.613～0.880），均方根误差逐渐减小（6.93～2.25mm/d）。

3.4.4.6 PEHRPP 计划

2007 年末，WMO 组织倡导并建立了高分辨率卫星反演降水评估计划（program to evaluate high-resolution precipitation products，PEHRPP）（Turk et al.，2008）。PEHRPP 鼓励产品验证研究者和产品开发研究者进行数据集交换和分享，目的是评价不同时空尺度上、不同下垫面和不同气候情形下高分辨率降水产品（high resolution precipitation products，HRPPs）的精度（Okamoto et al.，2007；Turk et al.，2008）。这不仅可以促进开发者提高 HRPPs 的质量，而且促进使用者对 HRPPs 的了解。Sapiano 和 Arkin（2009）利用地面站点对 CMORPH、TMPA、NRL-Blended、PERSIANN 4 种高分辨率降水产品做了比较对照。结果显示，这 4 种产品均可以再现降水日变化特征；因为 TMPA 经过地面站点校正，偏差相对较小，而其他产品在陆地和海洋上偏差均相对较大；这 4 种产品在美国地区热季时均存在高估现象，而在热带太平洋区域存在低估现象；CMORPH 与参照数据的相关系数最高达 0.7。Sohn 等（2010）利用 2003~2006 年 6~8 月韩国降水数据，检验了 4 种降水产品（CMORPH、TMPA、NRL-Blended、PERSIANN）的精度。结果显示，因为 TMPA 经过地面站点校正，与实测数据最接近，但是这种校正会导致弱、中降水反演存在高估现象；其他 3 种产品存在明显低估现象，其降水日变化曲线明显低于测量数据，其中 CMORPH 与实测数据最接近。Kubota 等（2009）利用自动气象数据采集系统数据集，检验了日本地区 5 种算法（GSMaP、TNPA、CMORPH、PERSIANN 和 NRL-Blended）得到的数据产品精度。结果显示，GSMaP 和 CMORPH 产品的精度比其他产品要高；这 5 种产品在海洋上精度最高，在山区最低；在海岸线和小岛屿精度相对较低、这是被动微波反演精度低所造成的。总体看来，所有产品对温暖地区的弱降水和极强降水的估算情况都较差。

3.5　降水遥感精度验证

与其他水文气象参数不同，降水的时间和空间变率大，常常表现为正态分布，所以是最难测量的大气变量之一。卫星遥感技术实现了全球覆盖的降水观测，但遥感数据的获取和处理是一个复杂的过程，受大气辐射传输特性、传感器的运行环境和工作状态、被观测目标状态等多种因素影响。传感器接收到的遥感数据是否达到设计的要求，遥感反演产品是否准确、真实地反映实际情况，必须进行精度检验。利用地表同步观测数据与卫星遥感产品进行对比分析，是较为直接的检验途径。运用地面雨量计及地基雷达具有较高的准确性，其站网观测可以较好地监测区域降水。

3.5.1　地面测量方法

降雨是最常见的降水形式。通过仪器设备，可以测量得到地面降水量。雨量计是普遍使用的典型仪器，它能够测量连续降雨总的体积；而专门的雨滴测量仪则可以测量所在研究区的雨滴个数和大小；为了测量大范围的降水，人们还发明了时空分辨率很高的地基气象雷达（Michaelides et al.，2009）。下面简要地介绍雨量计、雨滴谱仪和地基雷达。

3.5.1.1　雨量计

雨量计是实地测量降雨或降雪的传统仪器，其类型繁多，全世界多达 40 余种。这些雨量计在容器开口道的大小或距地面的高度等方面，存在着设计上的差异（Shelton，2009）。WMO 采用的是英国设计，并推荐其作为国际标准，这种雨量计的开口直径为 127mm，高 1m（Linacre，1992）。而美国使用的标准雨量计开口直径为 203mm，高 800mm。

雨量计一般包括承雨器、漏斗、储水器和外壳等部分，常见的雨量计可分为虹吸式雨量计、称重式雨量计、翻斗式雨量计 3 类（图 3-15）。其中，虹吸式雨量计的特点在于利用虹吸原理，将经漏斗汇入浮子室内的雨水排入储水瓶。浮子室内装的浮子带动自记笔，记录雨量，测量范围为 0~10mm，测量误差±0.05mm，降水强度测量范围为 0~4mm/

min。翻斗式雨量计的特点在于雨水在承水器汇集，通过滴嘴及下端引流管注入其中一个翻斗；当该翻斗翻倒后，另一半翻斗接纳汇集雨水；该仪器的雨量分辨率为 0.5mm，降水强度测量范围为 0.01~4mm/min。称重式雨量计的特点在于采用高精度压力传感元件测量储水器的重量变化，雨量分辨率为 0.01mm，精度为±0.1mm，降水强度测量范围为 0.1~30.0mm/min。

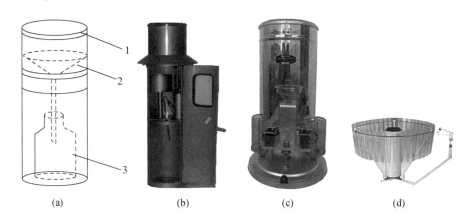

(a)　　　　　(b)　　　　　(c)　　　　　(d)

图 3-15　雨量计基本结构及类型

注：(a) 雨量筒结构示意图：1. 承雨器，2. 漏斗，3. 储水器；(b) SIJ 型虹吸式雨量计；
(c) JD05 型翻斗式雨量计；(d) DSH1 型称重式雨量计
资料来源：刘元波等，2016。

目前使用的各种雨量计普遍低估了实际降水量，平均偏低 9%（Groisman and Legates，1994；Duchon and Essenberg，2001；Shelton，2009）。造成这种现象的主要原因在于：雨量计与大气之间存在着相互作用，在雨量计开口处存在着空气湍流，它通过影响开口处的水分蒸发而降低测量的精准度。雨量计内壁的湿润状况和内部蒸发，仪器内外的水分泼洒和风吹雪等因素都会造成测量误差（Shelton，2009）。

要利用雨量计来准确地反映降水的时间和空间分布特征，需建立足够密集的雨量计观测网络（Liu，2003）。单个雨量计的设置取决于多种因素，主要包括数据的可获取性、仪器维护的难易程度和所在观测地区的地形条件。雨量计网络的设置也取决于多种条件，网络内雨量计的总数和位置分布等都会影响观测的精准度。其中，最小网络密度取决于观测目的、观测区域的地理特征、降水观测频度要求以及经济条件等因素。Rodda（1969）总结了网络设计中存在的问题及其解决方案，提出了 3 个不同等级的网络。一级网络为国家级，主要用于水资源评估、风暴监测和国家数据库建设；二级网络为区域或流域级，按流域或区域区分，是一级网络的补充形式，主要为地区性规划等提供更详尽的信息；三级网络为地方级，主要为满足地方性水资源管理等服务。各个等级的网络设计，并不需要相同。实际上，一个完整的雨量计网络应包含来自这三级网络的各个部分。目前许多国家都拥有自己的雨量计观测网络。WMO 通过全球通信网络系统（GTS），将来自全球各雨量计的降水信息向外发布，构成世界上最大的雨量计网络。

3.5.1.2 雨滴谱仪

雨滴谱，又称雨滴尺度分布，是单位体积内各种大小雨滴的数量随其有效直径的分布。雨滴谱的谱型反映了降水的物理特征，对于认识云内降水形成机制、云内辐射传输过程、提高微波反演降水精度等具有重要意义。为认识雨滴的分布规律，人们先后发明了很多技术手段来观测雨滴谱。早期的雨滴谱测量方法包括滤纸色斑法、面粉团法、快速摄影法等（Clandy and Tolbert，1961），这些测量方法过程烦琐，普遍存在精度低、工作量大、实时性差等问题。随着光电技术的发展，人们设计出多种雨滴谱仪、实现了雨滴谱的自动化测量。Clandy 和 Tolbert（1961）第一次提出利用光电管来测量雨滴的大小和速度。根据雨滴谱仪工作原理的不同，可以将雨滴谱仪分为光学雨滴谱仪、冲击型雨滴谱仪和声学雨滴谱仪等（Habib et al.，2010）。

光学雨滴谱仪是基于激光技术的新一代粒子测量器，它主要由发射机、接收机以及具有控制、运算和存储功能的电路部分组成。其基本测量原理是由发射机发射光束，由接收机负责接收。当激光光束经过发射机与接收机之间的采样区域时，由于此时降落雨滴的反射、吸收、散射、折射等作用，激光光束会发生变化，在接收机转化为电信号。数据处理系统根据激光信号的这种变化，推算出降水粒子的种类、大小和速率等特征参量，也可以据此精确地推算出降水强度和降水量。从测量能力来看，所直接测量的粒径范围为 0.25 ~ 25mm，粒子速率范围为 0.1 ~ 20m/s，降水强度范围为 0.01 ~ 999.99mm/h，降水动能范围为 0 ~ 999.999Nm²/h³，降水量范围为 0.01 ~ 99999.99mm，雷达反射率范围为 -9.999 ~ 99.999dBZ。光学雨滴谱仪可采用不同的波长来测量雨滴，例如紫外线、可见光、红外波段等。就目前来看，光学雨滴谱仪是所有雨滴谱仪中最为敏感、最为精确、最为可靠的测量仪器。

冲击型雨滴谱仪主要由传感器、数据处理器和电缆等组成。其基本测量原理是当传感器暴露在雨中时，雨滴降落冲击到它的敏感表面时，会产生电脉冲，脉冲振幅和降雨直径之间存在着固定的关系。数据处理器根据脉冲信号将雨滴分为多个粒径等级，从而记录雨滴的大小，进而得到降雨强度曲线和降雨量。冲击型雨滴谱仪普遍存在着雨滴采样偏小的间隙，也不能区别粒径大于 5mm 的雨滴，不宜用于观测大雨滴。Kinnell（1976）指出，根据雨滴冲击力来测量雨滴大小，受雨滴大小、降落速度和雨滴形状等因素的影响。对以末速度降落的雨滴和以明显较低速度降落的雨滴来说，计算得到的降雨量易于出现高估或低估。加上大气运动会影响雨滴速度和雨滴形状，从而导致观测值存在较大误差。

声学雨滴谱仪最初设计用于测量海洋降雨。它采用一定面积的水体作为采样区间，当雨滴击打水面时，产生声音但历时非常短。不同大小的雨滴产生不同大小的声音，根据声场变化从而测量雨滴谱。声学雨滴谱仪的最大障碍是滞留空气导致阻尼运动，较小雨滴产生的声场极易被风抑制；同时这种雨滴谱仪在采样时存在重叠误差，可能会高估降水量。目前市场上还没有标准的声学雨滴谱仪。

虽然雨滴谱仪能够精准地测量雨滴的大小和速度等特征参量以及降水强度和降水量等指标，但是这类仪器价格昂贵，维护成本高，目前还多用于科学研究，在实践中尚未像雨量筒那样得到广泛的普及，因此也尚未形成全球性观测网络。

3.5.1.3 地基天气雷达

单个雨量计或雨滴谱仪只能测量某个地点的降水量或降水粒子谱信息，而地基天气雷达则可测量一定空间体积内瞬时雨滴的大小分布（Michaelides et al.，2009）。天气雷达的空间分辨率一般为 1~2km，体扫描时间为 10min（Shelton，2009）。虽然天气雷达观测也属于单点定位观测，但它可以提供较高频率的降水分布数据，且空间覆盖范围广达数百平方千米，这种特性使其在空间降水观测方面具有极其强大的吸引力。利用多个天气雷达进行联合观测，可获得比雨量计观测网络更为精细的降水时空分布信息。

图 3-16 给出了利用天气雷达进行大气降水观测的原理示意图。雷达向目标物发射微波波束，微波波束经大气水凝物等吸收和散射作用，其中后向散射的波束被雷达接收机接收。对于瑞利散射和非瑞利散射的情形，可采用等效雷达反射率因子（Z_e）的概念，后向散射回波强度与大气水凝物之间的关系可用下式表示（Meneghini and Kozu，1990）：

$$P_r = \frac{c_r \ |K_w|^2 \ Z_e}{r_r^2} \times e^{-0.2\ln10\int_0^r k(s)\,ds} \tag{3-19}$$

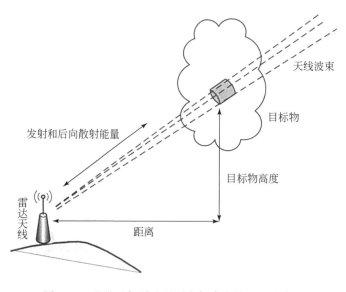

图 3-16 地基天气雷达观测大气降水的原理示意图
资料来源：刘元波等，2016。

式中，P_r 是返回到接收机的平均后向散射强度，单位为 W；r_r 是目标物与天气雷达之间的距离，单位为 km；$k(s)$ 为路径距离 s 处的散射系数，单位为 dB/km；$|K_w|^2$ 是水的折射系数，为 0.93；$Z_e = |K|^2 / |K_w|^2 PZ$，Z 为瑞利条件下的雷达反射率因子；K 为媒介的折射系数，表示降水粒子的密度和尺寸等物理特性，对应于水的值是 0.93，冰的值是 0.197；c_r 与雷达的硬件性能参数有关，被称为雷达常数，可以表示为

$$c_r = \frac{P_t G^2 \theta_H \theta_V c \tau_p \pi^3}{1024 \ln 2 \times \lambda^2}$$ (3-20)

式中，P_t 是雷达脉冲功率，单位为 W；G 是天线增益，量纲为 1；λ 是发射波的波长，单位为 m；θ_H 和 θ_V 分别是垂直方向和水平方向的带宽，单位为弧度；c 是光速，$c = 3 \times 10^8 \, m/s$；τ_p 是脉冲间隔，单位为 s。

通过地基雷达观测得到 Z_e，结合地面雨量计观测结果，可以根据式（3-18），获得适合观测地点的 a、b 拟合系数，建立起 $Z_e \sim R$ 关系。然后利用这一关系，对雷达所在区域进行降水监测。分析表明，地基雷达与雨量计所测量的降水量之间存在约 20% 的差异（Anagnostou and Krajewski，1999）。

目前已有不少国家建立起了雷达观测网络。在美国，建立了新一代雷达（NEXt-generation RADar，NEXRAD）系统，包括 159 部 WSR-88D 高分辨率的多普勒天气雷达，遍布美国各州（radar. weather. gov），先后于 1992 ~ 1997 年安装，由 NOAA 的国家天气服务中心（National Weather Service）负责运行管理（Brown and Lewis，2005）。在加拿大，建立了由 31 部 C 波段雷达构成的天气雷达系统，主要分布在加拿大南部地区，先后于 1998 ~ 2004 年安装，由加拿大环境部负责运行管理（www. weatheroffice. ca/radar/）。在日本，日本气象厅（Japan Meteorology Agency，JMA）建立了天气雷达网络，到 2010 年 3 月为止，包括 20 部 C 波段的地基雷达，其中 16 部为多普勒天气雷达，分布于日本列岛（www. jma. go. jp/jp/radnowc/）。在欧洲，各国之间通过天气雷达项目建立维护欧洲天气雷达网，拥有 160 部天气雷达，其中 110 部为多普勒天气雷达，涉及 28 个参与国（www. knmi. nl/opera）。在中国，从 1998 年开始布设新一代多普勒天气雷达，目前已有 150 余部天气雷达业务运行，包括 C、S、X 波段雷达，计划建成包含 216 部的多普勒天气雷达观测网，实现对东部、中部和西部地区的监测，中国气象局探测中心负责发布雷达监测数据（www. moc. cma. gov. cn）。

3.5.2　遥感反演降水精度检验

精度包括两个方面的含义：①准确度（accuracy），即遥感反演结果与真实值之间的接近程度，一般反映的是系统误差；②精确度（precision），即遥感反演的重复结果之间的集中程度，一般反映的是随机误差。由于降水遥感产品可来自不同的探测波段，不同的传感器、不同的反演算法，不同降水产品的精度不同，不同产品之间必然存在差异。因此，精度是降水遥感产品必不可缺的组成部分，它与产品数据本身提供的信息同样重要。如果不清楚数据产品的精度，就不能可靠地使用该数据产品，因此也就限制了它的使用范围。

大气降水具有很强的时空变异性。例如，热带太平洋地区高而两极地区低，亚洲和北美的东南沿海地区高而内陆地区低。因此，在进行全球或区域检验时，需要考虑降水的时空分布规律以及所属天气系统的降水特性，采取多层次的采样设计方案，开展分层次、分类别的精度检验。根据所使用参考数据的不同，精度检验可分为直接检验、间接检验和交叉检验。利用地面雨量计和雨滴谱仪的观测数据，可对降水产品的精度进行直接检验。将经直接检验的地基雷达或卫星反演的降水数据，作为相对真值，也可对待检降水产品的精度进行间接检验。在缺乏地面观测数据和间接检验产品数据的情况下，可对不同来源的降水数据进行交叉分析，从而获得不同降水数据之间的一致性和差异性。

降水过程及观测方式不同于其他水文变量，因此，关于降水遥感精度检验方法也具有其独特性。下面从基本原理、关键方法及主要流程等 3 个方面，分别简述直接检验、间接检验和交叉检验。

3.5.2.1 直接检验

针对遥感反演的降水数据，直接检验是指采用地面雨量计或雨滴谱仪等观测仪器获得的地面观测数据，对遥感反演降水的真实性进行精度评估，获得降水反演误差的时空分布规律，为把握误差影响和改进反演算法等提供科学分析的依据。

用于检验遥感降水反演结果的参考数据，主要来自地面雨量计或雨滴谱仪观测数据。全球多达 5 万余家降水观测站，主要分布在陆地上，而海洋地区较少，且更为稀疏（Schneider et al.，2014）。其中，WMO 通过 GTS 网络共享来自全球主要国家的近万家气象站降水数据。隶属于欧洲气象卫星应用组织的面向水文水资源管理的卫星应用机构（Satellite Application Facility on Support To Operational Hydrology and Water Management，H-SAF），一方面生产了卫星降水产品数据，同时也汇集了欧洲 4000 余家降水观测站和 59 架天气雷达的观测资料（http://hsaf. meteoam. it）（Puca et al.，2014）。在中国，中国气象数据网（http://data. cma. gov. cn）提供国家级地面气象站的每小时降水数据，以及 700 余家国家级地面气象站的逐日降水历史数据。在美国，NOAA（http://www. noaa. gov）提供美国 3600 个站点每 15 分钟、小时、日、月和年的降水数据。在澳大利亚，澳大利亚国家气象局（http://www. bom. gov. au/）提供 5600 个站点每日降水数据。从全球来看，每个国家或地区的观测基础和数据共享程度不同。若获取当地的降水资料，具体情况可访问该气象站所在国家的气象部门网站，或直接与当地气象部门联系。关于雨滴谱仪观测资料，目前尚未形成网络规模，需要在收集相关信息的基础上，与所属单位或相应的部门负责人联系。

直接检验的基本依据是物质守恒原理，即在给定时段上，在地面观测仪器所观测范围内降水量等于遥感影像对应范围内的降水量。在通常情况下，雨量计和雨滴谱仪等仪器的降水截面观测较小（不足 $0.1m^2$），仅能代表小范围的降水状况，遥感观测虽然能反映大范围的降水分布情况，但其空间分辨率往往有限，数千米或更低，而且遥感观测对同一地区在时间上并不连续。在进行直接检验时，需要遵循时空匹配的原则，同时考虑地面观测方式和遥感观测方式的各自特点，采取不同检验方法。一方面，可以根据降水时段的长短，进行有针对性的检验，例如单次降水事件、日降水、月降水、年降水、年际降水、年代际降水等。另一方面，可以根据降水在不同空间尺度的分布特性，如遥感像元、中小天气系统、流域。区域、海陆和全球等，考虑直接检验的充分性和有效性。从空间尺度上来看，已有的多数研究案例可分为基于遥感像元尺度和基于整体空间概念的检验方法（刘元波等，2016）。

在遥感像元尺度上，雨量计所代表的空间范围非常有限，远小于遥感像元。在开展真实性检验工作时，除要保证地面观测站点位于遥感像元所覆盖的空间范围内，也要考虑地面站点的空间代表性问题，即像元内的观测站点能在多大程度上反映像元尺度的降水真值（Krajewski，2007；Villarini et al.，2008），Ciach（2003）研究表明，两个雨量计可以有效地降低单个雨量计所代表空间的误差。若同一像元内存在多个地面站点，将有助于增强站点降水观测的代表性。同时，随着累积降水观测时间（间隔）增加，如从数分钟间隔增加到数小时，由空间采样不足所导致的观测误差会随之减小（Villarini et al.，2008）。采用合理的时空采样方法，是保证直接检验有效性的基本前提。需要指出的是，遥感降水检验指标除了包括平均误差、绝对平均误差、均方根误差和相关系数等常用指标外，还经常采用误检率和漏检率等度量指标（Levizzani et al.，2007）。

除了遥感像元尺度，也可以从空间整体角度上来检验遥感反演的降水精度，这种方法亦被称为面向对象的或基于整体的方法（Ebert and Manton，1998；Ebert，2007；Thiemig et al.，2012）。在天气过程分析中，人们往往更重视降水系统的空间演变过程，把中小天气系统所导致一定范围的降水视为一个整体，更有利于认识降水的整体特性。

概括而言，开展直接检验的基本流程包括站点实测降水数据的获取、实测站点与遥感像元的匹配以及遥感数据的精度评估等三大步骤（图 3-17）。首先，利用前述的相关气象网站所提供的信息或其他相关渠道，获取所在研究区域、相应时段内地面站点的降水数据。由于常规地面站点在山区等人迹罕至地区往往布设得十分稀疏，可能难以满足研究需求，这时需要根据采样策略，合理地设置降水监测系统，以获取理想的观测资料。其次，根据实测站点的空间坐标，确定其所在遥感像元的位置。在遥感数据的空间分辨率较低的情况下，譬如 0.25°×0.25°，同一像元内可能会存在多个地面站点。在这种情况下，可考虑采用简单的算术平均法或较为复杂的空间加权平均法，获得对应遥感像元所处的均值。在时间上，应尽量选取卫星过境时刻的观测数值，或相应时段内反演结果的累计值，例如 3h、日、月、年等。对于中小天气系统降水分布或流域尺度的降水检验，需要运用遥感影像处理和空间分析等方法，获得对应区域的统计特征值。最后，运用均方根误差等评价指标，将降水观测值与遥感反演数值进行分析比较，综合评价遥感反演精度。

3.5.2.2　间接检验

间接检验是指利用已经过直接检验的遥感产品作为参照标准，对遥感反演的降水结果进行分析比较，从而获得待检遥感反演结果精度。所使用的参照数据一般具有相对较高的时间和空间分辨率以及较高的数值精度。在缺乏地面实测数据的情况下，间接检验起到了连接地面实际测量与待检遥感反演数据之间的桥梁作用。同时，间接检验多采用格网数据或遥感影像数据，有利于克服直接检验中存在的站点空间不均匀性问题，是实现遥感精度检验的另一个重要途径。

用于间接检验的参考数据主要来自格网化站点数据、地基雷达和星载雷达的降水观测结果，以及雨量计与遥感数据的融合数据。格网化站点数据是采用空间插值等方法，对站点观测数据进行格网化而得到的数据，例如全球降水气候学中心（Global Precipitation Climatology Centre，GPCC）数据（Schneider et al.，2014），格网大小为 0.25°×0.25° 的中

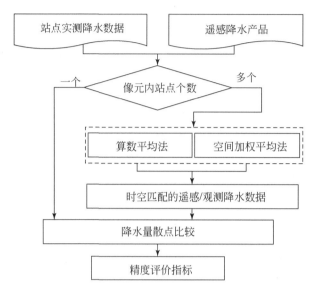

图 3-17　直接检验流程图

国逐日网格降水量实时分析系统数据集（http://data.cma.gov.cn/）。地基雷达降水数据可从世界主要国家或地区所在的天气雷达网获得，如美国、加拿大、日本、欧洲、中国的雷达观测网。目前的星载雷达数据主要是指 TRMM 和 GPM 降水雷达数据，由于其反演精度与地基雷达相当，因而在遥感降水反演中常被作为"真值"标准，来检验其他卫星遥感的降水反演结果（Iguchi et al.，2000）。此外，世界气候研究计划（WRCP）1986 年发起的全球降水气候计划（Global Precipitation Climatology Project，GPCP），综合了全球地表雨量计的观测数据和卫星遥感反演的结果，生产制作了 GPCP 产品，能较好地反映全球尺度的降水时空分布，是目前降水研究的"准标准"数据集（http://lwf.ncdc.noaa.gov/oa/wmo/wdcamet-ncdc.html），也可以用于检验具有较低空间分辨率的遥感反演产品。

间接检验的基本依据仍然是物质守恒定律，即参照数据和待检数据反映的是同一区域、同一时段内的降水量，两者在数值上相等。作为参照标准的地基雷达雷达数据，扫描频率为数分钟一次，空间分辨率为数千米；星载 PR 雷达数据时间分辨率为 3h，空间分辨率为数千米；GPCP 降水产品逐日数据的空间分辨率为 1°。在进行间接检验时，参照数据和待检数据要在空间上保持一致，在时间上保持同时段，即将两者进行时空匹配，这是间接检验的关键环节。具体的时空匹配方法涉及算术平均法和加权平均法等。一般而言，若同一降水数据的空间分辨率唯一，那么根据物质守恒原理，如不考虑格网或像元边界效应，对降水数据采用算术平均法即可。若参照数据和待检数据的时间分辨率不同，可采取累积求和的方法，例如从小时累积到日或月，使两者达成一致。需要注意的是，应尽量避免采用高次元的空间重采样方法（例如三次卷积内插法），对降水数据进行空间重采样，这可能会导致降水数据产生不必要的畸变，同时违背物质守恒原理。

开展间接检验的具体流程包括经直接检验的参照数据的获取、不同遥感数据之间的时空匹配以及待检遥感反演数据的精度评估等 3 个步骤（图 3-18）。首先，通过调查确定所在研究区范围内存在哪些可以获得的参照数据，包括格网化站点数据、地基雷达数据和星载降水雷达数据等。在获得参照数据后，对其进行质量检查和质量控制。其次，根据参照数据和待检数据在时间分辨率和空间分辨率上存在差异性，运用算术平均法等空间匹配方法以及时间上累积求和等方法，使两类数据达到相同的时空分辨率。最后，采取散点比较、直接差值比较和变化趋势比较等方法，从像元水平、遥感影像的空间分布和时空变化趋势等方面采用相关系数和均方根误差等评价指标，详细分析参照数据和待检数据之间的一致性和差异性，给出待检遥感数据的反演精度。具体案例参见 Kubota 等（2007，2009）的研究成果。

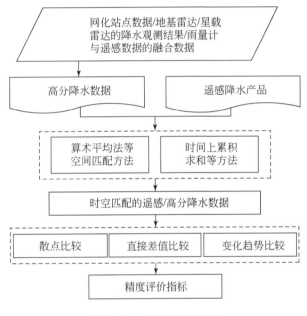

图 3-18　间接检验流程图

3.5.2.3　交叉检验

交叉检验是针对不同来源、利用不同反演方法获得的遥感降水产品，在各产品精度未知的情况下，通过将待检产品与其他产品数据进行比较，从而获得产品在空间分布格局和时间变化趋势等方面的一致性和差异性。通过交叉检验，有助于辨识待检产品的系统误差和随机误差，以及所使用反演算法的优势和局限性，为改进遥感反演算法提供相关依据。降水产品的交叉检验多用于大尺度或全球尺度，这些产品大多使用了多源遥感数据，所使用的反演算法和数据融合算法多种多样（Turk et al.，2008；Sapiano and Arkin 2009）。对全球产品进行交叉检验，也有助于更为客观、准确地认识全球降水的时空分布格局。

用于交叉检验的参照对比数据可以来源于多种渠道，例如各种遥感反演产品、区域气候模式的模型输出和全球再分析资料产品等。表 3-4 给出了降水产品交叉检验的研究案例，所使用遥感产品及其空间分辨率信息。与其他水循环要素的遥感产品类似，散点比较法、中间数据比较法和直接差值法都可以用于交叉检验，通过比较不同产品在空间分布格局和时间变化趋势上的异同，获得待检产品的不确定性分布状况。

表 3-4　降水遥感产品交叉检验案例

产品名称	参考文献	参考产品	时空分辨率
TMPA 3B42	Sohn et al., 2010	CMORPH, PERSIANN, NRL-blended	3 小时，0.25°
CMORPH	Sapiano and Arkin, 2009	TMPA 3B42, PERSIANN, NRL-blended	3 小时，0.25°
TMPA 3B42	Sapiano and Arkin, 2009	CMORPH	3 小时，1°
PERSIANN	Aghakouchak et al., 2011	CMORPH, TMPA	3 小时，0.25°
NRL-blended	Prakash et al., 2014	TMPA 3B42, CMORPH, PERSIANN	日，0.25°
GSMaP	Kubota et al., 2009	TMPA 3B41, TMPA 3B42, TMPA 3B42- RT, CMORPH, PERSIANN, NRL-blended	3 小时，0.25°
GSMaP	Dinku et al., 2010	TMPA 3B42, TMPA 3B42- RT, CMORPH, PERSIANN, NRL-blended	日/月，0.25°
CMORPH	Tian et al., 2007	TMPA 3B42	月，0.25°/8km
TMPA 3B42	Qin et al., 2014	TMPA-3B42RT, CMORPH, PERSIANN	日，0.25°
TMPA 3B42	Li et al., 2013	CMORPH, TMPA-3B42RT, PERSIANN	日/月，0.25°
TMPA 3B42	Romilly and Gebremichael, 2011	TMPA 3B42-RT, CMORPH, PERSIANN, GPCP	年，0.25°
TMPA 3B42	Shin et al., 2011	NCEP reanalysis（RI）, GPCP, CMAP	日，0.25°

资料来源：刘元波等，2016。

交叉检验的基本依据是物质守恒定律。无论是参照对比数据，还是待检数据，两者都是对同一区域、同一时段内降水状况的反映，在数值上应相等。由于用于交叉检验的数据往往来源于不同的机构，时间分辨率和空间分辨率通常不尽一致，如何将这些数据进行合理的时空匹配，是交叉检验的一个关键环节。同样需要注意的是，在进行降水数据空间匹配时，应尽量避免采用诸如三次卷积内插法等高次元空间重采样方法。

交叉检验的主要流程包括用于参照对比的产品数据的获取、不同来源产品数据之间的时空匹配以及对遥感产品的精度评估等三大步骤（图 3-19）。首先，调查能覆盖所研究区域的、各种来源的降水产品数据，如各种全球降水遥感产品数据和全球再分析资料数据等。根据待检遥感产品的数据获取平台特点，确定用于参照对比的产品数据，尽量选择具有相同空间分辨率和时间分辨率的产品数据。当然也可选用 NCEP 和 ECMWF 等全球再分析资料，但要注意把握这些再分析资料数据的可靠性和适用性。其次，具有不同时空分辨率的降水产品需要进行时间匹配和空间匹配，可将待检遥感数据进行空间重采样，以生成空间分辨率一致的数据。常用的空间重采样方法包括最邻近内插法、双线性内插法和三次卷积内插法等，尽量避免使用三次卷积内插法。最后，采用散点比较法、直接差值比较法和变化趋势法等方法，分别从像元水平、影像的空间分布及时空变化趋势等方面，采用相关系数和均方根差异等评价指标, 详细分析待检数据与参比数据之间的一致性和差异性, 评价待检验遥感产品数据不确定性的时空分布特征, 尽管用于参照比较数据的精度并不明确, 所得到的交叉检验精度具有相对意义, 但对于改进遥感反演算法等仍具有积极意义 (Turk et al., 2008; Sapianeo and Arkin 2009)。

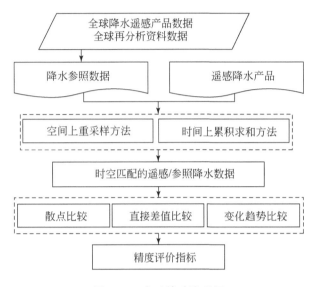

图 3-19　交叉检验流程图

参 考 文 献

刘元波, 吴桂平, 柯长青, 等. 2016. 水文遥感. 北京: 科学出版社.

盛斐轩, 毛节泰, 李建国, 等. 2006. 大气物理学. 北京: 北京大学出版社.

Adler R F, Huffman G J, Chang A, et al. 2003. The version-2 global precipitation climatology project (GPCP) monthly precipitation analysis (1979-present). Journal of hydrometeorology, 4 (6): 1147-1167.

Aghakouchak A, Behrangi A, Sorooshian S, et al. 2011. Evaluation of satellite-retrieved extreme precipitation rates across the central United States, Journal of Geophysical Research, 116: Do2115.

Alishouse J C. 1983. Total precipitable water and rainfall determinations from the SeaSat Scanning Multichannel Microwave Radiometer. Journal of Geophysical Research, 88: 1929-1935.

Atlas D, Srivastava R C, Sekhon R S. 1973. Droppler radar characteristics of precipitation at vertical incidence. Review of Geophysics, 11 (1): 1-35.

Anagnostou E N, Krajewski W F. 1999. Real-time radar rainfall estimation. Part I: algorithm formulation. Journal of Atmospheric and Oceanic Technology, 16: 189-197.

Aonashi K, Awaka J, Hirose M, et al. 2009. GSMaP passive microwave precipitation retrieval algorithm: Algorithm description and validation. Journal of the Meteorological, 2 (87): 119-136.

Arkin P A, Xie P. 1994. The global precipitation climatology project: first algorithm intercomparison project. Bulletin of the American Meteorological Society, 75 (3): 401-419.

Arkin P, Meisner B N. 1987. The relationship between large-scale convective rainfall and cold cloud over the

Western Hemisphere during 1982-1984. Monthly Weather Review, 115: 51-74.

As-syakur A R, Tanaka T, Osawa T, et al. 2013. Indonesian rainfall variability observation using TRMM multi-satellite data. International Journal of Remote Sensing, 34 (21): 7723-7738.

Atlas D, Ludlam F H. 1961. Multi-wavelength radar reflectivity of hailstorms. Quarterly Journal of the Royal Meteorological Society, 87: 523-534.

Atlas D, Ulbrich C, Marks Jr F, et al. 1999. Systematic variation of drop size and radar-rainfall relations. Journal of Geophysical Research, 104: 6155-6169.

Ba M B, Gruber A. 2001. GOES multispectral rainfall algorithm (GMSRA). Journal of Applied Meteorology, 40: 1500-1514.

Bauer P, Schanz L. 1998. Outlook for combined TMI-VIRS algorithms for TRMM: lessons from the PIP and AIP Projects. Journal of the Atmospheric Sciences, 55: 1714-1729.

Best A C. 1950. The size distribution of raindrops. Quarterly Journal of the Royal Meteorological Society, 76: 16-36.

Bohren C F, Battan L J. 1980. Radar backscattering by inhomogenous precipitation particles. Journal of the Atmospheric Sciences, 37: 1821-1827.

Brown R A, Lewis J M. 2005. Path to NEXRAD: Doppler radar development at the National Severe Storms Laboratory. Bulletin of the American Meteorological Society, 86, 1459-1470.

Catherine P. 2010. Precipitation retrieval from space: An overview. Comptes Rendus Geoscience. 342: 380-389.

Ciach G J. 2003. Local random errors in tipping-bucket rain gauge measurements. Journal of Atmospheric and Oceanic Technology, 20: 752-759.

Clardy D E, Tolbert C W. 1961. Electronic disdrometer. The Review of Scientific Instruments. 32: 916-919.

Conover J H. 1965. Cloud and terrestrial albedo determinations from TIROS satellite pictures. Journal of Applied Meteorology. 4: 378-386.

Cumming W A. 1952. The dielectric properties of ice and snow at 3.2 centimeters. Journal of Applied Physics, 23: 768-773.

Deirmendjian A. 1969. Electromagnetic Scattering on Spherical Polydispersions. Amsterdam: Elsevier

Dinku T, Ceccato P, Grover-Kopec E, et al. 2007. Validation of satellite rainfall products over East Africa's complex topography. International Journal of Remote Sensing, 28 (7): 1503-1526.

Dinku T, Ruiz F, Connor S J, et al. 2010. Validation and intercomparison of satellite rainfall estimates over Colombia. Journal of Applied Meteorology and Climatology, 49 (5): 1004-1014.

Duchon C, Essenberg G. 2001. Comparative rainfall observations from pit and aboveground rain gauges with and without wind shields. Water Resources Research, 37: 3253-3263.

Ebert E E, Manton M J. 1998. Performance of satellite rainfall estimation algorithms during TOGA COARE. Journal of the Atmospheric Sciences, 55: 1537-1557.

Ebert E E. 2007. Methods for verifying satellite precipitation estimates. //Levizzani V, P Bauer, F J Turk. 2007. Measuring Precipitation from Space: EURAINSAT and the Future. Berlin: Springer-Verlag.

Ehrlich A, Wendisch M, Bierwirth E, et al. 2009. Evidence of ice crystals at cloud top of Arctic boundary-layer mixed-phase clouds derived from airborne remote sensing. Atmospheric Chemistry and Physics, 9: 9401-9416.

Evans S. 1965. Dielectric properties of ice and snow-A review. Journal of Glaciology, 5: 773-792.

Feidas H. 2010. Validation of satellite rainfall products over Greece. Theoretical and Applied climatology, 99 (1-2): 193-216.

Feigelson E M. 1984. Radiation in a Cloudy Atmosphcre. Dordrecht: D. Reidel Publishing Company. Ferraro R R, Grody N C, Marks G F. 1994. Effects of surface conditions on rain identification using the DMSP - SSM/I. Remote Sensing Reviews, 11: 195-209.

Ferraro R R. 1997. Special sensor microwave imager derived global rainfall estimates for climatological applications. Journal of Geophysical Research, 102: 715-735.

Ferraro R R, Grody N C, Marks G F. 1994. Effects of surface conditions on rain identification using the DMSP-SSM/I. Remote Sensing Reviews, 11 (1-4): 195-209.

Fujida T, T Izawa. 1967. A model of typhoons accompanied by inner and outer rainbands. Journal of Applied Meteorology, 6: 3-19.

Gao Y C, Liu M F. 2013. Evaluation of high-resolution satellite precipitation products using rain gauge observations over the Tibetan Plateau. Hydrology and Earth System Sciences, 17: 837-849.

Garnet J C M. 1904. Colors in metal glasses and in metallic films. Philosophical Transactions of the Royal Society of London, A203: 385-420.

Garrett T J, Radke L F, Hobbs P V. 2002. Aerosol effects on cloud emissivity and surface longwave heating in the Arctic. Journal of the Atmospheric Sciences, 59: 769-778.

George J H, Robert F A, David T B. 2006. The TRMMMultisatellite Precipitation Analysis (TMPA): Quasi-global, multiyear, combined- sensor precipitation estimates at fine scales. Journal of Hydrometeorology, 8: 38-55.

Gottschalek J, Meng J, Rodell M, et al. 2005. Analysis of multiple precipitation products and preliminary assessment of their impact on global land data assimilation system land surface states. Journal of Hydrometeorology, 6 (5): 573-598.

Greene J S, Morrissey M L. 2000. Validation and uncertainty analysis of satellite rainfall algorithms. The Professional Geographer, 52: 247-258.

Griffith C G, Woodley W L, Grube P G, et al. 1978. Rain estimates from geosynchronous satellite imagery: visible and infrared studies. Monthly Weather Review, 106: 1153-1171.

Grody N C. 1991. Classification of snow cover and precipitation using the Special Sensor Microwave Imager. Journal of Geophysical Research, 96: 7423-7435.

Groisman P, Legates D. 1994. The Accuracy of United States Precipitation Data. Bulletin of the American Meteorological Society, 75: 215-228.

Gruber A, Levizzani V. 2008. Assessment of global precipitation products. WCRP Series Report No. 128 and WMO TD No. 1430: 1-55.

Gu G, Adler R F, Huffman G J, et al. 2007. Tropical rainfall variability on interannual-to-interdecadal and longer time scales derived from the GPCP monthly product. Journal of Climate, 20 (15): 4033-4046.

Gunn K L S, East T WR. 1954. The microwave properties of precipitation particles. Quarterly Journal of the Royal Meteorological Society, 80: 522-545.

Gunn K L S, Marshall J S. 1958. The distribution with size of aggregate snowflakes. Journal of Meteorology, 15: 452-461.

Habib E, Lee G, Kim D. 2010. G JCiach. Ground- based direct measurement. //F Y Testik, M Gebremichael 2010. Rainfall: State of the Science. Washington DC: The American Geophysical Union.

Haddad Z S, J P Meagher, R F Adler, et al. . 2004. Global variability of precipitation according to the Tropical Rainfall Measuring Mission. Journal of Geophysical Research, 109: D17103.

Hallikainen M, Ulaby F, Abdelrazik M. 1986. Dielectric properties of snow in the 3 to 37 GHz range. IEEE Transactions on Antennas and Propagation, 34: 1329-1340.

Hess M, Koepke P, Schult I. 1998. Optical properties of aerosols and clouds: The software package OPAC. Bulletin of the American Meteorological Society, 79: 831-844.

Heymsfield A J, Platt C M R. 1984. A parameterization of the particle size spectrum of ice clouds in terms of the ambient temperature and the ice water content. Journal of the Atmospheric Sciences, 41: 846-855.

Hong Y. 2004. Precipitation Estimation from Remotely Sensed Information using Artificial Neural Network-Cloud Classification System. Journal of Hydrometeorology, 43: 1834-1852.

Hou A Y, Kakar R K, Neeck S, et al. 2014. The Global Precipitation Measurement Mission. Bulletin of the American Meteorological Society, 95: 701-722.

Houze Jr R A. 2004. Mesoscale convective systems. Review of Geophysics, 42: RG4003.

Houze Jr R A. 2014. Cloud Dynamics. Amsterdam: Academic Press.

Hsu K, Gao X, Sorooshian S, et al. 1997. Precipitation estimation from remotely sensed information using artificial neural networks. Journal of Applied Meteorology, 36 (9): 1176-1190.

Huang H L, Smith W L, Li J, et al. 2004. Minimum local emissivity variance retrieval of cloud altitude and effective spectral emissivity-simulation and initial verification. Journal of Applied Meteorology, 43: 795-808.

Huffman G J, Adler R F, Arkin P, et al. 1997. The global precipitation climatology project (GPCP) combined precipitation dataset. Bulletin of the American Meteorological Society, 78 (1): 5-20.

Huffman G J, Adler R F, Morrissey MM, et al. 2001. Global precipitation at one-degree daily resolution from multisatellite observations. Journal of Hydrometeorology, 2 (1): 36-50.

Huffman G J, Alder R, Bolvin D T, et al. 2007. The TRMM multisatellite precipitation analysis (TMPA): Quasi-global, multiyear, combined-sensor precipitation estimates at fine scales. Journal of Hydrometeorology, 8: 38-55.

Iguchi T, Kozu T, Meneghini R, et al. 2000. Rain-profiling algorithm for the TRMM precipitation radar. Journal of Applied Meteorology, 39: 2038-2052.

Iguchi T. 2007. Space-borne radar algorithms. // Levizzani V, Bauer P, Turk F J. 2007. Measuring Precipitation from Space: EURAINSAT and the Future. Berlin: Springer-Verlag.

Iguchi T. 2009. Uncertainties in the rain profiling algorithm for the TRMM precipitation radar. Journal of the Meteorological Society of Japan, 87A: 1-30.

Janowiak J E, Kousky V E, Joyce R J. 2005. Diurnal cycle of precipitation determined from the CMORPH high spatial and temporal resolution global precipitation analyses. Journal of Geophysical Research: Atmospheres (1984-2012): 110 (D23).

Jiang H, Ramirez E M, Cecil D J. 2013. Convective and rainfall properties of tropical cyclone inner cores andrainbands from 11 years of TRMM data. Monthly Weather Review, 11: 431-450.

Jones B K, Saylor J R, Testik F Y. 2010. Raindrop Morphodynamics. // Testik F Y, Gebremichael M. 2010. Rainfall: State of the Science. Washington DC: The American Geophysical Union.

Joss J, Gori E G. 1978. Shapes of raindrop size distribution. Journal of Applied Meteorology, 17: 1054-1061.

Joss J, Waldvogel A. 1969. Raindrop size distribution and sampling size errors. Journal of the Atmospheric Sciences, 26: 566-569.

Joyce R J, Janowiak J E, Arkin P A, et al. 2004. CMORPH: a method that produces global precipitation estimates from passive microwave and infrared data at high spatial and temporal resolution. Journal of Hydrometeorology, 5: 487-503.

Kidd C. 2001. Satellite rainfall climatology: a review. International Journal of Climatology, 21: 1041-1066.

Kim J E, Alexander M J. 2013. Tropical precipitation variability and convectively coupled equatorial waves on sub-monthly time scales in reanalyses and TRMM. Journal of Climate, 26 (10): 3013-3030.

Kinnell P I A. 1976. Some observations on the Joss-Waldvogel rainfall disdrometer. Journal of Applied Metcorology, 15: 499-502.

Kokhanovsky A A. 2006. Cloud Optics. Dordrecht: Springer.

Kokhanovsky A A. 2012. Light Scattering Reviews 6: Light Scattering and Remote Sensing of Atmosphere and Surface. Berlin: Springer-Verlag.

Korolev A. 2007. Limitations of the Wegener-Bergeron-Findeisen mechanism in the evolution of mixed-phase clouds. Journal of the Atmospheric Sciences, 64: 3372-3375.

Krajewski W F. 2007. Ground networks: are we doing the right thing? // Levizzani V, Bauer P, Turk F J. 2007. Measuring Precipitation from Space: EURAINSAT and the Future. Berlin: Springer-Verlag.

Kubota T, Shige S, Hashizume H, et al. 2007. Global precipitation map using satellite-borne microwave radiometers by the GSMaP project: production and validation. IEEE Transactions on Geoscience and Remote Sensing, 45: 2259-2275.

Kubota T, Ushio T, Shige S, et al. 2009. Verification of high-resolution satellite-based rainfall estimates around Japan using a gauge-calibrated ground-radar dataset. Journal of the Meteorological Society of Japan, 87A: 203-222.

Kucera P A, Ebert E E, Turk F J, et al. 2013. Precipitation from space: Advancing earth system science. Bulletin of the American Meteorological Society, 94: 365-375.

Kulie M, Bennartz R. 2009. Utilizing spaceborne radars to retrieve dry snowfall. Journal of Applied Meteorology and Climatology, 48: 2564-2580.

Kummerow C D, Barnes W. 1998. The Tropical Rainfall Measuring Mission (TRMM) sensor package. Journal of Atmospheric and Oceanic Technology, 15: 809-817.

Kummerow C D, Hong Y, Olson W S, et al. 2001. The evolution of the Goddard Profiling Algorithm (GPROF) for rainfall estimation from passive microwave sensors. Journal of Applied Meteorology, 40: 1801-1820.

Kummerow C D, Masunaga H, Bauer P. 2007. A next-generation microwave rainfall retrieval algorithm for use by TRMM and GPM. // Levizzani V, Bauer P, Turk F J. 2007. Measuring Precipitation from Space: EURAINSAT and the Future. Berlin: Springer-Verlag.

Kummerow C D, Olson W S, Giglio L. 1996. A simplified scheme for obtaining precipitation and vertical hydrometeor profiles from passive microwave sensors. IEEE Transactions on Geoscience and RemoteSensing, 34: 1213-1232.

L' Ecuyer T S, McGarragh G. 2010. A 10 year climatology of tropical radiative heating and its vertical structure from TRMM observations. Journal of Climate, 23 (3): 519-541.

Lamb D, Verlinde J. 2011. Physics and Chemistry of Clouds. Cambridge: Cambridge University Press.

Levizzani V, Bauer P, Turk F J. 2007. Measuring Precipitation from Space: EURAINSAT and the Future. Dordrecht: Springer.

Lhermitte. 1990. Attenuation and scattering og millimeter wavelength radiation by clouds and precipitation. Journal of Atmospherc and Oceanic Technology, 7 (3): 464-479.

Li L, Kantor A, Warne N. 2013. Application of a PEG precipitation method for solubilityscreening: A tool for developing high protein concentration for mulation S. Protein Science，22（8）：1118-1123.

Linacre E. 1992. Climate Data and Resources：A Reference and Guide. London：Routledge.

Liu G. 2003. Satellite remote sensing：precipitation. //Holton J R，Curry J A，Pyle J A. 2003. Encyclopedia of Atmospheric Sciences. London：Academic Press.

Liu G. 2008. A database of microwave single- scattering properties fornonspherical ice particles. Bulletin of the American Meteorological Society，89：1563-1570.

Marshall J S，Palmer W M. 1948. The distribution of raindrops with size. Journal of Meteorology，5：165-166.

Meneghini R，Kozu T. 1990. Spaceborne Weather Radar. Norwood：Artech House.

Michaelides S，Levizzani V，Anagnostou E et al. 2009. Precipitation：measurement，remote sensing，climatology and modeling. Atmospheric Research，94：512-533.

Morin E，Krajewski W F，Goodrich D C，et al. 2003. Estimating rainfall intensities from weather radar data：the scale- dependency problem. Journal of Hydrometeorology，4：782-797.

Mugnai A，Smith E A，Triopli G J. 1993. Foundations for statistical- physical precipitation retrieval from passive microwave satellite measurements. Part II：Emission- source and generalized weighting- function properties of a time- dependent cloud-radiation model. Journal of Applied Meteorology，32：17-39.

Negri A J，Bell T L，Xu L. 2002. Sampling of the diurnal cycle of precipitation using TRMM Technology，19（9）：1333-1344.

Nesbitt S W，Cifellim R，Rutledge S A. 2006. Storm morphology and rainfall characteristics of TRMM precipitation features. Monthly weather Review. 134：2702-2721.

Nesbitt S W，Zipser E J. 2003. The diurnal cycle of rainfall and convective intensity according to three years of TRMM measurements. Journal of Climate. 16：1456-1475.

Nishitsuji A，Matsumoto A. 1971. Calculation of radio wave attenuation due to snowfall. // Matsumoto A，Nishitsuji A. 1971. SHF and EHF Propagation in Snowy Districts. Monograph Series of the Research Institute of Applied Electricity，Sapporo：Hokkaido University，19：63-78.

Oguchi T. 1983. Electromagnetic wave propagation and scattering in rain and other hydrometeors. Proceedings of the IEEE，71：1029-1078.

Okamoto K，Iguchi T，Takahashi N，et al. 2007. High precision and high resolution global precipitation map from satellite data. ISAP 2007 Proceedings，2007：506-509.

Okamoto K，Ushio T，Iguchi T，et al. 2005. The global satellite mapping of precipitation （GSMaP） project. Geoscience and Remote Sensing Symposium，IGARSS Proc. 05. Proceedings. 2005 IEEE International，5：3414-3416.

Orlanski I. 1975. A rational division of scales for atmospheric processes. Bulletin of the American Meteorological Society，56：527-530.

Paul T W. 1984. Functional fits to some observed drop size distributions and parameterization of rain. Journal of the Atmospheric Sciences，41：1648-1661.

Prakash S，Sathiyamoorthy V，Mahesh C，et al. 2014. An evaluation of high- resolution multisatellite rainfall products over the Indian monsoon region. International Journal of Remote Sensing，35（9）：3018-3035.

Puca S，F Porcù，A Rinollo，et al. 2014. The validation service of the hydrological SAF geostationary and polar satellite precipitation products. Natural Hazards and Earth System Sciences，14：871-889.

Qin Y，Chen Z，Shen Y，et al. 2014. Evaluation of satellite rainfall estimates over the Chinese mainland. Remote Sensing，6（11）：11649-11672.

Rodda J C. 1969. Hydrological network design needs, problems and approaches. WMO Report, 12: 1-58.

Rogers R R. 1989. Raindrop collision rates. Journal of Atmospheric Science, 46 (15): 2469-2472.

Rogerrs R R, Yau M K. 1989. A Short course incloud physics. Oxford: Pergamon Press.

Rogers D V, Olsen R L. 1976. Calculation of radio waveattenunation due to rain at frequencies up to 1000 GHz. Report 1299, Ottaw: Communication Research Center, Department of Communication.

Romilly T G, Gebremichael M. 2011. Evaluation of satellite rainfall estimates over Ethiopian river basins. Hydrology and Earth System Sciences, 15 (5): 1505-1514.

Sapiano M R P, Arkin P A. 2009. An intercomparison and validation of high-resolution satellite precipitation estimates with 3-hourly gauge data. Journal of Hydrometeorology, 10: 149-166.

Savage R C, Weinman J A. 1975. Preliminary calculations of the upwelling radiance from rain clouds at 37.0 and 19.35 GHz. Bulletin of the American Meteorological Society, 56: 1272-1274.

Schmidt K S, Pilewskie P, Mayer B, et al. 2010. Apparent absorption of solar spectral irradiance in heterogeneous ice clouds. Journal of Geophysical Research, 115: D00J22.

Schneider U, Becker A, Finger P, et al. 2014. GPCC's new land surface precipitation climatology based on quality-controlled in situ data and its role in quantifying the global water cycle. Theoretical and Applied Climatology, 115: 15-40.

Scofield R A, Kuligowski R J. 2003. Status and outlook of operational satellite precipitation algorithms for extreme-precipitation events. Weather and Forecasting, 18: 1037-1051.

Sempere-Torres D, Porrà J M, Creutin J-D. 1994. A general formulation for raindrop size distribution. Journal of Applied Meteorology, 33: 1494-1502.

Sempere-Torres D, Porrà J M, Creutin J-D. 1998. Experimental evidence of a general description for raindrop size distribution properties. Journal of Geophysical Research, 103: 1785-1797.

Shelton M L. 2009. Hydroclimatology. Cambridge: Cambridge University Press.

Shen Y, Xiong A, Wang Y, et al. 2010. Performance of high-resolution satellite precipitation products over China. Journal of Geophysical Research: Atmospheres (1984-2012), 115 (D2): D02114.

Shin D B, Kim J H, Park H J. 2011. Agreement between monthly precipitation estimates from TRMM satellite, NCEP reanalysis, and merged gauge-satellite analysis. Journal of Geophysical Research: Atmospheres, 116 (D16): 971-978.

Smith E A, Mugnai A, Cooper H J, et al. 1992. Foundations for statistical-physical precipitation retrieval from passive microwave satellite measurements. Part I: Brightness-temperature properties of a time-dependent cloud-radiation model. Journal of Applied Meteorology, 31: 506-531.

Sohn B J, Han H J, Seo E K. 2010. Validation of satellite-based high-resolution rainfall products over the Korean Peninsula using data from a dense rain gauge network. Journal of Applied Meteorology and Climatology, 49 (4): 701-714.

Sorooshian S, Hsu K L, Gao X, et al. 2000. Evaluation of PERSIANN system satellite-based estimates of tropical rainfall Bulletin of the American Meteorological Society, 81 (9): 2035-2046.

Spencer R W, Goodman H M, Hood R E. 1989. Precipitation over land and ocean with the SSM/I: identification and characteristics of the scattering signal. Journal of Atmospheric and Oceanic Technology, 6: 254-273.

Stout G E, Mueller E A. 1968. Survey of relationships between rainfall rate and radar reflectivity in the measurement of precipitation. Journal of Applied Meteorology, 7: 465-474.

Strangeways I C. 2007. Precipitation: Theory, Measurement and Distribution. Cambridge: Cambridge University

Press.

Thiemig V, Rojas R, Zambrano-Bigiarini M, et al. 2012. Validation of satellite-based precipitation products over sparsely gauged African river basins. Journal of Hydrometeorology, 13: 1760-1783.

Tian Y, Peterslidard C D, Choudhury B J, et al. 2007. Multitemporal analysis of TRMM-based satellite precipitation products for land data assimilation application. Journal of Hgdrometeorology, 8 (8): 1165-1183.

Trapp R J. 2013. Mesoscale-convective processes in the atmosphere. New York: Cambridge University Press.

TRMM: Tropical Rainfall Measurement Mission. 2006. The National Aeronautics and Space Administration. http://trmm.gsfc.nasa.gov/data-dir/data.html. [2011-04-25].

Turk F J, Arkin P, Ebert E E, et al. 2008. Evaluating high-resolution precipitation products. Bulletin of the American Meteorological Society, 89: 1911-1916.

Turk F J, Miller S D. 2005. Toward improved characterization of remotely sensed precipitation regimes with MODIS/AMSR-E blended data techniques. Geoscience and Remote Sensing, IEEE Transactions, 43 (5): 1059-1069.

Twomey S. 1953. On the measurement of precipitation intensity by radar. Journal of Meteorology, 10: 66-67.

Ulbrich C W, Atlas D. 1998. Rainfall microphysics and radar properties: analysis methods for drop size spectra. Journal of Applied Meteorology, 37: 912-923.

Ulbrich C W. 1983. Natural variations in the analytical form of the rain-drop size distribution. Journal of Climate and Applied Meteorology, 22: 1764-1775.

Ushio T, Sasashige K, Kubata T, et al. 2009. A Kalman filter approach to the Global Satellite Mapping of Precipitation (GSMaP) from combined passive microwave and infrared radiometric data. Journal of the Meteorological Society of Japan, 87A: 137-151.

Vicente G A, Scofield R A, Menzel W P. 1998. The operational GOES infrared rainfall estimation technique. Bulletin of the American Meteorological Society, 79: 1883-1898.

Villarini G, Krajewski W F. 2010. Review of the different sources of uncertainty in single polarization radar-based estimates of rainfall. Survey in Geophysics, 31: 107-129.

Villarini G, Mandapaka P V, Krajewski W F, et al. 2008. Rainfall and sampling uncertainties: A rain gauge perspective. Journal of Geophysical Research, 113: D11102.

Waldvogel A. 1974. The No jump of raindrop spectra. Journal of Atmospheric Sciences, 31: 1067-1078.

Wallace J M, Hobbs P V. 2006. Atmospheric Science: An Introductory Survey. Amsterdam: Academic Press.

Weng F, Grody N C. 1994. Retrieval of cloud liquid water using the special sensor microwave imager (SSM/I). Journal of Geophysical Research, 99: 25535-25551.

Weng F, Zhao L, Ferraro R, et al. 2003. Advanced microwave sounding unit cloud and precipitationalgorithms. Radio Science, 38: 8068-8079.

Wexler H. 1947. Structure of hurricanes as determined by radar. Annals of the New York Academy of Sciences, 48: 821-844.

Wilheit T, Adler R, Avery S, et al. 1994. Algorithms for the retrieval of rainfall from passive microwave measurements. Remote Sensing Reviews, 11: 163-194.

Wilheit T, Change A, Rao M, et al. 1977. A satellite technique for quantitatively mapping rainfall rates over oceans. Journal of Applied Meteorology, 16: 551-560.

Wilheit T, Kummerow C D, Ferraro R. 2003. Rainfall algorithms for AMSR-E. Geoscience and Remote Sensing, IEEE Transactions, 41 (2): 204-214.

World Meteorological Organization. 1975. International Cloud Atlas, Volume I - Manual on the Observation of Clouds and Other Meteors. Genève: World Meteorological Organization.

Xie P, Arkin P A. 1997. Global precipitation: a 17 year monthly analysis based on gauge observations, satellite estimates, and predictions. Journal of Climate, 9: 840-858.

Xie P, Janowiak J E, Arkin P A, et al. 2003. GPCP pentad precipitation analyses: An experimental dataset based on gauge observations and satellite estimates. Journal of Climate, 16 (13): 2197-2214.

Yamamoto G, Tanaka M, Asano S. 1970. Radiative transfer in water clouds in the infrared region. Journal of the Atmospheric Sciences, 27: 282-292.

Yokoyama C, Takayabu Y N. 2008. A statistical study on rain characteristics of tropical cyclones using TRMM satellite data. Monthly Weather Review, 136: 3848-3862.

Zhao L, Weng F, 2002. Retrieval of ice cloud parametersusing the Advanced Microwave Sounding Unit. Journal of Applied Meteorology, 41: 384-395.

第4章 遥感降水影响因子定量识别方法

本章以滦河流域为研究对象，使用地理探测器定量分析方法对滦河流域陆表环境变量与降水空间分异性展开研究，从因子探测、交互探测和生态探测三个方面探究环境因子及其交互作用对降水空间分异的影响。

4.1 研究区概况

滦河流域（115°30′~118°45′E，39°10′~42°40′N）位于辽宁省、河北省和内蒙古自治区的交界地带。流域面积为44750km²，涉及内蒙古自治区、河北省和辽宁省的7市27县，包含43940km²的山区面积和810km²的平原面积，分别占总面积的98.2%和1.8%（刘玉芬，2012）。滦河流域属阴山褶断带构造单元，南北分别与燕山褶断带、内蒙古地槽区相邻，主要构造线近东西方向，以断裂构造为主，褶皱构造为辅。区域受燕山运动及喜马拉雅运动的影响地形差异较大，地形总趋势由西北向东南倾斜。滦河上游为坝上高原，海拔高度为1300~1400m；中部为燕山山地，地形复杂，海拔高度为1000~1800m；东南部主要为平原，海拔在1000m以下，如图4-1所示。滦河流域属于典型的温带干旱半干旱大陆性季风气候（陈旭，2019），夏季炎热湿润，春秋季干旱少雨，冬季寒冷干燥，气候复杂多变，流域内年平均气温为5~11℃，多年平均降水量为400~800mm。滦河流域内降水的时空分布差异非常明显（张璇等，2022），具有典型性和代表性。

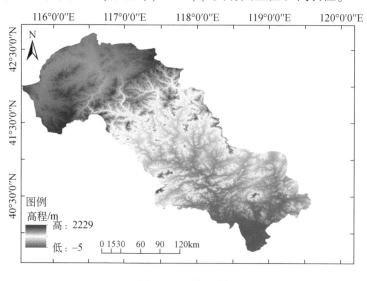

图4-1 研究区域

滦河流域水系呈羽状分布，拥有众多支流，其中，约500条支流常年有水，一级支流有33条，二、三级支流共48条。滦河流域多年平均年径流量为46.94亿 m³，占河北全省地表总水资源量的25%，是我国北方重要的生态屏障区、海河流域重要的水源之一和引滦入津工程的重要水源地（赵勇等，2022），对其水资源的管理和保护具有重要的意义。

在季风气候的影响下，径流量年内分配不均，春汛、伏汛期径流量较大，其余月份径流量较少。主要的丰水期为每年的6~9月，占全年径流量的70%，以8月份最大。径流的年际变化幅度较大，常发生连续丰水和连续枯水的异常现象。同时，受到地形的影响，滦河流域的降水空间分布差异较大，图4-2展示了2018年滦河流域的年降水量分布情况，滦河流域降水由东南向西北递减（门宝辉等，2022），呈现出明显的条带状空间分布特征。降水主要集中在东南部的平原地带，年降水量超过650mm，向西北坝上高原方向，降水逐渐减少，坝上高原区域降水量小于450mm。

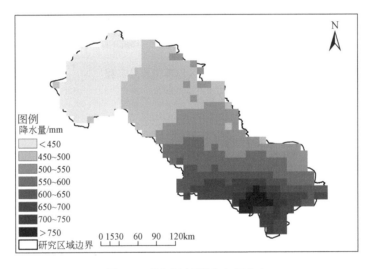

图4-2　滦河流域降水空间分布

潘家口水库流域（115°~119°E，40°~43°N）位于海河之北，滦河中上游，跨内蒙古自治区和河北省，主要部分在承德市、张家口市、赤峰市和锡林郭勒盟，流域控制面积约为33400km²，分别占滦河流域和海河流域面积的75%和10%。流域海拔为147~2236m，由西北向东南递减，流域地处亚热带季风区，夏季炎热多雨，冬季寒冷干燥，年平均气温为9.6℃，年蒸发量为400mm，流域多年平均降水量为540mm。年内降水集中，7月和8月降水量占年降水量的50%以上，且流域降水空间分布不均。研究区地理位置及海拔如图4-3所示。

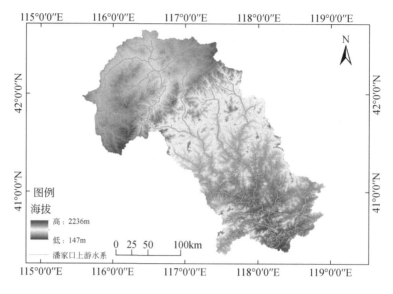

图 4-3 研究区地理位置及高程

4.2 数据源与预处理

4.2.1 数据源

4.2.1.1 IMERG 降水数据

全球降水计划（global precipitation measurement，GPM）是继热带降雨观测计划（tropical rainfall measuring mission，TRMM）之后实施的新一代降水观测计划。由美国 NASA 和日本 JAXA 于 2014 年 2 月 27 日开始实行。并搭载了先进的双频降水观测雷达（dual-frequency precipitation radar，DPR）和微波成像仪（GMI），提升了对微量降水和固态降水的观测能力，能够提供全球范围内空间分辨率为 0.1°×0.1°时间分辨率为 3h 的降水数据。GPM 主推的两套卫星降水产品便是美国国家航天局负责的 IMERG 和日本航空航天局负责的 GSMaP。

IMERG 降水数据是 GPM 的 3 级产品，目前提供三套卫星降水产品，分别为 Early、Late 和 Final。其中 Early 产品采用了云移动矢量传播算法的前向传播算法，是在观测之后 6 小时发布的近实时产品；Late 产品在 Early 的基础上增加了后向传播算法，是在观测后 16 小时发布的近实时产品；Final 产品在 Late 的基础上引入了更多的传感器数据源并经过全球雨量站点校正，是在观测后 3 个月发布的后处理数据（Gan et al.，2020）。本书使用的是从 NASA 官网（https://gpm.nasa.gov/）上下载的日尺度 Final 产品。

4.2.1.2　CGDPA 降水产品

由于滦河流域内气象站点稀疏，无法支撑降尺度结果的验证，本书选用 CGDPA 数据作为基准数据用于降水降尺度结果的精度评估。CGDPA 数据是国家气象中心基于地面观测数据开发的日降水分析产品。该数据使用国家气象信息中心和美国大气海洋局气候预测中心合作开发的"中国逐日格点降水量实时分析系统"以 2419 个国家级地面气象站的降水数据作为基础，采用"基于气候背景场"的最优插值方法，实时生成的空间分辨率为 0.25°×0.25° 的格网化日降水资料（沈艳等，2010）。CGDPA 数据精度高，能够准确的捕捉并再现每一次降水过程，可以用于定量分析天气实况、检验天气气候模式和评估卫星降水精度（Shen et al., 2014）。已有不少学者将其应用于降水评估（王兆礼等，2017；陈爱军等，2018）。本书所述实验用于精度验证的 CGDPA 数据由中国气象科学数据共享服务网（https://www.cma.gov.cn）获取。

4.2.1.3　陆表环境因子数据

本书所使用的 NDVI 数据包含 MOD13A3 数据集和 SPOT_Vegetation 数据集。其中 MOD13A3 数据集从美国航天局网站（https://lpdaac.usgs.gov/）上获取，空间分辨率为 1km，时间分辨率为 30d；SPOT_Vegetation 数据集由比利时 VITO 研究所的植被数据网站（http://free.vgt.vito.be/）上获取，空间分辨率为 1km，时间分辨率为 10d。

DEM 数据的空间分辨率为 90m，由地理空间数据云（http://www.gscloud.cn/）获取。

4.2.2　数据预处理

考虑到降水本身的复杂性，以及环境因子的时间分辨率、空间分辨率、数据的精度及是否易于获取等因素，本书研究通过查阅大量降水统计降尺度文献，最终选择 NDVI、高程、坡度、坡向、经度和纬度作为预选因子进行降水与陆表环境因子的时空关系分析。以上的环境因子均由下载的初始数据处理得到。下载的初始数据包括空间分辨率为 0.1°× 0.1° 空间参考为 WG S84 数据格式为 NetCDF 的 IMERG 日降水产品、空间分辨率为 90m 空间参考为 WGS 84/UTM zone 50N 数据格式为 GeoTiff 的 DEM 数据、空间分辨率为 1km 空间参考为 WGS 84/UTM zone 50N 数据格式为 GeoTiff 的 MOD13A3 月 NDVI 数据和数据格式为 HDF5 的 SPOT_Vegetation 旬 NDVI 数据。

4.2.2.1　数据重投影

使用地理探测器分析降水与环境因子的空间关系需要在相同坐标系下提取样点数据，而下载的初始数据空间参考并不统一，需要进行数据重投影处理。本书所用到的空间参考为 WGS 84，所以需要将 DEM 和 NDVI 数据重投影到 WGS 84 地理坐标系下。

4.2.2.2　地表环境变量提取

分析使用到的环境因子有 NDVI、高程、坡度、坡向、经度和纬度。其中的 NDVI 直接使用 MOD13A3 和 SPOT_Vegetation 数据产品；高程使用 DEM 数据；坡度数据使用 ArcGIS 对 DEM 数据进行坡度分析得到；坡向使用 ArcGIS 对 DEM 数据进行坡向分析得到。最终将 IMERG 栅格转换为点要素，并使用点要素进行多值提取，得到地理探测器分析的样本数据。

4.2.2.3 数据合成

本章从年、季、月和旬尺度探究了陆表环境变量与降水空间分异性的关系，所以需要将所有环境因子合成到年、季、月和旬尺度。首先，由于 2018 年滦河流域地形未发生重大变化，所以高程、坡度、坡向和经纬度数据无需合成，即不同的时间尺度使用相同的高程、坡度、坡向和经纬度数据；其次，降雨使用累计降雨量，即按照不同的时间范围将降水数据累加；最后，植被指数采用最大合成 NDVI，即采用最大合成法合成年、季、月和旬尺度的 NDVI 数据。

4.3 研 究 方 法

4.3.1 地理探测器

空间分异性是地理要素的基本特征。地理探测器便是利用地理要素的空间分异性进行探测的工具。地理探测器方法能够探测降水空间分异性，并揭示其背后的驱动力，是探究全局驱动因子、局域驱动因子及不同时空尺度驱动因子变化的强力工具。与其他分析方法相比，地理探测器具有以下优势（王劲峰和徐成东，2017）：①地理探测器既可以探测数值型数据，也可以探测定性数据；②地理探测器可以判断两个自变量是否存在交互作用，以及交互作用的强弱、方向、线性还是非线性；③地理探测器 Q 值具有明确的物理含义，能够客观地表明自变量解释了 $Q \times 100\%$ 的因变量；④地理探测器原理保证了其对多变量共线性免疫。地理探测器包含因子探测、交互探测、风险探测和生态探测。

因子探测用来探测某自变量 X 多大程度上解释了因变量 Y 的空间分异。使用 Q 值度量，表达式如下：

$$Q = 1 - \frac{\sum_{h=1}^{L} N_h \sigma_h^2}{N\sigma^2} = 1 - \frac{\text{SSW}}{\text{SST}}$$

$$\text{SSW} = \sum_{h=1}^{L} N_h \sigma_h^2, \text{SST} = N\sigma^2 \tag{4-1}$$

式中，$h = 1, \cdots, L$ 为自变量 X 的分类；N_h 和 N 分别为类 h 和全区的单元数；σ_h^2 和 σ^2 分别是类 h 和全区的 Y 值的方差。SSW 和 SST 分别为类内方差之和所有类总方差。Q 的值域为 [0，1]，值越大表示自变量 X 对因变量的解释力越强。极端情况下，Q 值为 1 表明因子 X 完全控制了 Y 的空间分布，Q 值为 0 则表明因子 X 与 Y 没有任何关系，Q 值表示 X 解释了

$100 \times Q\%$ 的 Y。将 Q 值进行简单的变换，可使其满足非中心 F 分布：

$$F = \frac{N - L}{L - 1} \frac{Q}{1 - Q} \sim F(L - 1, N - L; \lambda) \tag{4-2}$$

$$\lambda = \frac{1}{\sigma^2} \Big[\sum_{h=1}^{L} \bar{Y}_h^2 - \frac{1}{N} \Big(\sum_{h=1}^{L} \sqrt{N_h} \bar{Y}_h \Big)^2 \Big] \tag{4-3}$$

式中，λ 为非中心参数；$\bar{Y}_h$ 为层 h 的均值。

交互探测用来识别不同自变量 X 之间的交互作用，即评估两个自变量 X_1 和 X_2 共同作用时是否会增加或减弱对因变量 Y 的解释力，或这些因子对 Y 的影响是否相互独立。

交互探测首先分别计算两种因子 X_1 和 X_2 的 Q 值：$Q(X_1)$ 和 $Q(X_2)$，并且计算它们的交互时的 Q 值：$Q(X_1 \cap X_2)$，并对 $Q(X_1)$ 和 $Q(X_2)$ 与 $Q(X_1 \cap X_2)$ 进行比较。两个因子之间的关系如表4-1所示。

表 4-1　交互作用类型

判据	交互作用
$Q(X_1 \cap X_2) < \mathrm{Min}[Q(X_1), Q(X_2)]$	非线性减弱
$\mathrm{Min}[Q(X_1), Q(X_2)] < Q(X_1 \cap X_2) < \mathrm{Max}[Q(X_1), Q(X_2)]$	单因子非线性减弱
$Q(X_1 \cap X_2) > \mathrm{Max}[Q(X_1), Q(X_2)]$	双因子增强
$Q(X_1 \cap X_2) = Q(X_1) + Q(X_2)$	独立
$Q(X_1 \cap X_2) > Q(X_1) + Q(X_2)$	非线性增强

风险探测用来判断两个子类的属性均值是否有显著的差异，用 t 统计量来检验：

$$t_{\bar{Y}_{h=1} - \bar{Y}_{h=2}} = \frac{\bar{Y}_{h=1} - \bar{Y}_{h=2}}{\left[\frac{\mathrm{Var}(\bar{Y}_{h=1})}{n_{h=1}} + \frac{\mathrm{Var}(\bar{Y}_{h=2})}{n_{h=2}} \right]^{1/2}} \tag{4-4}$$

式中，$\bar{Y}_h$ 表示子类 h 的属性均值，n_h 为子类 h 的样本数量，Var 表示方差。统计量 t 近似地服从 Student's t 分布，其中自由度的计算方法为

$$df = \frac{\dfrac{\mathrm{Var}(\bar{Y}_{h=1})}{n_{h=1}} + \dfrac{\mathrm{Var}(\bar{Y}_{h=2})}{n_{h=2}}}{\dfrac{1}{n_{h=1} - 1} \left[\dfrac{\mathrm{Var}(\bar{Y}_{h=1})}{n_{h=1}} \right]^2 + \dfrac{1}{n_{h=2} - 1} \left[\dfrac{\mathrm{Var}(\bar{Y}_{h=2})}{n_{h=2}} \right]^2} \tag{4-5}$$

零假设 $H_0 : \bar{Y}_{h=1} = \bar{Y}_{h=2}$，如果在置信水平 α 下拒绝 H_0，则认为两个子区域间的属性均值存在明显的差异。

生态探测用来比较两个自变量 X_1 和 X_2 对因变量 Y 的空间分布影响是否有显著的差异，使用 F 统计量来衡量：

$$F = \frac{N_{X_1}(N_{X_2} - 1)\mathrm{SSW}_{X_1}}{N_{X_2}(N_{X_1} - 1)\mathrm{SSW}_{X_2}}$$

$$\text{SSW}_{X_1} = \sum_{h=1}^{L_1} N_h \sigma_h^2, \text{SSW}_{X_2} = \sum_{h=1}^{L_2} N_h \sigma_h^2 \tag{4-6}$$

式中，N_{X_1} 即 N_{X_2} 分别表示两个自变量 X_1 和 X_2 的样本量；SSW_{X_1} 和 SSW_{X_2} 分别表示自变量 X_1 和 X_2 的层内方差之和；L_1 和 L_2 分别表示自变量 X_1 和 X_2 分类数量。其中零假设 H_0：$\text{SSW}_{X_1} = \text{SSW}_{X_2}$。如果在 α 的显著性水平上拒绝 H_0，则表明两个自变量 X_1 和 X_2 对因变量 Y 的空间分布的影响存在显著的差异。

4.3.2　贝叶斯线性回归模型

贝叶斯模型是在概率统计中用所观察到的现象对有关概率分布的先验概率进行修正，当分析样本大到接近总体数样本时，样本中事件发生的概率将接近于总体中事件发生的概率的方法。对于随机事件 A 与 B，有如下的贝叶斯公式：

$$P(A|B) = \frac{P(A,B)}{P(B)} = \frac{P(A|B) \cdot P(A)}{P(B)} \tag{4-7}$$

若将 $P(A)$ 视为先验概率，B 视为样本数据，则贝叶斯公式给出了看到样本数据 B 后，如何将先验概率 $P(A)$ 更新为后验概率 $P(A|B)$ 的规则。对于随机向量（视为参数）与随机向量（视为样本数据），根据贝叶斯定理：

$$P(\theta|y) = \frac{f(\theta,y)}{f(y)} = \frac{f(y|\theta) \cdot \pi(\theta)}{f(y)} \tag{4-8}$$

式中，$P(\theta|y)$ 为看到数据 y 之后 θ 的条件分布密度（即后验分布），$\pi(\theta)$ 为参数 θ 的先验分布密度，$f(\theta|y)$ 为 θ 和 y 的联合分布，$f(y|\theta)$ 为给定参数时 y 的密度函数，而 $f(y)$ 为 y 的边缘分布密度。把 y 的密度函数 $f(y|\theta)$ 记为似然函数 $L(\theta:y)$，可得到：

$$P(\theta|y) \propto L(\theta:y)\pi(\theta) \tag{4-9}$$

表示后验分布与密度核成正比。后验模型描述了在观测数据和一些先验知识的条件下所有模型参数的概率分布。后验分布有两个组成部分：①似然函数，包含了基于观测数据的模参数信息；②先验分布，包含了关于模型参数的先验信息（在观测数据之前）。使用贝叶斯规则将似然模型和先验模型相结合，以产生后验分布：

后验分布 ∝ 似然函数 × 先验分布

贝叶斯线性回归是利用贝叶斯概率推断方法求解的线性回归模型，具有贝叶斯统计模型的基本性质，定义样本数据 $X_i = \{X_1, X_2, \cdots, X_n\} \in R^n$，$Y_i = \{Y_1, Y_2, \cdots, Y_n\}$，$X$ 为自变量，Y 为因变量，n 为样本数量，则贝叶斯线性回归模型 $f(X_i)$ 为

$$f(X_i) = X_i^{\text{T}} w \tag{4-10}$$

$$Y = f(X_i) + \varepsilon \tag{4-11}$$

式中，w 为权重系数，ε 为残差。

4.4 陆表环境变量识别研究思路

　　本章地表环境变量的筛选综合考虑了两个方面的内容，第一是地表环境变量与降水的空间分异性，第二是多因子共线性对降水降尺度模型的影响，具体的研究思路如图 4-4 所示。因风险探测用于衡量两个子类属性均值是否有显著差异，对分析环境变量与降水的空间分异性元实质作用，故只选用因子探测、交互探测和生态探测进行遥感降水影响因子识别。

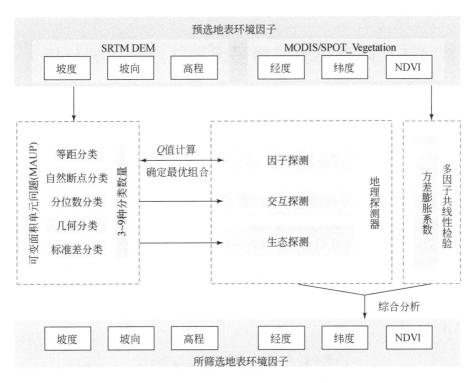

图 4-4　陆表环境变量识别研究思路

　　1）数据预处理。使用地理探测器分析降水与地表环境变量的空间关系需要在相同坐标系下提取样点数据，而下载的初始数据空间参考并不统一，需要进行数据重投影处理。本章所用数据均重投影到 WGS 84 地理坐标系下。预选的环境因子有 NDVI、高程、坡度、坡向、经度和纬度。其中的 NDVI 使用 MOD13A3 和 SPOT_Vegetation 数据产品采用最大合成法得到；高程使用 DEM 数据的高程值；坡度和坡向数据使用 ArcGIS 对 DEM 数据进行坡度、坡向分析得到；最终将 IMERG 累计降雨量进行栅格转点，并使用点要素进行多值提取到点获取地理探测器分析的样本数据。

　　2）多因子共线性检验。虽然地理探测器能够保证对多环境变量共线性免疫，即地理探测器的结果不会受到多个地表环境变量共线性的影响，但是环境变量之间的共线性会造成统计降水降尺度模型失真或难以估计准确。所以仍然需要对多个地表环境变量的共线性进行考量。通过计算贝叶斯回归系数估计量的方差与假设自变量间不线性相关时方差的比值得到各环境变量的方差膨胀系数（variance inflation factor，VIF）。使用 VIF 的边界判断环境变量的共线性。

3）为消除地理探测器模型的不确定性，需要考虑可变面积单元对地理探测器的影响，先将预选的地表环境变量进行等距分类、自然断点分类、分位数分类、几何分类和标准差分类共计 35 种分类处理，并依据分类结果计算得到的 Q 值确定最优分类组合。使用最优分类组合计算得到的因子探测、交互探测、生态探测结果评估降水与地表环境变量的空间分异性。

4.5 陆表环境变量多因子共线性检测分析

变量间的高度相关性会造成模型失真或难以估计准确，需要对自变量进行多重共线性检验。一种常用的方法是使用 VIF 来衡量环境变量之间是否存在共线性问题，通过将变量间的 VIF 值与判断边界值比较，定量衡量变量间共线性的严重程度。通常以 10 作为判断边界，当 VIF<10，不存在多重共线性；当 $10 \leqslant$ VIF<100，存在较强的多重共线性；当 VIF≥100，模型则存在严重多重共线性。

表 4-2 显示了年、季环境因子方差膨胀系数，表 4-3 为月环境因子方差膨胀系数，表 4-4 为旬环境因子方差膨胀系数。可以看到，所有环境因子的 VIF 均<10，符合回归模型特征独立的假设。将 3 个表格对比可以发现，年、季、月尺度下环境因子的 VIF 相差不大，且不同的时间段内环境因子的 VIF 在较小的范围内波动，其中高程的 VIF 最大超过了5，其次是纬度和经度。但是旬尺度相比年、季、月尺度，环境因子 VIF 有了较大的变化。高程的 VIF 大幅度降低至 1 左右，取而代之的是坡向的 VIF 大幅增加均大于 5。其他环境因子的 VIF 无较大变化。

表 4-2 年、季环境因子方差膨胀系数

项目	纬度	经度	高程	坡度	坡向	NDVI
年	4.61	3.89	5.96	1.25	1.04	1.71
春季	4.57	3.94	5.93	1.31	1.06	1.80
夏季	4.61	3.89	5.96	1.25	1.04	1.71
秋季	4.52	3.63	5.58	1.29	1.04	1.63
冬季	4.30	3.86	5.51	1.32	1.05	1.56

表 4-3 月尺度环境因子方差膨胀系数

项目	1 月	2 月	3 月	4 月	5 月	6 月	7 月	8 月	9 月	10 月	11 月	12 月
纬度	4.30	4.33	4.31	4.39	4.57	4.59	4.69	4.54	4.52	4.75	4.34	4.31
经度	3.63	3.72	3.96	3.48	3.94	4.27	4.17	3.74	3.63	3.58	3.61	3.80

续表

项目	1 月	2 月	3 月	4 月	5 月	6 月	7 月	8 月	9 月	10 月	11 月	12 月
高程	5.19	5.46	5.64	5.28	5.93	6.03	6.13	5.84	5.58	5.42	5.34	5.50
坡度	1.27	1.31	1.34	1.24	1.31	1.28	1.25	1.26	1.29	1.28	1.32	1.33
坡向	1.09	1.05	1.05	1.05	1.06	1.06	1.04	1.04	1.04	1.05	1.05	1.05
NDVI	1.65	1.54	1.62	1.48	1.80	1.99	1.92	1.59	1.63	1.95	1.56	1.55

表 4-4　旬尺度环境因子方差膨胀系数

项目	纬度	经度	高程	坡度	坡向	NDVI	项目	纬度	经度	高程	坡度	坡向	NDVI
1 月上旬	4.62	3.30	1.12	1.04	5.20	1.36	7 月上旬	4.74	3.28	1.08	1.04	5.62	1.14
1 月中旬	4.47	3.38	1.09	1.03	5.20	1.07	7 月中旬	5.03	3.45	1.08	1.04	5.44	1.98
1 月下旬	4.33	3.35	1.09	1.04	5.22	1.10	7 月下旬	5.96	3.60	1.16	1.04	5.44	6.26
2 月上旬	4.47	3.28	1.09	1.06	5.31	1.08	8 月上旬	5.12	3.37	1.09	1.04	5.22	1.66
2 月中旬	4.39	3.34	1.11	1.03	5.28	1.15	8 月中旬	5.65	4.12	1.23	1.04	5.19	4.60
2 月下旬	4.34	3.37	1.16	1.03	5.27	1.12	8 月下旬	8.88	3.30	1.11	1.04	5.20	4.97
3 月上旬	4.36	3.51	1.13	1.04	5.19	1.49	9 月上旬	4.35	3.87	1.08	1.03	5.50	1.21
3 月中旬	4.66	3.61	1.10	1.04	5.32	1.65	9 月中旬	4.36	3.29	1.10	1.04	5.45	1.08
3 月下旬	4.58	3.28	1.14	1.03	5.26	1.60	9 月下旬	4.30	4.10	1.09	1.04	5.30	1.42
4 月上旬	5.25	4.86	1.08	1.03	5.49	1.72	10 月上旬	4.30	3.37	1.11	1.04	5.36	1.62
4 月中旬	4.40	3.38	1.19	1.04	5.20	1.45	10 月中旬	7.60	4.01	1.10	1.04	5.87	4.69
4 月下旬	4.33	3.59	1.11	1.04	5.38	1.72	10 月下旬	4.90	3.33	1.09	1.04	5.53	1.53
5 月上旬	4.59	3.50	1.09	1.05	5.34	2.67	11 月上旬	4.39	3.78	1.09	1.04	5.20	1.85
5 月中旬	4.44	3.87	1.11	1.04	5.30	3.06	11 月中旬	4.30	3.33	1.09	1.04	5.20	1.04
5 月下旬	6.18	3.68	1.08	1.04	5.21	2.15	11 月下旬	4.38	3.39	1.09	1.04	5.20	1.06
6 月上旬	4.86	3.28	1.09	1.03	5.23	1.92	12 月上旬	4.67	4.06	1.09	1.04	5.41	1.99
6 月中旬	4.48	3.44	1.09	1.05	5.19	1.60	12 月中旬	4.42	3.35	1.21	1.04	5.19	1.39
6 月下旬	5.88	3.84	1.18	1.04	5.19	1.75	12 月下旬	4.55	3.34	1.08	1.03	5.31	1.40

4.6　陆表环境变量识别分区效应分析

　　利用地理探测器分析环境因子对降水空间分布影响的重要环节是讨论可塑性面积单元问题（modifiable areal unit problem，MAUP）。MAUP 包括尺度效应和分区效应两方面，前者讨论空间统计格网大小对地理探测器模型的影响，后者讨论自变量离散方法及分类数量对地理探测器模型的影响。

　　本书首先保证卫星降水数据的分辨率，所以空间统计格网的大小与 IMERG 产品的分辨率保持一致，以消除空间尺度对降水统计降尺度的影响。针对分区效应，选择等距分类（equal）、自然断点分类（natural）、分位数分类（quantile）、几何分类法（geometrical）和标准差分类（sd）5 种离散方法，并将自变量分为 3~9 类分别计算 Q 值（Song et al., 2020），选择 Q 值最大的组合作为离散方法和分类数量的最佳组合。

表4-5 为年尺度最佳组合的结果。图4-5 以年尺度为例展示了离散方法与分类数量组合选取过程。图4-6 为使用最佳组合得到的自变量分区，其中红色竖直线为不同分区的分隔线。

表 4-5 分区效应最优组合

项目	NDVI	纬度	经度	高程	坡度	坡向
离散方法	标准差分类	分位数分类	等距分类	标准差分类	标准差分类	等距分类
分类数量	9	9	9	9	6	9

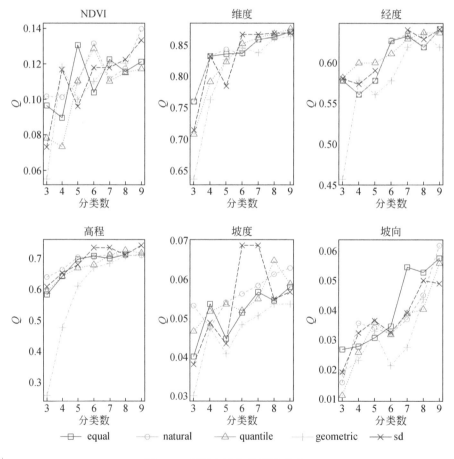

图 4-5 离散方法与分类数组合

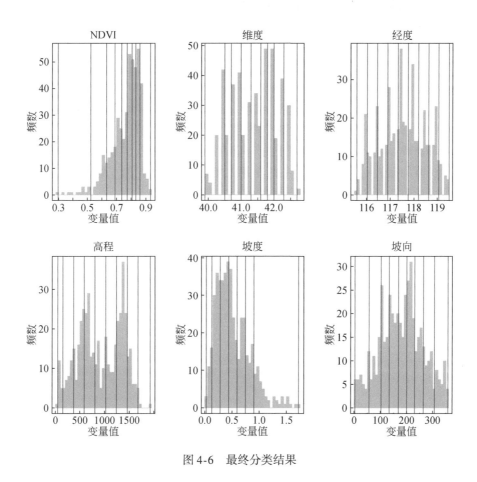

图 4-6　最终分类结果

4.7　陆表环境变量影响探测分析

地理探测器结果主要依赖 Q 值进行分析，Q 值的物理含义是陆表环境变量解释了 $100 \times Q\%$ 的降水空间分布。通过结合其他降水降尺度环境因子的选择及地理探测器在其他领域设置的阈值（王炜等，2021），最终选择影响力大于 10% 作为主要影响因子，能够显著影响降水的空间分布；影响力大于 1% 且小于 10% 作为次要影响因子，能够与其他因子交互对降水空间分布产生显著的影响；影响力小于 1% 的环境因子对降水空间分布无直接的影响，且与其他因子的交互并不会起到太大的作用。

4.7.1　因子探测

图 4-7 为年尺度各环境因子对降水空间分布的影响力大小。由 Q 值可知，纬度、高

程、经度和 NDVI 的影响力超过 0.1，为主要因素，其中纬度影响最大。坡度、坡向的影响力超过 0.01 但小于 0.1，为次要因素。环境因子的影响力均超过 0.01，说明均对降水空间分布有直接影响。

图 4-8 为季尺度下各环境因子对降水空间分布的影响力大小。由 Q 值可知，春季的降水主要受纬度、经度、高程和 NDVI 的影响；夏季的降水主要受纬度、高程、经度和 NDVI 的影响。秋季的降水主要受经度、纬度、高程、NDVI 和坡向的影响；冬季的降水主要受经度、纬度、高程的影响。对比四个季度的环境因子 Q 值，Q 值前三的环境因子均为纬度、经度和高程；不同季度环境因子的 Q 值有所差别，春季、夏季、冬季降水受纬度的影响最大，Q 值均超过 0.8，其中春冬两季第二影响因子为经度，夏季第二影响因子为高程。秋季最大影响因子为经度且 Q 值超过 0.53。

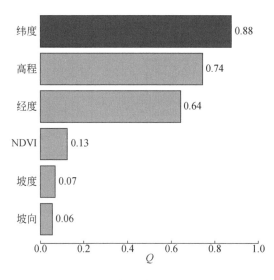

图 4-7 年尺度因子探测

表 4-6 为月尺度下各环境因子对降水空间分布的影响力大小。不同月份各环境因子的 Q 值虽有所变化，但除 6 月份外前三个贡献因子仍然是纬度、经度、高程。12 个月中，1、3、8、11 和 12 月纬度、经度和 DEM 的影响力均超过 25% 为主要因素，NDVI、坡度和坡向影响力超过 0.01 但低于 0.1，为次要因素；其他月份主要因素为经度、纬度、DEM 和 NDVI，次要因素为坡度和坡向。12 个月中，有 7 个月纬度为第一贡献因子，分别是 1、2、4、7、8、10、12 月；其余 5 个月第一贡献因子为经度。且只有 1、2 月份第一贡献因子 Q 值小于 0.5，其余月份第一贡献因子的 Q 值均超过 0.63，其中 Q 值超过 0.8 的月份有 6 个月，4 月和 10 月的 Q 值均达到了 0.92。

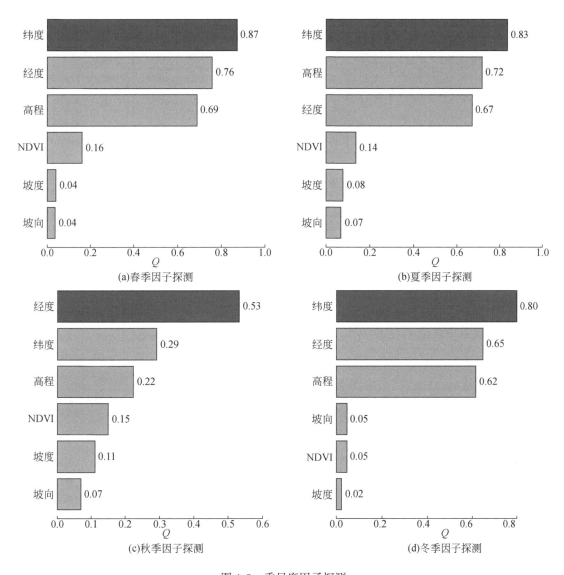

图 4-8　季尺度因子探测

表 4-6　月尺度自变量因子探测

月份	第一贡献因子		第二贡献因子		第三贡献因子		第四贡献因子		第五贡献因子		第六贡献因子	
	因子	Q 值	因子	Q 值	因子	Q 值	因子	Q 值	因子	Q 值	因子	Q 值
1	纬度	0.44	经度	0.26	高程	0.25	NDVI	0.06	坡度	0.04	坡向	0.04
2	纬度	0.46	高程	0.39	经度	0.28	NDVI	0.27	坡度	0.07	坡向	0.03
3	经度	0.68	纬度	0.52	高程	0.39	NDVI	0.08	坡向	0.07	坡度	0.05
4	纬度	0.92	经度	0.80	高程	0.78	NDVI	0.25	坡度	0.07	坡向	0.04

月份	第一贡献因子		第二贡献因子		第三贡献因子		第四贡献因子		第五贡献因子		第六贡献因子	
	因子	Q 值	因子	Q 值	因子	Q 值	因子	Q 值	因子	Q 值	因子	Q 值
5	经度	0.85	纬度	0.80	高程	0.77	NDVI	0.26	坡度	0.09	坡向	0.06
6	经度	0.63	NDVI	0.47	高程	0.32	纬度	0.21	坡度	0.18	坡向	0.13
7	纬度	0.81	高程	0.68	经度	0.61	NDVI	0.23	坡度	0.11	坡向	0.04
8	纬度	0.85	高程	0.62	经度	0.43	坡向	0.07	NDVI	0.03	坡度	0.03
9	经度	0.67	纬度	0.51	高程	0.40	NDVI	0.16	坡向	0.09	坡度	0.07
10	纬度	0.92	高程	0.77	经度	0.56	NDVI	0.21	坡度	0.03	坡向	0.02
11	经度	0.67	纬度	0.42	高程	0.35	NDVI	0.09	坡度	0.06	坡向	0.04
12	纬度	0.82	经度	0.70	高程	0.66	坡向	0.06	NDVI	0.05	坡度	0.02

表 4-7　旬尺度自变量因子探测

旬	第一因子		第二因子		第三因子		第四因子		第五因子		第六因子	
	因子	Q 值	因子	Q 值	因子	Q 值	因子	Q 值	因子	Q 值	因子	Q 值
1 月上旬	纬度	0.43	经度	0.38	高程	0.34	坡向	0.04	NDVI	0.02	坡度	0.02
1 月中旬	坡度	0.06	纬度	0.03	NDVI	0.03	高程	0.03	坡向	0.02	经度	0.02
1 月下旬	经度	0.20	纬度	0.18	NDVI	0.09	高程	0.09	坡度	0.03	坡向	0.02
2 月上旬	高程	0.23	纬度	0.18	经度	0.05	坡向	0.05	NDVI	0.05	坡度	0.02
2 月中旬	纬度	0.29	高程	0.20	NDVI	0.19	经度	0.18	坡度	0.08	坡向	0.04
2 月下旬	纬度	0.32	经度	0.27	高程	0.26	NDVI	0.13	坡度	0.06	坡向	0.04
3 月上旬	纬度	0.56	高程	0.48	经度	0.38	NDVI	0.05	坡向	0.05	坡度	0.04
3 月中旬	纬度	0.73	经度	0.50	高程	0.39	NDVI	0.06	坡向	0.05	坡度	0.04
3 月下旬	经度	0.38	纬度	0.38	高程	0.35	NDVI	0.19	坡度	0.15	坡向	0.06
4 月上旬	纬度	0.32	经度	0.24	高程	0.17	坡向	0.07	NDVI	0.07	坡度	0.03
4 月中旬	经度	0.68	纬度	0.41	高程	0.36	NDVI	0.08	坡度	0.05	坡向	0.02
4 月下旬	纬度	0.66	高程	0.52	经度	0.48	NDVI	0.27	坡度	0.09	坡向	0.05
5 月上旬	纬度	0.78	高程	0.58	经度	0.54	NDVI	0.14	坡向	0.09	坡度	0.04
5 月中旬	经度	0.80	纬度	0.67	高程	0.65	NDVI	0.16	坡向	0.09	坡度	0.04
5 月下旬	纬度	0.58	高程	0.37	经度	0.19	NDVI	0.12	坡度	0.11	坡向	0.06
6 月上旬	纬度	0.66	高程	0.46	经度	0.43	坡度	0.06	坡向	0.02	NDVI	0.02
6 月中旬	纬度	0.41	经度	0.40	高程	0.34	NDVI	0.26	坡向	0.06	坡度	0.06
6 月下旬	纬度	0.47	高程	0.24	经度	0.19	NDVI	0.09	坡度	0.07	坡向	0.04
7 月上旬	经度	0.21	纬度	0.11	高程	0.06	坡向	0.05	NDVI	0.04	坡度	0.03
7 月中旬	纬度	0.54	高程	0.45	经度	0.40	NDVI	0.07	坡度	0.03	坡向	0.02
7 月下旬	纬度	0.82	高程	0.75	经度	0.73	NDVI	0.19	坡度	0.11	坡向	0.07
8 月上旬	纬度	0.64	高程	0.47	经度	0.28	NDVI	0.07	坡向	0.05	坡度	0.04

续表

旬	第一因子		第二因子		第三因子		第四因子		第五因子		第六因子	
	因子	Q 值	因子	Q 值	因子	Q 值	因子	Q 值	因子	Q 值	因子	Q 值
8 月中旬	纬度	0.82	经度	0.72	高程	0.69	坡向	0.06	NDVI	0.05	坡度	0.02
8 月下旬	纬度	0.90	高程	0.66	经度	0.49	NDVI	0.18	坡度	0.10	坡向	0.04
9 月上旬	经度	0.25	纬度	0.09	高程	0.05	NDVI	0.04	坡度	0.03	坡向	0.03
9 月中旬	纬度	0.53	高程	0.21	经度	0.17	NDVI	0.12	坡度	0.05	坡向	0.04
9 月下旬	经度	0.33	纬度	0.29	高程	0.17	NDVI	0.12	坡度	0.08	坡向	0.05
10 月上旬	纬度	0.44	高程	0.40	经度	0.36	NDVI	0.19	坡度	0.09	坡向	0.07
10 月中旬	纬度	0.81	高程	0.69	经度	0.34	NDVI	0.06	坡度	0.04	坡向	0.03
10 月下旬	纬度	0.47	经度	0.42	高程	0.28	NDVI	0.08	坡度	0.06	坡向	0.03
11 月上旬	经度	0.66	纬度	0.42	高程	0.35	NDVI	0.08	坡度	0.06	坡向	0.04
11 月中旬	经度	0.12	纬度	0.10	NDVI	0.07	坡向	0.04	高程	0.03	坡度	0.02
11 月下旬	经度	0.16	经度	0.06	高程	0.04	坡向	0.03	NDVI	0.03	坡度	0.03
12 月上旬	经度	0.71	纬度	0.46	高程	0.35	NDVI	0.04	坡向	0.04	坡度	0.01
12 月中旬	纬度	0.64	高程	0.55	经度	0.30	坡度	0.08	NDVI	0.06	坡向	0.04
12 月下旬	纬度	0.62	高程	0.49	经度	0.22	坡向	0.06	坡度	0.05	NDVI	0.03

表 4-7 为旬尺度下各环境因子对降水空间分布的影响力大小。除 1 月中下旬、2 月中旬和 11 月中旬外,其他 32 旬前三个贡献因子均为经度、纬度和高程。同时 1 月中下旬、2 月中旬和 11 月中旬的因子影响力偏低,因子的影响力均低于 0.3。主要是因为秋冬季,北方降水更易受冷空气的影响,高程对降水空间分布的影响减弱,降水与 NDVI 的关系增强。1 月中旬环境因子对降水分布的影响力最低,所有因子的影响力均低于 0.1,为次要因子,其次是 9 月上旬和 11 月下旬,只有一个主要因子,分别为经度和纬度,其余皆为次要因子。

整体上看,在年、季、月和旬尺度上,经纬度和高程都起到了主导降水空间分布的作用,滦河流域降水空间分布呈现出由东南向西北递减的趋势,这使得经纬度和降水空间分布出现较高的相似性,使得 Q 值相较于其他因子更高。同时滦河流域由东南部平原到中部山地再到西北部坝上高原,高程逐渐增加,降水逐渐减少。这也使得高程的离散化结果与降水的空间分布具有明显的相似性,也使高程的 Q 值较高。随着春夏季节植被的增加,蒸腾作用的增强,NDVI 对降水的影响力也随之增大。坡度和坡向的影响力均小于 0.1,单因子对降水的影响并不明显。

4.7.2 交互探测

环境因子的交互作用可能会提升或减弱单个因子的影响力。下文所有图表中绿色代表非线性增强,红色代表双因子增强,橙色代表单因子非线性减弱。

图 4-9 为年尺度环境因子的交互结果,可以看出年尺度下自变量两两交互均起到了增

强作用。其中经度和纬度交互的 Q 值达到了 0.97。图 4-10 为季尺度环境因子的交互结果，所有环境因子的交互作用均为增强，相较于单个环境因子，交互作用的 Q 值均有较大的提升。最大值 Q 均为经度–纬度的交互，其中春季、夏季、秋季、冬季的最大值分别为 0.97、0.97、0.87 和 0.93。四个季度对比发现，秋季受限于单个环境因子的影响力，交互作用的 Q 值偏低。

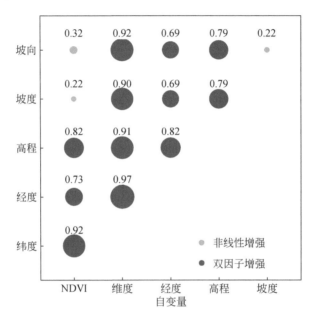

图 4-9 年尺度交互探测

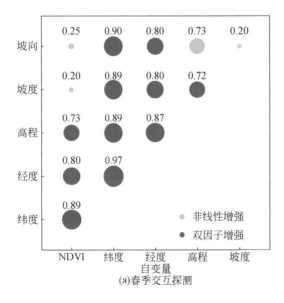

(a)春季交互探测

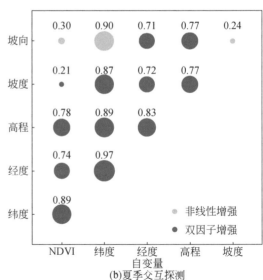

(b)夏季交互探测

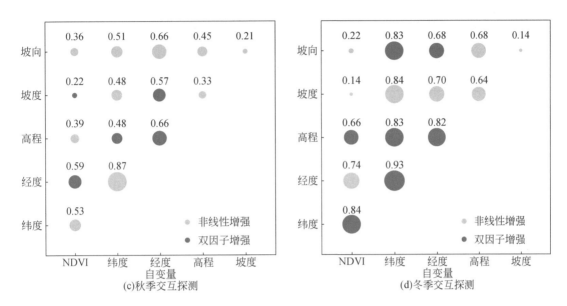

图 4-10 季尺度交互探测

表 4-8 为 12 个月的环境因子交互结果，只有 2 月份坡度与 DEM 的交互结果为单因子非线性减弱，其他月份以及其他因子的交互结果均为增强。与其他时间尺度相同，交互结果的最大 Q 值均为经度和纬度的交互结果。其中 4、5、7、8、10、12 月的 Q 最大值超过了 0.95。其他月份的最大 Q 值也均超过了 0.6。说明因子之间的交互结果能够更好地影响降水的分布特征。

表 4-8 月尺度交互作用探测

交互因子	1 月	2 月	3 月	4 月	5 月	6 月	7 月	8 月	9 月	10 月	11 月	12 月
NDVI−纬度	0.54	0.57	0.60	0.94	0.83	0.58	0.85	0.90	0.66	0.95	0.56	0.86
NDVI−经度	0.33	0.56	0.77	0.85	0.87	0.74	0.68	0.62	0.71	0.69	0.72	0.78
NDVI−高程	0.33	0.46	0.45	0.83	0.84	0.64	0.78	0.65	0.48	0.86	0.46	0.69
NDVI−坡度	0.14	0.34	0.19	0.35	0.28	0.53	0.31	0.13	0.23	0.29	0.23	0.17
NDVI−坡向	0.20	0.35	0.27	0.38	0.33	0.54	0.32	0.27	0.37	0.34	0.31	0.27
纬度−经度	0.61	0.70	0.86	0.98	0.97	0.86	0.95	0.95	0.89	0.97	0.78	0.96
纬度−高程	0.54	0.53	0.56	0.94	0.87	0.54	0.84	0.89	0.58	0.94	0.46	0.86
纬度−坡度	0.51	0.55	0.65	0.94	0.83	0.45	0.84	0.89	0.62	0.93	0.51	0.88
纬度−坡向	0.57	0.58	0.64	0.95	0.87	0.56	0.85	0.90	0.66	0.95	0.54	0.86
经度−高程	0.37	0.56	0.80	0.90	0.92	0.73	0.78	0.77	0.70	0.81	0.72	0.84
经度−坡度	0.33	0.41	0.76	0.82	0.87	0.71	0.66	0.56	0.70	0.62	0.73	0.75
经度−坡向	0.38	0.39	0.75	0.83	0.87	0.71	0.67	0.51	0.75	0.62	0.73	0.72
高程−坡度	0.38	0.39	0.49	0.82	0.82	0.55	0.74	0.64	0.45	0.79	0.44	0.70

交互因子	1 月	2 月	3 月	4 月	5 月	6 月	7 月	8 月	9 月	10 月	11 月	12 月
高程-坡向	0.39	0.42	0.49	0.81	0.82	0.51	0.73	0.70	0.51	0.80	0.44	0.72
坡度-坡向	0.19	0.24	0.23	0.22	0.20	0.36	0.23	0.16	0.19	0.154	0.24	0.20

注：☐代表非线性增强，■代表双因子增强，▨代表单因子非线性减弱。

表 4-9 为 2018 年 36 旬环境因子交互作用的结果，其中 ND 表示 NDVI、LA 代表纬度、LO 代表经度、DE 代表高程、SL 代表坡度、AS 代表坡向。只有 7 月上旬 NDVI 与经度的交互结果为单因子非线性减弱，其余环境因子的交互结果均为增强。其中，1 月上旬和 2 月上旬最大交互结果为纬度与坡向的交互，其他旬最大交互结果为纬度与经度的交互。且最大交互结果的影响力均超过 0.2，说明在旬尺度下，交互作用能够更好地反映降水的空间分布。

表 4-9　旬尺度交互作用探测

旬	ND-LA	ND-LO	ND-DE	ND-SL	ND-AS	LA-LO	LA-DE	LA-SL	LA-AS	LO-DE	LO-SL	LO-AS	DE-SL	DE-AS	SL-AS
1 月上旬	0.52	0.48	0.37	0.09	0.22	0.58	0.50	0.55	0.59	0.53	0.46	0.53	0.39	0.44	0.15
1 月中旬	0.16	0.11	0.11	0.19	0.19	0.21	0.09	0.18	0.13	0.12	0.18	0.14	0.16	0.19	0.20
1 月下旬	0.31	0.30	0.18	0.24	0.18	0.58	0.33	0.29	0.30	0.28	0.26	0.29	0.22	0.25	0.17
2 月上旬	0.37	0.15	0.29	0.14	0.16	0.41	0.40	0.29	0.46	0.33	0.24	0.24	0.32	0.44	0.20
2 月中旬	0.38	0.33	0.29	0.23	0.30	0.45	0.35	0.37	0.43	0.34	0.31	0.29	0.26	0.33	0.21
2 月下旬	0.39	0.48	0.29	0.22	0.28	0.58	0.35	0.40	0.49	0.46	0.45	0.41	0.33	0.40	0.24
3 月上旬	0.63	0.69	0.53	0.20	0.25	0.78	0.58	0.64	0.65	0.68	0.57	0.51	0.54	0.49	0.22
3 月中旬	0.78	0.62	0.46	0.16	0.24	0.90	0.76	0.78	0.81	0.67	0.62	0.54	0.48	0.49	0.18
3 月下旬	0.51	0.48	0.51	0.33	0.24	0.63	0.47	0.51	0.45	0.52	0.49	0.43	0.50	0.39	0.22
4 月上旬	0.57	0.43	0.34	0.17	0.21	0.78	0.45	0.50	0.59	0.57	0.41	0.44	0.29	0.39	0.26
4 月中旬	0.61	0.75	0.51	0.19	0.26	0.90	0.59	0.59	0.60	0.77	0.77	0.75	0.50	0.49	0.21
4 月下旬	0.77	0.58	0.63	0.35	0.37	0.87	0.78	0.71	0.75	0.66	0.57	0.63	0.62	0.59	0.23
5 月上旬	0.90	0.62	0.66	0.24	0.39	0.94	0.85	0.82	0.88	0.69	0.61	0.64	0.61	0.67	0.20
5 月中旬	0.76	0.85	0.75	0.25	0.29	0.93	0.73	0.72	0.77	0.88	0.83	0.83	0.73	0.71	0.18
5 月下旬	0.74	0.46	0.47	0.28	0.27	0.80	0.64	0.70	0.63	0.51	0.39	0.39	0.49	0.52	0.25
6 月上旬	0.67	0.53	0.53	0.16	0.18	0.77	0.65	0.68	0.69	0.57	0.51	0.52	0.55	0.52	0.13
6 月中旬	0.58	0.48	0.48	0.34	0.36	0.76	0.55	0.49	0.49	0.48	0.42	0.44			0.20
6 月下旬	0.64	0.31	0.37	0.18	0.20	0.85	0.60	0.59	0.66	0.46	0.30	0.34	0.35	0.37	0.19
7 月上旬	0.32	0.18	0.19	0.17	0.19	0.43	0.21	0.27	0.31	0.24	0.30	0.24	0.20	0.20	0.21
7 月中旬	0.65	0.49	0.49	0.17	0.15	0.79	0.61	0.50	0.64	0.62	0.47	0.48	0.53	0.52	0.14
7 月下旬	0.89	0.78	0.83	0.34	0.41	0.95	0.88	0.87	0.89	0.84	0.77	0.77	0.81	0.80	0.28

续表

旬	ND-LA	ND-LO	ND-DE	ND-SL	ND-AS	LA-LO	LA-DE	LA-SL	LA-AS	LO-DE	LO-SL	LO-AS	DE-SL	DE-AS	SL-AS
8 月上旬	0.72	0.47	0.51	0.22	0.30	0.79	0.69	0.70	0.72	0.53	0.37	0.36	0.53	0.53	0.16
8 月中旬	0.86	0.83	0.73	0.17	0.30	0.93	0.85	0.85	0.85	0.87	0.76	0.75	0.72	0.74	0.20
8 月下旬	0.92	0.66	0.73	0.30	0.29	0.95	0.93	0.92	0.92	0.77	0.63	0.66	0.69	0.75	0.22
9 月上旬	0.27	0.47	0.14	0.16	0.14	0.71	0.18	0.29	0.36	0.44	0.36	0.32	0.20	0.18	0.15
9 月中旬	0.62	0.35	0.33	0.18	0.22	0.68	0.61	0.58	0.61	0.35	0.30	0.31	0.29	0.33	0.17
9 月下旬	0.45	0.45	0.32	0.21	0.24	0.73	0.37	0.45	0.51	0.47	0.42	0.45	0.30	0.30	0.20
10 月上旬	0.60	0.50	0.52	0.29	0.37	0.68	0.58	0.49	0.57	0.51	0.47	0.49	0.48	0.50	0.19
10 月中旬	0.82	0.54	0.71	0.23	0.24	0.89	0.80	0.82	0.81	0.74	0.50	0.47	0.72	0.74	0.18
10 月下旬	0.58	0.54	0.40	0.22	0.18	0.80	0.53	0.59	0.60	0.59	0.54	0.52	0.41	0.38	0.24
11 月上旬	0.57	0.71	0.48	0.19	0.31	0.79	0.50	0.52	0.54	0.72	0.70	0.72	0.45	0.44	0.15
11 月中旬	0.22	0.31	0.21	0.17	0.26	0.36	0.24	0.22	0.23	0.25	0.22	0.23	0.20	0.22	0.15
11 月下旬	0.26	0.39	0.17	0.13	0.33	0.51	0.24	0.31	0.38	0.25	0.20	0.23	0.15	0.22	0.14
12 月上旬	0.58	0.77	0.44	0.10	0.22	0.83	0.48	0.54	0.64	0.75	0.73	0.73	0.43	0.42	0.13
12 月中旬	0.68	0.64	0.58	0.21	0.34	0.77	0.66	0.70	0.73	0.66	0.58	0.36	0.63	0.57	0.31
12 月下旬	0.70	0.34	0.57	0.17	0.25	0.85	0.70	0.65	0.73	0.65	0.40	0.40	0.62	0.62	0.17

注：□代表非线性增强，■代表双因子增强，▨代表单因子非线性减弱。

由图4-9、图4-10、表4-8、表4-9可知，年、季、月和旬尺度环境因子最优的交互结果几乎全为经度–纬度，并且交互作用均为增强。主要因为降水量由东南向西北递减，经度–纬度的交互作用更能体现降水的这种分布情况。同样其他因子与高程的交互也起到了增强的效果。而且，因子探测中表现不佳的单因子与其他因子的交互作用也起到了不凡的增强效果。

4.7.3 生态探测

生态探测用于比较两个陆表环境变量对降水分布的影响是否有显著的差异。使用 F 统计量衡量，若在 $\alpha = 0.05$ 的显著性水平上拒绝零假设，则表明两个陆表环境变量对降水分布的影响存在显著差异。下文图中用 Y 表示有显著差异，用 N 表示没有显著差异。同时使用黄色和蓝色突出两者的视觉差异。

图 4-11 显示了年尺度的生态探测结果，所有环境因子对降水分布的影响均存在显著性的差异。图 4-12 为季尺度下的生态探测结果，可以看到春季经度–高程、坡度–坡向不存在显著差异；夏季经度–高程不存在显著差异；秋季所有因子均存在显著差异；冬季NDVI–坡向、经度–高程不存在显著差异。

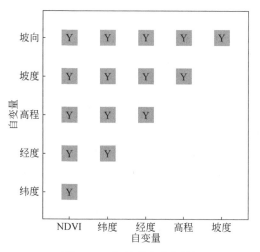

图 4-11 年尺度生态探测

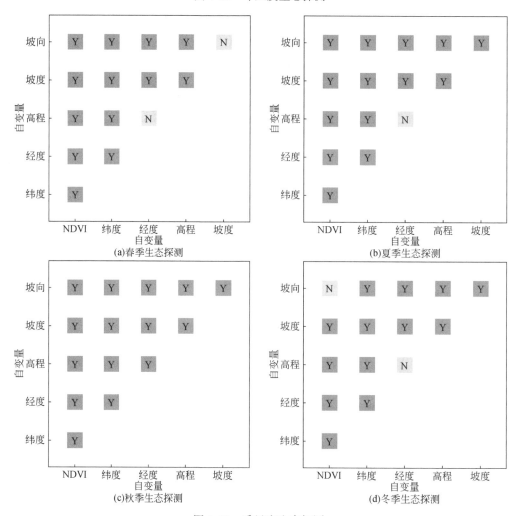

图 4-12 季尺度生态探测

图 4-13 展示了月尺度生态探测结果，其中差异不显著结果有 10 个占全部结果的 6%。12 个月中 1 月、4 月、5 月、7 月和 12 月经度–高程对降水分布的影响无显著差异。另外 1 月坡度–坡向、2 月 NDVI–经度、5 月纬度–经度和纬度–高程、12 月 NDVI–坡向对降水分布的影响无显著差异。其余结果均造成了显著差异。

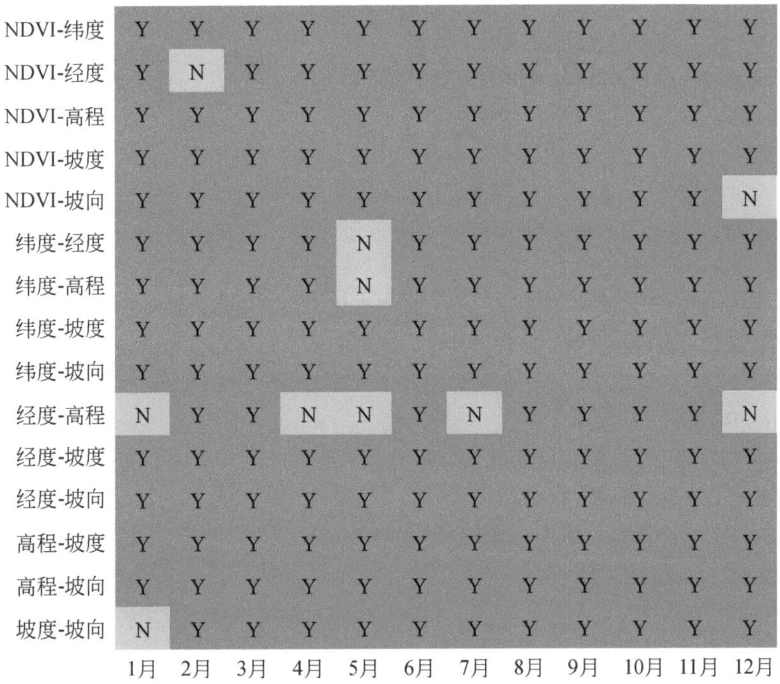

	1月	2月	3月	4月	5月	6月	7月	8月	9月	10月	11月	12月
NDVI-纬度	Y	Y	Y	Y	Y	Y	Y	Y	Y	Y	Y	Y
NDVI-经度	Y	N	Y	Y	Y	Y	Y	Y	Y	Y	Y	Y
NDVI-高程	Y	Y	Y	Y	Y	Y	Y	Y	Y	Y	Y	Y
NDVI-坡度	Y	Y	Y	Y	Y	Y	Y	Y	Y	Y	Y	Y
NDVI-坡向	Y	Y	Y	Y	Y	Y	Y	Y	Y	Y	Y	N
纬度-经度	Y	Y	Y	Y	N	Y	Y	Y	Y	Y	Y	Y
纬度-高程	Y	Y	Y	Y	N	Y	Y	Y	Y	Y	Y	Y
纬度-坡度	Y	Y	Y	Y	Y	Y	Y	Y	Y	Y	Y	Y
纬度-坡向	Y	Y	Y	Y	Y	Y	Y	Y	Y	Y	Y	Y
经度-高程	N	Y	Y	N	N	Y	N	Y	Y	Y	N	Y
经度-坡度	Y	Y	Y	Y	Y	Y	Y	Y	Y	Y	Y	Y
高程-坡度	Y	Y	Y	Y	Y	Y	Y	Y	Y	Y	Y	Y
高程-坡向	Y	Y	Y	Y	Y	Y	Y	Y	Y	Y	Y	Y
坡度-坡向	N	Y	Y	Y	Y	Y	Y	Y	Y	Y	Y	Y

图 4-13　月尺度生态探测

　　图 4-14 为旬尺度生态探测结果，其中差异不显著结果有 36 个占总结果的 7%。包括

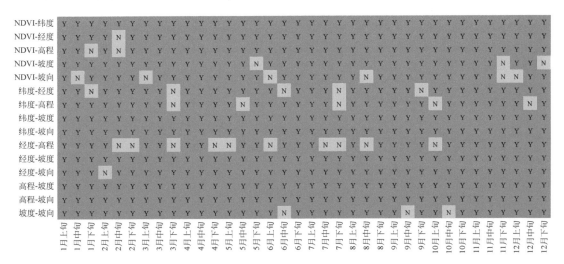

图 4-14　季尺度生态探测

NDVI–经度、NDVI–高程、NDVI–坡度、NDVI–坡向、纬度–经度、纬度–高程、经度–高程、经度–坡向、坡度–坡向。其中 10 个旬的经度–高程对降水分布的影响无显著差异。在年、季、月和旬尺度，整体上不同因子对降水分布影响有显著的差异，因子之间差异不显著结果占比小于 7%。

参 考 文 献

陈爱军，孔宇，陆大春．2018．应用 CGDPA 评估中国大陆地区 IMERG 的降水估计精度．大气科学学报，41（6）：797-806．

陈旭．2019．变化环境下滦河流域干旱演变特性分析及其未来情景模拟预估．天津：天津大学．

刘玉芬．2012．滦河流域水文、地质与经济概况分析．河北民族师范学院学报，32（2）：24-26．

门宝辉，牛晓赟，刘灿均，等．2022．滦河承德段水环境容量计算及初始分配．水资源保护，38（2）：168-175，189．

沈艳，冯明农，张洪政，等．2010．我国逐日降水量格点化方法．应用气象学报，21（3）：279-286．

王劲峰，徐成东．2017．地理探测器：原理与展望．地理学报，72（1）：116-134．

王炜，刘海新，高叶鹏，等．2021．基于地理探测器的太行山 NDVI 时空变化及其驱动力分析．江西农业学报，33（6）：98-104．

王兆礼，钟睿达，陈家超，等．2017．TMPA 卫星遥感降水数据产品在中国大陆的干旱效用评估．农业工程学报，33（19）：163-170．

张璇，许杨，郝芳华，等．2022．滦河流域气象干旱向水文干旱传播特征及风险分析．水利学报，53（2）：165-175．

赵勇，何凡，何国华，等．2022．对南水北调工程效益拓展至滦河流域的若干思考．南水北调与水利科技（中英文），20（1）：62-69．

Gan F，Gao Y，Xiao L，et al. 2020. An applicability evaluation of version 05 IMERG precipitation products over a coastal basin located in the tropics with hilly and karst combined Landform, China. International Journal of Remote Sensing, 41（12）：4570-4589.

Shen Y，Zhao P，Pan Y，et al. 2014. A high spatiotemporal gauge-satellite merged precipitation analysis over China. Journal of Geophysical Research：Atmospheres, 119（6）：3063-3075.

Song Y Z，Wang J F，Ge Y，et al. 2020. An optimal parameters-based geographical detector model enhances geographic characteristics of explanatory variables for spatial heterogeneity analysis：cases with different types of spatial data. GIScience & Remote Sensing, 57（5）：593-610.

|第 5 章| 　　遥感降水降尺度深度学习模型

5.1　数据预处理

使用双线性内插法将 NDVI、DEM、坡度和坡向数据重采样到 0.1°和 0.01°；分别使用 0.1°和 0.01°的 NDVI 栅格数据转化为点要素；使用 0.1°的点要素提取 IMERG、NDVI、高程、坡度和坡向数据并使用计算几何获取点要素的经纬度信息作为样本数据；使用 0.01°的点要素提取 NDVI、高程、坡度和坡向数据，并计算每个点要素的经纬度，将上述数据作为降尺度模型的输入数据；从样本数据中随机选取 70%的点要素作为模型的训练样本，并将剩余 30%的点要素作为模型的验证样本；最终将所有的数据整理成 Pytorch 框架构建的神经网络的输入格式。

5.2　研　究　方　法

5.2.1　卷积神经网络模型

卷积神经网络（convolutional neural networks，CNN）是近年来深度学习能在计算机视觉领域取得突破性成果的基石。它也逐渐在自然语言处理、推荐系统和计算机视觉等领域被广泛地使用。卷积神经网络一般是由卷积层、池化层、激活函数和全连接层构成（Lecun et al.，1998）。卷积神经网络通过卷积层将数据所具备的所有的特征进行提取；通过池化层将特征降维，只保留显著的特征，或者将核内的特征进行均值化处理，提高模型的容错性；通过激活函数进行非线性映射使模型具有建立非线性模型的能力。最后的全连接层则将所处理好的特征与基准数据进行建模。

$$z_{x,y}^{j} = f(\sum_{i}^{p \times q} w_i^j v_i^j + b^j) \tag{5-1}$$

式中，$z_{x,y}^{j}$ 是第 j 层位置为 (x, y) 的像元的输出值，w_i^j 为卷积核，v_i^j 为感受野，$p \times q$ 为感受野大小，b^j 为偏差值，$f(\ )$ 为激活函数。

卷积神经网络是前馈神经网络，会进行正向传播和反向传播。正向传播是指神经网络沿着从输入层到输出层的顺序依次计算并储存模型的中间变量；反向传播依据微积分链式法则，沿着从输出层到输入层的顺序，依次计算并储存目标函数有关神经网络各层的中间变量以及参数的梯度（Cilimkovic，2015）。

卷积神经网络本质上就是一种从输入到输出的映射，它构建从输入经过多层神经元结构到输出结果的映射，通过构建计算出来的预测值和真实值之间的目标函数来实现包含输入数据、各层特征值、各层之间权重和偏差及输出数据的数学表达式，并利用小批量随机梯度下降算法实现权重和偏差的不断优化，通过大量学习输入和输出之间的映射关系，最终能够得到一个相对稳定的映射关系。

5.2.2　网格搜索算法

网格搜索算法是一种在机器学习和模式识别领域中非常有用的数学方法。它源于组合优化技术，其核心思想是枚举出某个空间中所有可能求出的解，然后以某种评价准则度量各种解，并寻求最佳解。一般来说，可以使用函数的参数空间组成一个网格，并在每个网格点处测试样本，然后根据测试得出的性能结果进行比较，最终确定最有效的参数组合，实现最优性能。在网格搜索算法中，一般要考虑多因素，由于各参数间可能存在复杂的关系，因此在参数搜索时很有可能陷入局部最优解，此时就需要使用网格搜索算法以实现近似全局最优解。

网格搜索法的出发点是在自变量取值区域内按照一定的间距划分网格，逐一计算各个网格点上的约束函数值，对符合约束条件的网格点再计算目标函数值，如果没有约束条件，则直接计算所有网格点的目标函数值，然后从中挑出使目标函数值最优（最大值或最小值）的那组自变量作为问题的解。

一般的无约束非线性规划

$$\left. \begin{array}{l} \max f(x) \\ x_s \leqslant x \leqslant x_f \end{array} \right\} \tag{5-2}$$

式中，$x=(x_1, x_2, \cdots, x_n)$ 为 n 个自变量；$f(x)$ 为目标函数；$x_s=(x_{1s}, x_{2s}, \cdots, x_{ns})$ 是 x 的下限；$x_f=(x_{1f}, x_{2f}, \cdots, x_{nf})$ 是 x 的上限。该算法先将区间 $[x_{is}, x_{if}]$ 划分为 n_i 段（$i=1, 2, \cdots, n$），确定 x_i 的步长 $t_i=(x_{is}-x_{if})/n_i$，从 x_{is} 开始，每增加 t_i 到下一点 $x_{is}+t_i$，即形成全部网格点，计算目标函数值 $f(x_{is}+t_i)$，取其中最大值对应的点作为最优点。

5.2.3　Adam 优化算法

Adam 是一种可以替代传统随机梯度下降过程的一阶优化算法，它能基于训练数据迭代地更新神经网络权重，具有实现简便、计算高效、所需内存少、梯度对角缩放的不变性、超参数解释性强、调参量小等优点，适用于非稳态目标、解决大规模数据参数优化和包含高噪声或稀疏梯度问题。

Adam 算法和传统的随机梯度下降不同。随机梯度下将保持单一的学习率（即 alpha）更新所有的权重，学习率在训练过程中并不会改变。而 Adam 通过计算梯度的一阶估计和二阶估计而为不同的参数设计独立的自适应性学习率。

Adam 算法被描述为两种梯级梯度下降扩展式的优点集合。适应性梯度算法

（AdaGrad）为每一个参数保留一个学习率以提升在稀疏梯度（即自然语言和计算机视觉问题）上的性能。均方根传播（RMSProp）基于权重梯度最近量级的均值为每一个参数自适应性地保留学习率，这意味着算法在非稳态和在线问题上有很优秀的性能。Adam 算法同时获得了 AdaGrad 和 RMSProp 算法的优点。

Adam 算法不仅如 RMSProp 算法那样基于一阶矩均值计算适应性参数学习率，同时还充分利用梯度的二阶矩均值（即有偏方差/uncenteredvariance）。具体来说，算法计算了梯度的指数移动均值（exponential moving average），超参数 beta1（一阶矩估计的指数衰减率）和 beta2（二阶矩估计的指数衰减率，该超参数在稀疏梯度中应设置为接近 1 的数）控制了这些移动均值的衰减率。移动均值的初始值和 beta1、beta2 值接近于 1（推荐值），因此矩估计的偏差接近于 0。该偏差通过首先计算带偏差的估计而后计算偏差修正后的估计而得到提升。

5.2.4 精度评价指标

选择 5 个定量评价指标：相关系数 R（Serinaldi et al.，2020）、相似指数 IA（index of agreement）（Wu et al.，2016）、均方根误差 RMSE（root- mean- square error）（Sharifi et al.，2019）和相对偏差 BIAS（relative bias）（Tang et al.，2016）用来衡量模型的有效性。另外，引入余弦相似度 Similarity 来定量分析降尺度模型参数之间相似关系，计算公式如下：

$$R = \frac{\sum_{i=1}^{n} (P_{S_i} - \bar{P}_S)(P_{O_i} - \bar{P}_O)}{\sqrt{\sum_{i=1}^{n} (P_{S_i} - \bar{P}_S)^2} \sqrt{\sum_{i=1}^{n} (P_{O_i} - \bar{P}_O)^2}} \tag{5-3}$$

$$IA = 1 - \frac{\sum_{i=1}^{n} (P_{S_i} - P_{O_i})^2}{\sum_{i=1}^{n} (|P_{S_i} - \bar{P}_O| + |P_O - \bar{P}_O|)^2} \tag{5-4}$$

$$RMSE = \sqrt{\frac{1}{n} \sum_{i=1}^{n} (P_{S_i} - P_{O_i})^2} \tag{5-5}$$

$$BIAS = \frac{\sum_{i=1}^{n} (P_{S_i} - P_{O_i})}{\sum_{i=1}^{n} P_{O_i}} \times 100\% \tag{5-6}$$

$$similarity = \frac{A \cdot B}{\|A\| \|B\|} = \frac{\sum_{i=1}^{n} A_i \times B_i}{\sqrt{\sum_{i=1}^{n} (A_i)^2} \times \sqrt{\sum_{i=1}^{n} (B_i)^2}} \tag{5-7}$$

式中，P_{S_i} 和 P_{O_i} 分别代表 IMERG 和 CGDPA 数据对应像元值，$\bar{P}_S$ 和 $\bar{P}_O$ 分别代表 IMERG 和 CGDPA 数据均值，A 和 B 为不同尺度模型的参数向量，A_i 和 B_i 分别代表向量 A 和 B 的各分量。

5.3　卷积神经网络降尺度模型构建

5.3.1　卷积神经网络模型结构构建

降水量是气象条件和环境因子共同作用的结果，DEM、经纬度、坡度、坡向和 NDVI 被认为是影响降水量的主要环境因子。本章基于 CNN 构建了 IMERG 产品和上述环境因子的降尺度模型，主要步骤如下。

1）数据预处理。将下载的所有数据均统一为 WGS84 投影，方便后续数据处理。将 NetCDF 格式的 IMERG 数据使用 python GDAL 模块处理成投影为 WGS84 的 TIFF 数据。将 NDVI 和 DEM 数据使用双线性内插法重采样到 0.1°和 0.01°分辨率。分别利用两种不同分辨率的 DEM 数据借助 ArcGIS 软件计算坡度和坡向。并使用 ArcGIS 获取研究区域内每个像元中心点的经度和纬度信息。使用 python 程序将以上地理因子处理到所需时间尺度，并处理成模型所需输入格式。将分辨率为 0.1°的样本数据采样，随机选取 70% 作为训练数据用来训练降尺度模型，另 30% 作为验证数据用来验证模型的效果。

2）构建卷积神经网络降尺度模型。使用 Pytorch 框架构建卷积网络降尺度模型。模型共 7 层，其中包含 4 个隐藏层，分别为 1 维卷积层和 3 个全连接层，如图 5-1 所示。卷积神经网络包含超参数的选择及模型参数的优化，其中超参数通过构建搜索空间，采用网格搜索的方法寻找最优超参数组合；模型参数优化使用 Adam 算法（Kingma and Ba，2014）；损失函数选择平方误差函数。并将网络中参数初始化：将权重参数初始化为 [−0.07，0.07] 之间均匀分布的随机数，将偏差参数全部初始化为 0。

3）卫星降水数据降尺度。将分辨率为 0.01°的 NDVI、DEM、经纬度、坡度和坡向数据代入降尺度模型，得到分辨率为 0.01°的降尺度结果。并将 CGDPA 数据作为基准数据验证降尺度结果精度。图 5-2 为整个过程的流程图。

5.3.2　模型并行运算

为提升模型的运算效率，充分利用计算资源，本章基于现有的设备 1 个 CPU（i7-10700）和 1 个 GPU（Quadro P620）实现卷积神经网络的并行运算。实现 CPU 和 GPU 的并行训练，主要依赖于 Pytorch 框架的自动并行及 CUDA kernel 的异步计算机制。深度学框架 Pytorch 会在后端自动构建计算图。利用计算图，系统可以了解所有依赖关系，并且可以选择性地并行执行多个不相互依赖的任务以提高计算速度，通常情况下单个操作符也将使用所有 CPU 或者单个 GPU 上的所有计算资源（Zhang et al.，2021）。例如，即使在一台机器上有多个 CPU 处理器，dot 操作符也将使用所有 CPU 上的所有核心（线程），这种行为也适用于单个 GPU。但真正能够实现 CPU 和 GPU 并行的是 Pytorch 支持的 CUDA kernel 异步机制，对于 Pytorch 来说，GPU 操作在默认情况下是异步的。当调用一个使用 GPU 的

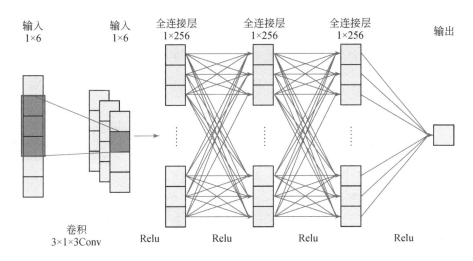

图 5-1　卷积神经网络模型结构

注：Relu 为激活函数。

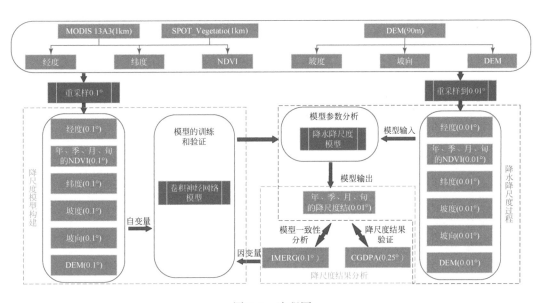

图 5-2　流程图

函数时，Pytorch 会调用 CUDA 的应用程序接口，待执行的操作会排队到特定的 GPU 上，程序可继续向下执行。这就允许用户并行执行更多的计算，包括 CPU 或其他的 GPU 设备。

实现 CPU 和 GPU 的并行训练的过程如图 5-3 所示。

1）在任何一次训练迭代中，给定的随机小批量样本按设备算力分为两个部分，并分别分配到 CPU 和 GPU 上。

2）CPU 和 GPU 根据分配到的小批量子集，计算模型参数的损失和梯度。

3）将 CPU 和 GPU 设备中的局部梯度聚合，以获得当前小批量的随机梯度。并将聚合梯度，重新分发到 CPU 和 GPU 上。

4）每个设备使用这个小批量随机梯度，更新它所维护的完整的模型参数集。

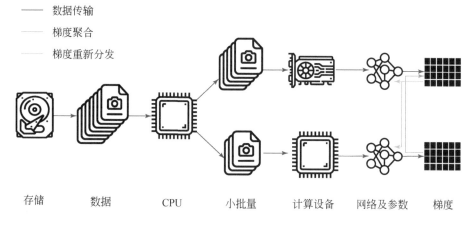

图 5-3　CPU 与 GPU 并行计算流程图

5.4　模型降尺度结果评价

本章从 4 个方面对模型的表现进行评估。

1）模型的验证精度。在 0.1°分辨率下，使用 30% 的 IMERG 验证数据同模型的回归结果计算得到精度评价指标。

2）模型的一致性评估。使用 IMERG 数据的中心经纬度生成点要素集，分别提取对应点的 IMERG 数据和降尺度结果，并计算精度评价指标。

3）降尺度结果验证。使用 CGDPA 数据的中心经纬度生成点要素集，分别提取对应点的 CGDPA 数据和降尺度结果，并计算精度评价指标。

4）将卷积神经网络结果与 PSO-BP 算法（顾晶晶等，2021）结果进行对比分析，验证模型在年、季、月和旬尺度的表现。

5.4.1　年、季尺度分析

图 5-4 为年尺度下，降尺度前后累计降水量空间分布对比。由图 5-4 可看出，降尺度后降水数据的空间分辨率得到了很大提升。相比于原始的 IMERG 降水产品，降尺度后的数据捕捉到更多的降水细节。原始的 IMERG 与降尺度后的数据对应的累计降水量空间分布格局具有较强的相似性，均由南向北降水量不断降低，且呈现出明显的条带状分布。

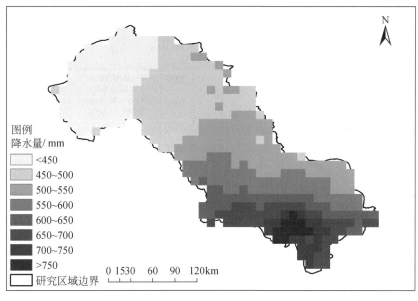

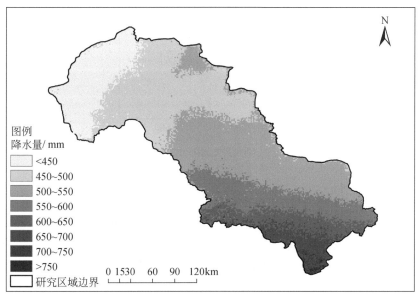

图 5-4　降尺度前后年降水量空间分布对比

图 5-5 中 IMERG$_Y$、CGDPA$_Y$、IMERG_V$_Y$ 和 IMERG_D$_Y$ 分别代表年尺度原始 IMERG 数据、原始 CGDPA 数据、IMERG 验证数据和 IMERG 降尺度数据。图 5-5（a）使用 30% 的样本作为验证数据集得到的模型的验证精度。可以看出，使用验证样本得出的结果与 IMERG 产品有很好的一致性，R 为 0.96，IA 为 0.98 并且散点基本分布在 1∶1 线左右，均方根误差为 30.6mm，相对偏差为 1.24%，表明预测结果与真实值之间有较小的误差，说明降尺度模型具有较好的精度。图 5-5（b）为降尺度结果与 IMERG 产品的对比，可以

看出仍然具有良好的相关性，R 达到了 0.96，IA 指数达到了 0.94，说明降尺度前后具有良好的一致性。图 5-5（c）为降尺度结果与 CGDPA 数据的相比，可以看出各指标均有所下降，且大部分散点位于 1∶1 线之上，降水量被高估。

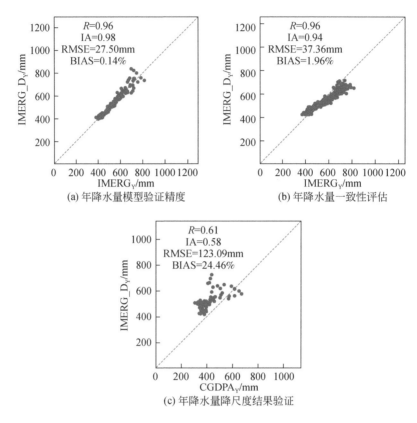

图 5-5　年降水量降尺度精度验证

在季尺度上，降尺度后的降雨数据仍能保持与原始 IMERG 降水产品高度相似的空间分布格局。图 5-6 和图 5-7 为季尺度下模型的精度指标，IMERG$_Q$、CGDPA$_Q$、IMERG_V$_Q$ 和 IMERG_D$_Q$ 分别代表季尺度原始 IMERG 数据、原始 CGDPA 数据、IMERG 验证数据和 IMERG 降尺度数据。

由图 5-6 可知，四季度模型验证精度的 R 和 IA 都达到了 0.80 以上，春季和夏季甚至达到 0.98 以上。均方根误差在 0.78～18.8mm，相对偏差在 -2.97%～5.14%，能够保持在较低水平。说明在季尺度上，模型能够很好地捕捉环境因子与 IMERG 降雨数据之间的关系。将 4 个季度纵向对比，降水量较多的前两季度偏差更低，散点更加集中，后两季度相对较差，散点图也更为分散，说明降雨较少时，模型会产生一定的误差。主要是因为：①降水量偏低的情况下，降水量与植被指数的相关性偏低（郑杰等，2016）；②具有价值的有效降雨样本较少，使得模型的参数未能充分训练。

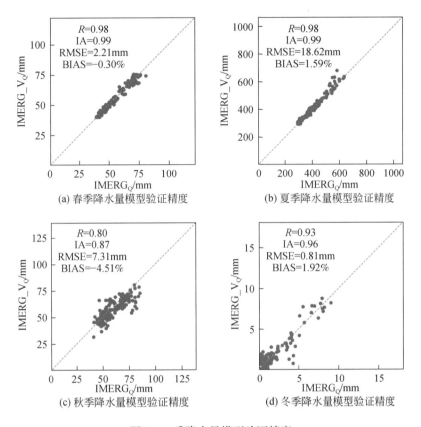

图 5-6　季降水量模型验证精度

图 5-7 是模型的一致性评估，可以看出在不同分辨率下模型表现基本一致，同样是前两季度精度较高，后两季度精度有所下降，说明在降尺度前后模型能够保持较好的一致性。由相对偏差可以看出，春、夏和冬季降水量被低估，冬季低估最明显，相对偏差为 −28.63%。相比于模型的验证精度，冬季模型的一致性也有所下降。

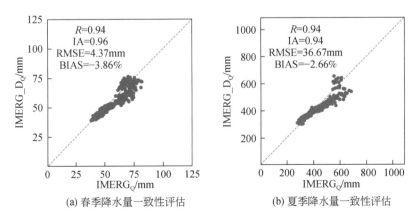

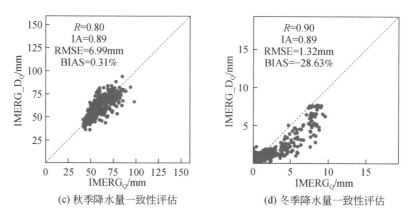

(c) 秋季降水量一致性评估　　　　(d) 冬季降水量一致性评估

图 5-7　季降水量一致性评估

　　图 5-8 将降尺度后降水数据与 CGDPA 数据进行定量评价。春冬两季低估了降水量；夏秋季高估了降水量。秋冬季偏差较大，分别为 24.34% 和 -23.71%。

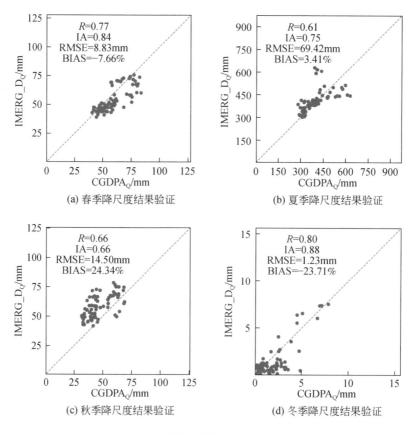

(a) 春季降尺度结果验证　　　　(b) 夏季降尺度结果验证

(c) 秋季降尺度结果验证　　　　(d) 冬季降尺度结果验证

图 5-8　季降水量降尺度精度验证

表5-1为 CNN 算法和 PSO-BP 算法降尺度精度结果对比。将卷积网络与 PSO-BP 算法结果相比，可以看出在年尺度下双方的 IA 指数基本一致，PSO-BP 算法的 RMSE 和 BIAS 略优于卷积神经网络。但在季尺度上，卷积神经网络开始具备一些优势，尤其是春季，所有精度指标均优于 PSO-BP 算法。

表5-1　CNN 和 PSO-BP 年、季降水量降尺度结果对比

项目	IA		RMSE/mm		BIAS/%	
	PSO-BP	CNN	PSO-BP	CNN	PSO-BP	CNN
年	0.6	0.58	109.81	123.09	20.56	24.46
春季	0.79	0.84	9.53	8.83	−8.96	−7.66
夏季	0.73	0.75	65.74	69.42	0.09	3.41
秋季	0.66	0.66	15.48	14.5	29.31	24.34
冬季	0.88	0.88	1.17	1.23	−25.42	−23.71

5.4.2　月尺度分析

表5-2、图5-9、图5-10分别展示了2018年12个月份的模型验证精度、模型一致性评估和降尺度结果。图5-11为12个月份的降水直方图。

表5-2　月降水量降尺度模型验证精度

月份	R	IA	RMSE/mm	BIAS/%	月份	R	IA	RMSE/mm	BIAS/%
1	0.71	0.84	0.20	−6.78	7	0.96	0.98	16.03	2.09
2	0.62	0.74	0.49	−19.01	8	0.96	0.98	10.71	0.55
3	0.88	0.93	0.93	12.98	9	0.83	0.88	7.12	−4.37
4	0.99	0.99	1.82	0.26	10	0.99	0.99	0.61	0.62
5	0.99	0.99	1.16	1.25	11	0.85	0.90	0.95	4.57
6	0.83	0.88	8.98	0.32	12	0.98	0.98	0.41	0.66

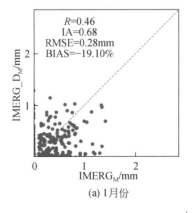

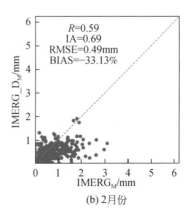

(a) 1月份　　　　　　　　　(b) 2月份

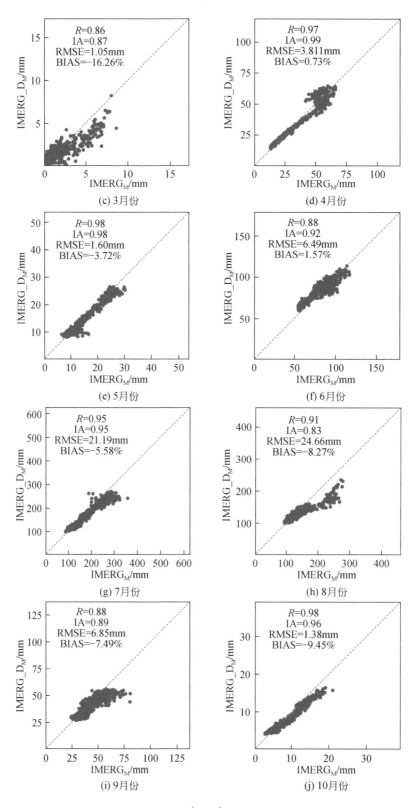

(c) 3月份

(d) 4月份

(e) 5月份

(f) 6月份

(g) 7月份

(h) 8月份

(i) 9月份

(j) 10月份

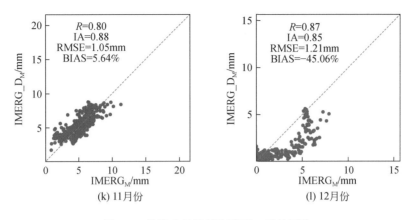

(k) 11月份   (l) 12月份

图 5-9　月降水量降尺度模型一致性评估

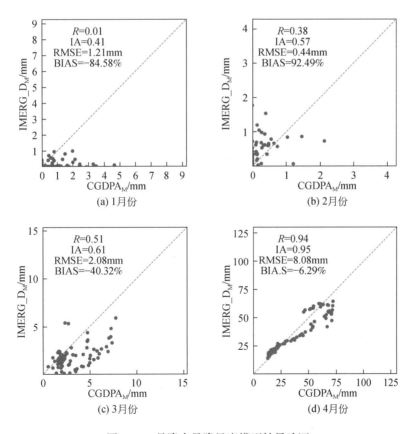

(a) 1月份   (b) 2月份

(c) 3月份   (d) 4月份

图 5-10　月降水量降尺度模型结果验证

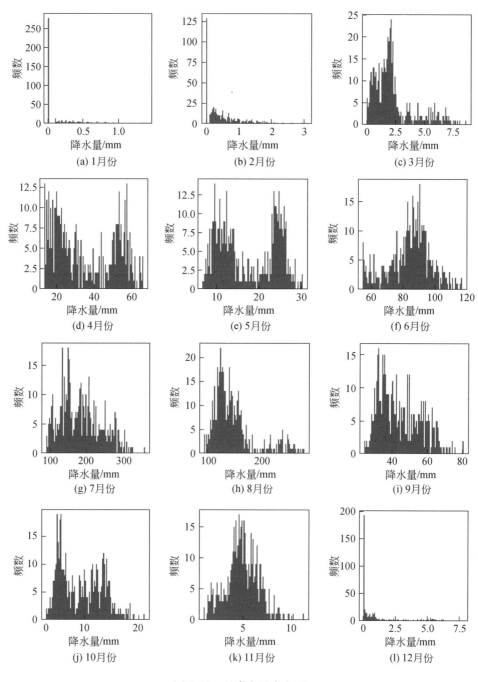

图 5-11　月降水量直方图

表 5-2 中 R 均超过 0.62，IA 均达到 0.74 以上，且有 6 个月两个指数均超过 0.95，其中 4、5、10 月份模型的验证精度最高，R 和 IA 能够达到 0.99；相较于降水量，RMSE 能

保持在较低的水平；前三个月份 BIAS 表现较差，绝对值超过了 6%，其他月份 BIAS 维持在±5% 之内，说明模型对大部分月份都能实现较好的拟合。

结合图 5-11 可发现，表现较差的 1、2 月份，绝大部分像元月累积降水量小于 1mm，这就构成了稀疏数据（Sha et al.，2020）。使用稀疏数据训练 CNN 通常会产生不理想的效果，因为若 CNN（可训练权重）优化的搜索空间由稀疏特征创建，是非平滑的，包含各种局部优化，可以"困住"梯度下降算法。同时发现模型验证精度较高的 4、5、10 月份为双峰直方图，说明双峰直方图分布的数据降尺度效果更好。

图 5-9 为月尺度模型一致性评估结果，图中 IMERG$_{YM}$ 和 IMERG_D$_M$ 分别为月尺度原始 IMERG 数据和降尺度 IMERG 数据。其中 1、2 月份效果较差，R 和 IA 低于 0.70，12 月份一致性明显下降，R 由 0.98 降到 0.87，IA 由 0.98 降到 0.85。但其他月份 R 和 IA 均超过 0.8，说明在月尺度下模型降尺度效果良好。根据 BIAS 值显示，除 6、11 月份外，其余月份都存在降雨被低估的现象。模型对降水量少 1、2、12 月份存在较明显的低估；其次是 3、8 月份。

结合图 5-11 发现，3、8 月份降水量的像元个数分布不均，大部分像元降雨较少，形成一个偏左的单峰，由此推断，当降水量样本整体偏小时，会对降雨造成低估。其他月份不同降水量的像元个数比较均衡或峰值位于直方图的中央或存在双峰分别位于直方图的左侧和右侧，降水量低估不明显。

图 5-10 为月降尺度结果的精度评估，图中 CGDPA$_M$ 和 IMERG_D$_M$ 分别为月尺度原始 CGDPA 数据和降尺度 IMERG 数据。通过将月降尺度结果与 CGDPA 数据的对比，发现其中 1、2 和 11 月份的吻合性比较差，R 小于 0.5 且 IA 小于 0.6，其中 11 月份表现出强烈的负相关性。3、8 和 10 月份的具有一定的吻合性，R 大于 0.5 且 IA 大于 0.6。4、5、6、7、9 和 12 月份的吻合性最好，R 和 IA 指标均超过 0.8。说明月尺度下降尺度结果可靠，除降水较少的 1、2 和 11 月外，降尺度结果能够很好的反映降水的真实情况。通过将降水量散点与 1∶1 线对比，发现 1、3 月降水明显被低估，10、11 月份降水被严重高估，其他月份普遍低估较大雨量，高估较小雨量。

表 5-3 为 CNN 模型和 PSO-BP 模型的月降尺度结果精度对比。可以明显看出，卷积神经网络降水降尺度模型在月尺度具有较大的优势。除 1、3 和 12 月外，卷积神经网络的 IA 指数均优于 PSO-BP，而且两种算法在 RMSE 和 BIAS 无明显差距。

表 5-3 CNN 和 PSO-BP 月降水量降尺度结果对比

项目	IA		RMSE/mm		BIAS/%	
	PSO-BP	CNN	PSO-BP	CNN	PSO-BP	CNN
1 月	0.42	0.41	1.19	1.21	−84.27	−84.58
2 月	0.47	0.57	0.35	0.44	49.56	92.49
3 月	0.70	0.61	1.78	2.08	−34.84	−40.32
4 月	0.92	0.95	10.10	8.08	−14.14	−6.29

续表

项目	IA		RMSE/mm		BIAS/%	
	PSO-BP	CNN	PSO-BP	CNN	PSO-BP	CNN
5 月	0.84	0.85	7.66	7.39	7.22	1.69
6 月	0.86	0.84	7.40	7.88	4.03	5.42
7 月	0.76	0.80	47.74	46.09	21.60	23.29
8 月	0.49	0.66	42.33	36.07	−11.22	−11.07
9 月	0.85	0.87	8.93	7.44	12.64	−0.23
10 月	0.68	0.65	3.26	3.75	46.10	55.34
11 月	0.11	0.11	5.12	5.10	1135.49	1115.93
12 月	0.95	0.92	0.61	0.69	−7.87	−24.85

5.4.3 旬尺度分析

图 5-12 为旬降水量箱线图，图 5-13 为旬尺度模型定量指标结果（2 月中下旬、11 月中旬和 12 月下旬无降雨，未在图中展示）。图 5-13（a）和（b）分别为相关系数 R 和相似指数 IA，可以看出在 7 月上旬、9 月上旬、10 月上旬和 11 月中下旬出现了明显的衰退。

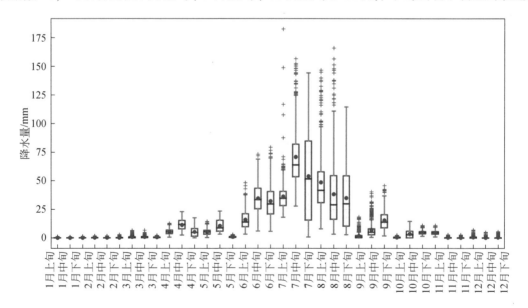

图 5-12　旬降水量箱线图

结合图5-12发现，7月上旬箱线图的箱体较小，且异常值从62跨越到了180，占据了整个箱线图的2/3以上。9月上旬、10月上旬和11月中下旬主要是因为降水量锐减，造成有效样本较少，降尺度效果不佳。同时可以看出，没有异常值的4月中下旬、5月中旬、7月下旬、8月下旬和10月中旬 R 和 IA 均超过0.85，能够达到较好的降尺度效果。整体来看，降水较少的11~2月精度相对较差，其他月份能保持较高的精度。

由图5-13（c）可以看出，均方根误差的变化基本与降水量的变化一致，5月下旬之前和10月上旬之后 RMSE 比较小。模型验证精度与模型一致性评估的 RMSE 的差别不大，都小于20mm，可见在旬尺度下对 IMERG 产品进行降尺度操作取得了不错的效果。

图5-13（d）为相对偏差的变化，整体上降水量较大的4~9月保持在较小的范围内，降水量较少的1、2、3、11和12月 BIAS 较大。其中5月上旬和10月下旬降尺度结果与CGDPA 数据出现了两个较大的相对偏差。

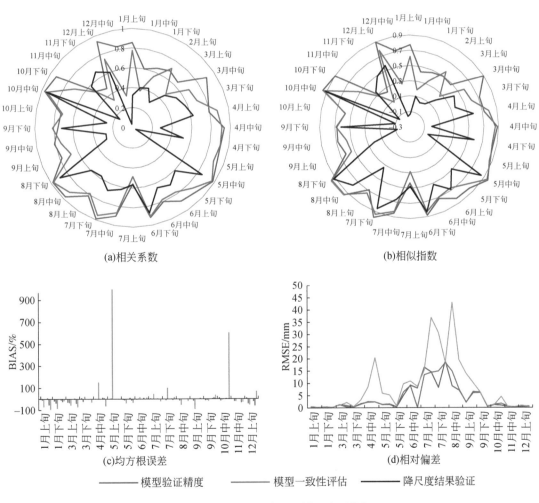

图 5-13　旬降水量降尺度模型定量指标

表 5-4 为 CNN 算法和 PSO-BP 算法的旬降尺度结果对比。36 旬中有 26 旬卷积神经网络的 IA 指标优于 PSO-BP 算法。但其中有部分月份 RMSE 和 BIAS 与 IA 指标不对应。而且5 月上旬 CNN 出现了比较大的误差，通过对比降尺度结果与 IMERG 和 CGDPA 数据，主要原因是：①部分旬 IMERG 与 CGDPA 数据存在较大偏差。②部分旬降水较少，有效的降水样本较少，限制了模型精度。但相比于 PSO-BP 算法，卷积神经网络在旬尺度上具有较大的优势。

表 5-4　CNN 和 PSO-BP 旬降尺度结果对比

项目	IA		RMSE/mm		BIAS/%	
	PSO-BP	CNN	PSO-BP	CNN	PSO-BP	CNN
1 月上旬	0.04	0.33	0.62	0.68	−12.23	−70.64
1 月中旬	0.15	0.41	0.35	0.34	62.87	−95.29
1 月下旬	0.30	0.43	0.46	0.58	−30.98	−85.83
2 月上旬	0.25	0.31	0.37	0.42	48.01	−17.00
3 月上旬	0.43	0.46	1.16	1.10	−72.22	−56.36
3 月中旬	0.47	0.54	2.57	2.29	−86.19	−71.97
3 月下旬	0.13	0.58	0.59	0.54	−20.69	24.56
4 月上旬	0.34	0.63	8.21	3.36	−96.68	−30.33
4 月中旬	0.39	0.28	5.02	8.54	−93.65	153.82
4 月下旬	0.48	0.53	25.65	20.51	−98.26	−65.64
5 月上旬	0.39	0.03	0.26	6.04	368.13	8972.81
5 月中旬	0.46	0.85	13.85	5.35	−97.35	0.62
5 月下旬	0.43	0.61	1.17	0.79	−75.42	−38.31
6 月上旬	0.38	0.69	22.77	9.85	−98.71	−32.37
6 月中旬	0.33	0.65	32.27	10.99	−99.09	20.10
6 月下旬	0.34	0.87	30.08	8.80	−99.03	14.73
7 月上旬	0.40	0.57	26.47	15.41	−98.88	103.95
7 月中旬	0.37	0.63	96.07	36.97	−99.22	19.71
7 月下旬	0.44	0.68	28.86	30.84	−99.58	−52.76
8 月上旬	0.35	0.58	39.30	18.50	−99.36	−18.17
8 月中旬	0.38	0.60	77.19	43.13	−98.18	−90.67
8 月下旬	0.47	0.90	56.76	19.58	−96.65	−3.16
9 月上旬	0.26	0.29	15.16	14.08	−98.36	−18.13
9 月中旬	0.44	0.28	10.36	10.26	−27.03	38.34

续表

项目	IA		RMSE/mm		BIAS/%	
	PSO-BP	CNN	PSO-BP	CNN	PSO-BP	CNN
9月下旬	0.33	0.73	17.69	6.43	−91.54	−6.66
10月上旬	0.28	0.27	0.45	0.75	−59.45	605.61
10月中旬	0.44	0.95	4.50	1.31	19.91	−21.79
10月下旬	0.41	0.16	0.79	4.62	51.48	−27.86
11月中旬	0.26	0.59	0.34	0.36	−59.75	−53.38
11月下旬	0.26	0.68	0.47	0.42	362.03	72.22
12月上旬	0.35	0.61	1.17	0.99	−98.88	103.95
12月中旬	0.29	0.04	0.25	0.36	−99.22	19.71

综上，从整体上看，在年、季、月和旬尺度上模型的平均误差呈现逐步增大的趋势，而且不同时间范围之间的精度差异显著增大。但是，对比单个时间范围，4、5和10月份模型的精度最高。由此可以说明，对不同时间尺度训练模型，可以有效的阻断模型误差在不同时间尺度之间的传递，并且能够有效中和不同时间范围内模型的精度差异。在所有尺度下降尺度后的结果与CGDPA数据都存在一定的误差。降尺度模拟的结果与CGDPA数据误差形成的主要原因是：①CGDPA数据本身与真实的降雨数据之间存在一定的误差（沈艳等，2010）；②IMERG作为卫星降雨产品，由于传感器的局限性，未能对春冬两季的微量降雨和降雪精确探测，使得数据在春冬季的表现不佳甚至不可靠（Gan et al.，2020）；③由于秋冬季，北方植被会出现落叶的情况，NDVI与降水量的相关性降低，且秋冬季降水较少，形成的稀疏数据也会对模型的精度有所影响。同时也正是降尺度结果与CGDPA数据偏差的存在，为降尺度残差校正提供了可能。同时偏差的趋势以及各种指标的结果，为残差校正提供了必要的基础数据。

5.4.4 模型特性分析

模型参数反映了模型的内部计算过程，但通常情况下，研究者将深度学习模型作为一个黑箱，不对模型的参数进行剖析。但是模型参数的变化，也能够在一定程度上反映不同数据之间的相关关系以及模型在不同尺度下的稳定性。本研究提出的卷积神经网络包括1个卷积层（Conv0）和4个全连接层（Dense0、Dense1、Dense2、Dense3），除最后一层外其他层都包含权重参数（weight）和偏差参数（bias）。下图中的模型参数由以上两个组合表示。

图5-14示的是年、季尺度下模型对应层之间的余弦相似度。从整体上看，季尺度和年尺度下的模型参数较低，说明不同尺度下模型变化明显。同时也表明在不同尺度下使用有固定参数的模型会造成降尺度精度的下降。由季尺度模型参数对比，随着模型层数的深

入，模型参数的相似度逐渐由所有季度相差不大变为 1、2 季度和 3、4 季度相似度较高。这也印证了模型的变化降水量的多少有关。

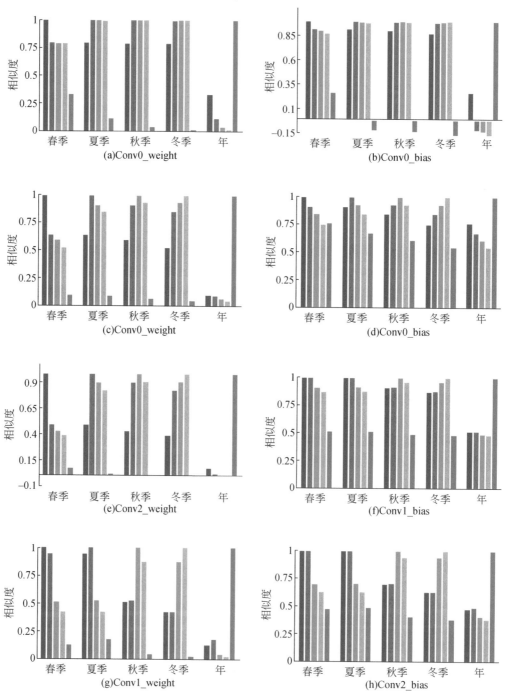

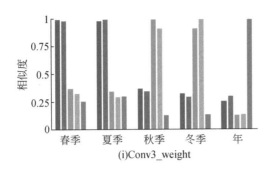

(i)Conv3_weight

图 5-14　年、季降水降尺度模型参数相似度

　　图 5-15 月尺度下模型参数相似度的对比。由图可以看出，随着模型层数的深入，模型参数间的相似度逐渐增加，且表现出了明显的规律性。各月份之间的相似度由混乱逐渐变得有序，最终表现为除 3、4、5 月份，其他月份的模型参数具有高度的相似性。这也说明在月尺度下，降水降尺度模型具有一定的规律性。但是，模型参数轻微的变换，也会对模型最终的结果造成不可忽视的改变。这也支撑了我们使用不同月份的数据分别对模型进行训练和验证的价值。旬尺度同样保持了月尺度的规律，受篇幅所限未把相似结果展示。

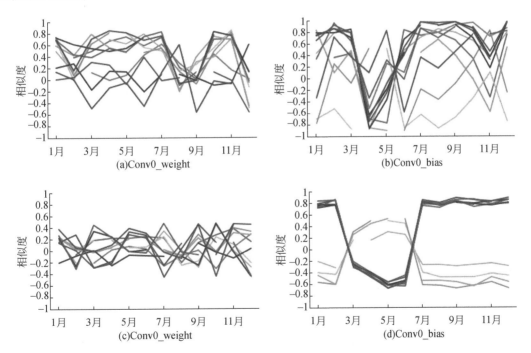

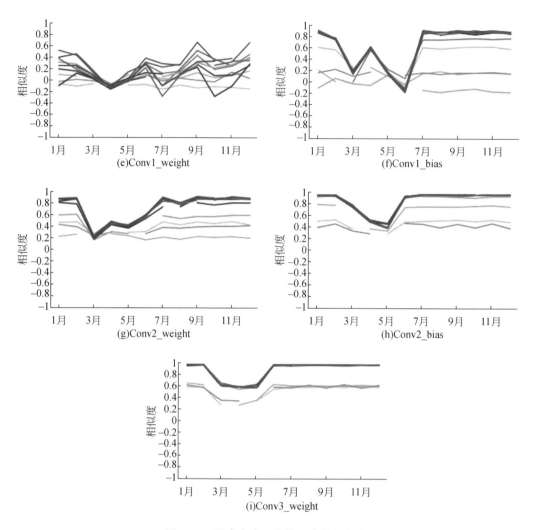

图 5-15　月降水降尺度模型参数相似度

参 考 文 献

顾晶晶，冶运涛，董甲平，等．2021．滦河流域遥感反演降水产品高精度空间降尺度方法．南水北调与水利科技（中英文），19（5）：862-873.

沈艳，冯明农，张洪政，等．2010．我国逐日降水量格点化方法．应用气象学报，21（3）：279-286.

郑杰，间利，冯文兰，等．2016．基于 TRMM 3B43 数据的川西高原月降水量空间降尺度模拟．中国农业气象，37（2）：245-254.

Cilimkovic M. 2015. Neural networks and back propagation algorithm. Institute of Technology Blanchardstown, Blanchardstown Road North Dublin, 15 (1)：18592533.

Feng J, Simon N. 2017. Sparse- input neural networks for high- dimensional nonparametric regression and classification. arXiv preprint arXiv, 1711. 07592：1-37.

Gan F, Gao Y, Xiao L, et al. 2020. An applicability evaluation of version 05 IMERG precipitation products over a coastal basin located in the tropics with hilly and karst combined Landform, China. International Journal of Remote Sensing, 41 (12): 4570-4589.

Kingma D P, Ba J. 2014. Adam: A method for stochastic optimization. arXiv preprint arXiv, 1412. 6980: 1-15.

Lecun Y, Bottou L, Bengio Y, et al. 1998. Gradient-based learning applied to document recognition. Proceedings of the IEEE, 86 (11): 2278-2324.

Serinaldi F, Chebana F, Kilsby C G. 2020. Dissecting innovative trend analysis. Stochastic Environmental Research and Risk Assessment, 34: 733-754.

Sha Y, Gagne II D J, West G, et al. 2020. Deep-learning-based gridded downscaling of surface meteorological variables in complex terrain. Part I: Daily maximum and minimum 2-m temperature. Journal of Applied Meteorology and Climatology, 59 (12): 2057-2073.

Sharifi E, Saghafian B, Steinacker R. 2019. Downscaling satellite precipitation estimates with multiple linear regression, artificial neural networks, and spline interpolation techniques. Journal of Geophysical Research: Atmospheres, 124 (2): 789-805.

Tang G, Ma Y, Long D, et al. 2016. Evaluation of GPM Day-1 IMERG and TMPA Version-7 legacy products over Mainland China at multiple spatiotemporal scales. Journal of Hydrology, 533: 152-167.

Wu D, Jiang Z, Ma T. 2016. Projection of summer precipitation over the Yangtze-Huaihe River basin using multimodel statistical downscaling based on canonical correlation analysis. Journal of Meteorological Research, 30 (6): 867-880.

Xu H, Caramanis C, Mannor S. 2011. Sparse algorithms are not stable: A no-free-lunch theorem. IEEE Transactions on Pattern Analysis and Machine Intelligence, 34 (1): 187-193.

Zhang A, Lipton Z C, Li M, et al. 2021. Dive into deep learning. arXiv preprint arXiv: 2106. 11342.

|第6章| 遥感降水融合高精度校正方法

本章通过整合高精度曲面建模（HASM）空间插值方法和贝叶斯优化算法（Bayesian Optimization）提出了基于贝叶斯优化的高精度曲面建模算法（Bayes-HASM）。该方法通过集成系统论、曲面论和最优控制论，建立了一个以全局性近似数据为驱动场、以高精度数据为优化控制条件并可以实现参数自优化的高精度曲面建模方法，解决了曲面建模的误差问题、多尺度问题（田会等，2015）和参数选取问题。

6.1　研　究　方　法

6.1.1　高精度曲面建模方法

高精度曲面建模（HASM）是近几年发展起来的一种可用于空间插值和数据融合的算法。它通过集成系统论、曲面论和最优控制论建立了地球表面系统建模的基本思路。位数值实验表明，HASM 建模精度比反距离权重法（IDW）、克里金法（Krvging）和样条法（Spline）等经典插值方法提高了多个数量级。

构建 HASM 模型，主要基于 Gauss-Codazii 方程组，其表达式为式（6-1）。根据曲面论基本定理：设曲面第一类基本量 E，F，G 和第二类基本量 L，M，N 满足对称性，E，F，G 正定，L，M，N 满足 Gauss-Codazii 方程组（赵明伟和岳天祥，2016），则全微分方程组在 $f(x, y) = f(x_0, y_0)$（$x = x_0$，$y = y_0$）初始条件下，存在唯一解 $z = f(x, y)$。

$$\begin{cases} f_{xx} = \Gamma_{11}^1 f_x + \Gamma_{11}^2 f_y + \dfrac{L}{\sqrt{E+G-1}} \\[3mm] f_{yy} = \Gamma_{22}^1 f_x + \Gamma_{22}^2 f_y + \dfrac{L}{\sqrt{E+G-1}} \\[3mm] f_{xy} = \Gamma_{12}^1 f_x + \Gamma_{12}^2 f_y + \dfrac{L}{\sqrt{E+G-1}} \end{cases} \tag{6-1}$$

其中：

$$E = 1 + f_x^2, F = f_x \cdot f_y, G = 1 + f_y^2, L = \frac{f_{xx}}{\sqrt{1+f_x^2+f_y^2}}, M = \frac{f_{xy}}{\sqrt{1+f_x^2+f_y^2}},$$

$$N = \frac{f_{yy}}{\sqrt{1+f_x^2+f_y^2}}, \Gamma_{11}^1 = \frac{1}{2}(GE_x - 2EF_x + FE_y)(EG - F^2)^{-1},$$

$$\Gamma_{11}^2 = \frac{1}{2}(2EF_x - EE_y - FE_x)(EG - F^2)^{-1}, \Gamma_{22}^1 = \frac{1}{2}(2GF_y - GG_x - FG_y)(EG - F^2)^{-1},$$

$$\Gamma_{22}^2 = \frac{1}{2}\left(EG_y - 2FF_y + FG_x\right)\left(EG - F^2\right)^{-1}, \Gamma_{12}^1 = \frac{1}{2}\left(GE_y - FG_x\right)\left(EG - F^2\right)^{-1},$$

$$\Gamma_{12}^2 = \frac{1}{2}\left(EG_x - FE_y\right)\left(EG - F^2\right)^{-1}$$

理论上来说，如果有了 6 个基本量 E，F，G，L，M，N 的函数表达式，则可以根据 Gauss-Codazii 方程组，分解出 $f(x, y)$ 的表达式，根据该思路，可以类似地构建数据格式。先对 6 个基本量 E，F，G，L，M，N 使用有限差分法进行数值逼近，获取其数值表达式，然后对 Gauss-Codazii 方程组进行离散，进而使用迭代法求取 $f(x, y)$ 的数值解。HASM 的迭代方程如下（Wang et al., 2021）：

$$
\begin{cases}
\dfrac{f_{i+1,j}^{(n+1)} - 2f_{i,j}^{(n+1)} + f_{i-1,j}^{(n+1)}}{h^2} = \left(\Gamma_{11}^1\right)_{i,j}^{(n)} \dfrac{f_{i+1,j}^{(n)} - f_{i-1,j}^{(n)}}{2h} + \left(\Gamma_{11}^2\right)_{i,j}^{(n)} \dfrac{f_{i,j+1}^{(n)} - f_{i,j-1}^{(n)}}{2h} + \dfrac{L_{i,j}^{(n)}}{\sqrt{E_{i,j}^{(n)} + G_{i,j}^{(n)} - 1}} \\[3mm]
\dfrac{f_{i,j+1}^{(n+1)} - 2f_{i,j}^{(n-1)} + f_{i,j-1}^{(n+1)}}{h^2} = \left(\Gamma_{22}^1\right)_{i,j}^{(n)} \dfrac{f_{i+1,j}^{(n)} - f_{i-1,j}^{(n)}}{2h} + \left(\Gamma_{22}^2\right)_{i,j}^{(n)} \dfrac{f_{i,j+1}^{(n)} - f_{i,j-1}^{(n)}}{2h} + \dfrac{N_{i,j}^{(n)}}{\sqrt{E_{i,j}^{(n)} + G_{i,j}^{(n)} - 1}} \\[3mm]
\dfrac{f_{i+1,j+1}^{(n+1)} - f_{i+1,j}^{(n+1)} - f_{i,j+1}^{(n+1)} + 2f_{i,j}^{(n-1)} - f_{i-1,j}^{(n+1)} - f_{i,j-1}^{(n+1)} - f_{i-1,j-1}^{(n+1)}}{2h^2} = \left(\Gamma_{12}^1\right)_{i,j}^{(n)} \dfrac{f_{i+1,j}^{(n)} - f_{i-1,j}^{(n)}}{2h} \\[3mm]
\quad + \left(\Gamma_{12}^2\right)_{i,j}^{(n)} \dfrac{f_{i,j+1}^{(n)} - f_{i,j-1}^{(n)}}{2h} + \dfrac{L_{i,j}^{(n)}}{\sqrt{E_{i,j}^{(n)} + G_{i,j}^{(n)} - 1}}
\end{cases}
\tag{6-2}
$$

设 $z^{(n+1)} = (f_{1,1}^{(n+1)}, \cdots, f_{1,J}^{(n+1)}, \cdots, f_{I-1,1}^{(n+1)}, \cdots, f_{I-1,J}^{(n+1)}, f_{I,1}^{(n+1)}, \cdots, f_{I,J}^{(n+1)})^{\mathrm{T}}$ $(n \geqslant 0)$ 为计算网格的内部格点迭代值，迭代初值 $z^{(0)} = (\tilde{f}_{1,1}, \cdots, \tilde{f}_{1,J}, \cdots, \tilde{f}_{I-1,1}, \cdots, \tilde{f}_{I-1,J}, \tilde{f}_{I,1}, \cdots, \tilde{f}_{I,J})^{\mathrm{T}}$ 为驱动场，则式（6-2）可以表示为

$$
\begin{cases}
A \cdot z^{(n+1)} = d^{(n)} \\
B \cdot z^{(n+1)} = q^{(n)} \\
C \cdot z^{(n+1)} = h^{(n)}
\end{cases}
\tag{6-3}
$$

最终 HASM 模型通过构建约束最小二乘问题，将样点信息传递到无样点区域，公式如下：

$$
\begin{cases}
\min \left\| \begin{bmatrix} A \\ B \\ C \end{bmatrix} \cdot z^{(n+1)} - \begin{bmatrix} d^{(n)} \\ q^{(n)} \\ h^{(n)} \end{bmatrix} \right\|_2 \\
\text{s. t.} \quad S \cdot z^{(n+1)} = k
\end{cases}
\tag{6-4}
$$

在实际应用中，只采用 Gauss-Codazii 方程组的前两个方程，即可以保持较高的模拟精度，又可以减少计算量与内存需求（赵明伟等，2016），即实际应用时，采用如下建议方程：

$$
\begin{cases}
\min \left\| \begin{bmatrix} A \\ B \end{bmatrix} \cdot z^{(n+1)} - \begin{bmatrix} d^{(n)} \\ q^{(n)} \end{bmatrix} \right\|_2 \\
\text{s. t.} \quad S \cdot z^{(n+1)} = k
\end{cases}
\tag{6-5}
$$

为了简便求解，可以采用拉格朗日因子法进行近似求解，对充分大的实数 λ，HASM模型可以近似地表达为求解如下线性最小二乘问题：

$$\min \left\| \begin{bmatrix} A \\ B \\ \lambda S \end{bmatrix} \cdot z^{(n+1)} - \begin{bmatrix} d^{(n)} \\ q^{(n)} \\ \lambda k \end{bmatrix} \right\|_2 \tag{6-6}$$

并最终通过求解如下法方程（6-7），得到其最小二乘解（6-8）：

$$(A^{\mathrm{T}} \cdot A + B^{\mathrm{T}} \cdot B + \lambda^2 \cdot S^{\mathrm{T}} \cdot S) z^{(n+1)} = (A^{\mathrm{T}} \cdot d^{(n)} + B^{\mathrm{T}} \cdot q^{(n)} + \lambda^2 \cdot S^{\mathrm{T}} \cdot k) \tag{6-7}$$

$$z^{(n+1)} = (A^{\mathrm{T}} \cdot A + B^{\mathrm{T}} \cdot B + \lambda^2 \cdot S^{\mathrm{T}} \cdot S)^{-1} (A^{\mathrm{T}} \cdot d^{(n)} + B^{\mathrm{T}} \cdot q^{(n)} + \lambda^2 \cdot S^{\mathrm{T}} \cdot k) \tag{6-8}$$

6.1.2 贝叶斯模型参数优化

贝叶斯优化用于获取高精度曲面建模的最优参数组合，它主要分为两个部分，第一部分为代理函数，第二部分为采集函数，如图6-1所示。贝叶斯优化是一种近似逼近的方法，通过代理函数来拟合超参数与模型评价之间的关系，然后选择有希望的超参数组合进行迭代，最后得出效果最好的超参数组合。

贝叶斯优化的本质是一种贝叶斯推断，利用贝叶斯定理结合更新后的先验知识，计算后验分布并依据后验分布进行推断和预测。其中先验知识通过假设得到，贝叶斯优化的先验知识包括两个内容，首先假设所要回归的函数服从高斯过程，并假设此高斯过程的均值函数为0，协方差函数如式（6-9）所示，则观测结果 f 和测试结果 f_* 的联合分布结果如式（6-10）所示：

$$K(x_1, x_2) = \alpha_0 \exp\left(-\frac{\| x_1 - x_2 \|^2}{2\ell^2}\right) \tag{6-9}$$

$$\begin{bmatrix} f \\ f_* \end{bmatrix} \sim N\left(0, \begin{bmatrix} K(X,X) & K(X,X_*) \\ K(X_*,X) & K(X_*,X_*) \end{bmatrix}\right) \tag{6-10}$$

式（6-9）为协方差函数通用模版，x_1 和 x_2 表示两个向量，α_0 和 ℓ 为协方差函数的超参数，通过最小化负边缘对数似然获取。式（6-10）中的协方差矩阵便是使用式（6-9）计算得到，其中 X 为已观测的模型参数组合向量，X_* 为生成的测试模型参数的组合向量。

依据多维高斯分布的条件分布性质如式（6-11）所示：

$$\begin{bmatrix} x \\ y \end{bmatrix} \sim N\left(\begin{bmatrix} \mu_x \\ \mu_y \end{bmatrix}, \begin{bmatrix} A & C \\ C^{\mathrm{T}} & B \end{bmatrix}\right) \Rightarrow x \mid y \sim N(\mu_x + CB^{-1}(y - \mu_y), A - CB^{-1}C^{\mathrm{T}}) \tag{6-11}$$

式（6-11）为计算演示公式，公式中的单位无具体含义，通过将式（6-10）代入式（6-11），便可以计算得到后验分布如式（6-12）所示：

$$f_* \mid X, X_*, f \sim N(m, \boldsymbol{\Sigma}) \tag{6-12}$$

式中，X 为观测数据集的模型参数组合向量，f 为观测数据集结果。X_* 为测试模型参数组合向量，f_* 为代理模型的输出结果。其中 m 为均值函数可由式（6-13）计算得到，$\boldsymbol{\Sigma}$ 为协方差矩阵可由式（6-14）计算得到：

$$m = K(X^*, X) K(X, X)^{-1} y \tag{6-13}$$

$$\Sigma = K(X^*, X^*) - K(X^*, X)K(X, X)^{-1}K(X, X^*) \tag{6-14}$$

使用均值函数 m 和协方差矩阵 Σ，便可以唯一确定高斯过程。由均值函数 m 和协方差矩阵 Σ 构造的采集函数会选择具有最大可能性提高当前最大的值的点作为下一个查询点。

$$x_{t+1} = \mathrm{argmax}\,\Phi\!\left(\frac{m_t - f(x^+) - \varepsilon}{\Sigma_t}\right) \tag{6-15}$$

式中，$\Phi(\cdot)$ 表示正态分布累积分布函数，其中 m_t 为第 t 次迭代过程高斯分布概率密度函数的均值，Σ_t 为第 t 次迭代过程高斯分布概率密度函数的方差，$f(x^+)$ 为前 t 次迭代的已知最大值。argmax 获取使 $\Phi(\cdot)$ 最大值的参数，ε 为极小正数用来权衡探索和开发。x_{t+1} 为确定的下一次模型参数组合。

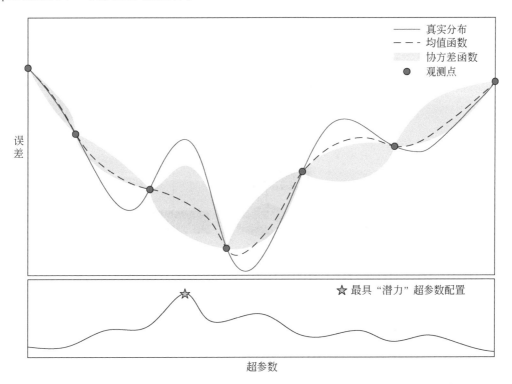

图 6-1　贝叶斯优化过程图

6.1.3　Monte Carlo 方法

Monte Carlo 算法是一种随机分析方法和在已知概率分布中进行随机抽样的技术，是进行不确定分析的一种有效手段（Zheng et al., 2016）。蒙特卡洛算法的主要思路：在各随机变量的可行域内根据其服从的概率分布进行随机抽样；将随机抽取的变量组合，通过模型计算对应的模型输出结果；统计分析多组模型结果，根据统计结果的 95% 置信区间等估计量定量描述模型的不确定性。

6.2 贝叶斯优化高精度曲面建模方法

贝叶斯优化高精度曲面建模方法既使用贝叶斯优化解决了模型参数选取的问题，也利用高精度曲面建模算法实现了降水降尺度的高精度残差校正，有效的避免残差在尺度转换之间误差生成的问题，增加降水降尺度残差校正的稳定性。具体的研究思路如图 6-2 所示。

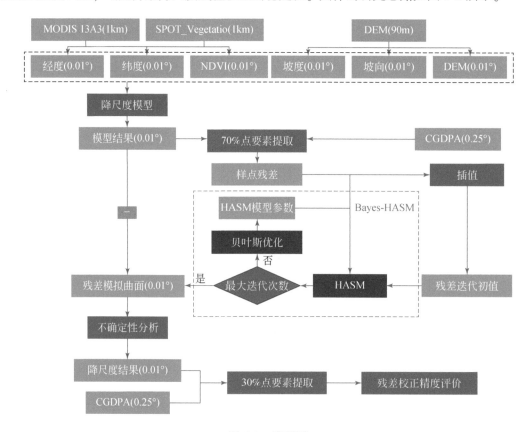

图 6-2　流程图

1）数据预处理。高精度曲面建模的输入数据为样点数据和曲面迭代初值数据，样点数据由 CGDPA 数据的中心经纬度为点要素提取降尺度模型结果得到，迭代初值数据由样点初值数据插值得到。为实现模型的构建和验证需要从 CGDPA 数据中随机抽取 70% 的点作为训练数据，并使用样点数据经双线性内插得到迭代初值数据。剩余 30% 的点要素作为验证数据，用于衡量残差校正之后的降尺度结果精度。

2）高效并行 HASM 残差校正模型构建。高精度曲面建模方法（High Accuracy Surface Modeling，HASM）是近几年发展起来的一种新的空间插值方法，在残差校正方面具有较强优势。为了实现 HASM 的高效运行，使用 Matlab 中的并行计算方法，设置 CPU 核心数量为 4，实现 HASM4 倍的运算速度。

3）贝叶斯优化模型参数优化。应用 HASM 过程中需要设定大量的结构参数，而且这些参数会对模型结果产生明显的影响。然而，对模型参数的选取会增加模型的主观性和不确定性，需要进行模型结构参数选取。首先随机设定一组模型参数，代入 HASM 计算模型误差，以此为先验通过贝叶斯优化计算下一组有"潜力"的参数配置。逐次迭代直至达到最大迭代次数，选取误差最小的参数配置为最优参数配置。

4）Bayes-HASM 模型不确定性分析。为衡量优化模型参数和结果的可靠性，使用蒙特卡洛算法分别计算 200 次残差校正误差，使用误差的置信区间衡量 Bayes-HASM 和 HASM 的不确定性。

5）降尺度结果计算及精度评价。使用模型结果减去所选参数计算的残差模拟曲面得到降尺度结果，并使用 30% 的点要素进行精度评价。

6.3　不确定性分析

HASM 计算过程需要设定大量的结构参数，这些参数的设定给降尺度残差校正研究造成极大的不确定性。模型不确定性评估对优化模型参数和衡量模型结果可靠性具有重要意义。本章节使用蒙特卡洛算法对 HASM 的不确定性进行分析，并通过对比统计结果的估计量揭示贝叶斯优化对 HASM 不确定性的有效降低。

HASM 模型实际使用过程中，主要需要考虑的参数有 8 个（Yue et al.，2015），分别为 lamdazhi、songchi、jizhiid、pinghuaid、caiyangid、hasmtime、banjing、luid。用户需要根据自己的模拟要求，对参数进行恰当的设置。8 个参数的详细情况见表 6-1。

表 6-1　模型结构参数表

参数	取值范围	作用	概率分布
lamdazhi	0 ~ 50	设定各采样点的偏差值	均匀分布
songchi	0 ~ 1	松弛系数，决定某网格点上下界时，如何根据其邻点极值进行松弛决定	均匀分布
jizhiid	[1，2，3]	确定总体极值应该如何放松	多项式分布
pinghuaid	[0，1]	决定是否采用平滑措施	二项分布
caiyangid	[1，3，5]	设置采样的阶段阶数	多项式分布
hasmtime	1 ~ 30	设置 HASM 最大迭代次数	均匀分布
banjing	4 ~ 20	设置计算上下届时搜索的邻点数	均匀分布
luid	[0，1]	决定是否用上下界控制	二项分布

使用蒙特卡洛算法样本越多，统计结果的估计量越精确，但受算力限制，本文进行 200 次计算实现 HASM 模型不确定性评估。为准确评估模型的不确定性，本文针对整体和局部两个层面衡量模型不确定性。整体评估使用全部 22 个验证点 200 次误差距平的 95% 置信区间衡量，其中使用紫色表示表示 HASM 误差距平的置信区间，使用红色反映 Bayes-

HASM 的置信区间。局部评估使用逐验证点 200 次误差分布进行不确定性评估，其中红色为 Bayes-HASM 的误差分布情况，蓝色为 HASM 误差的分布情况（为便于展示，选择 6 个验证点绘图）。

图 6-3 对比年、季尺度原始 HASM 和经 Bayes-HASM 的置信区间，在年、季尺度，相较于原始 HASM，经贝叶斯优化的 HASM 能够明显地降低模型的不确定性。从整体上看，Bayes-HASM 误差距平的置信区间均在 0 值附近，而 HASM 的置信区间则有较大幅度的波动，其中不确定性下降最明显的是春季和冬季，误差距平的置信区间从 ±0.8 下降到 ±0.1。夏季、秋季和年尺度的不确定性也有不同程度的下降，主要原因是春冬季降水较少，模型参数的波动更容易影响残差的计算结果。

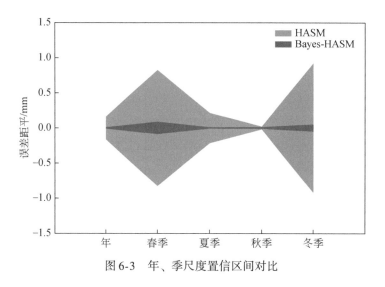

图 6-3 年、季尺度置信区间对比

图 6-4、图 6-5 为年、季尺度下选取 6 个验证点的误差分布情况，其中红色为 Bayes-HASM 误差小提琴图，蓝色为 HASM 误差小提琴图，左侧红色刻度为 Bayes-HASM 的误差分布范围，右侧蓝色刻度为 HASM 的误差分布范围。通过对比误差的分布范围，发现经贝叶斯优化后，高精度曲面建模的误差能够稳定到极小的范围，此范围小于原始模型误差范围的 1/10。说明贝叶斯优化能够有效降低高精度曲面建模的不确定性。同时，对比不同时

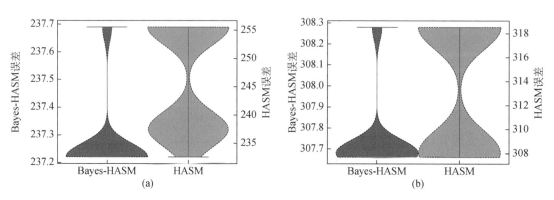

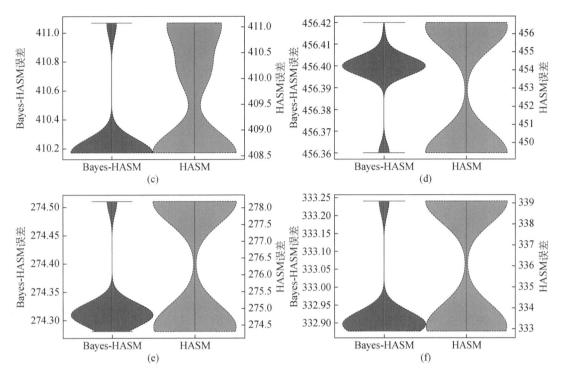

图 6-4　年尺度 6 个验证点误差分布

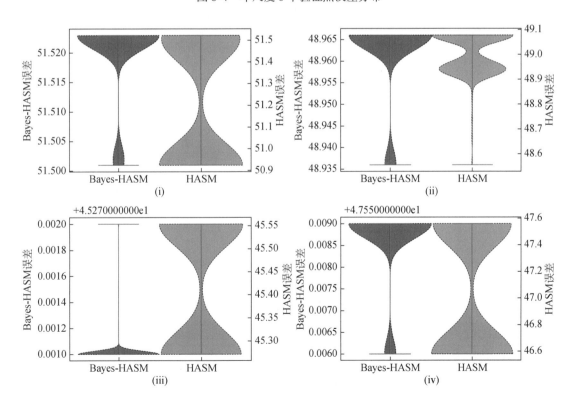

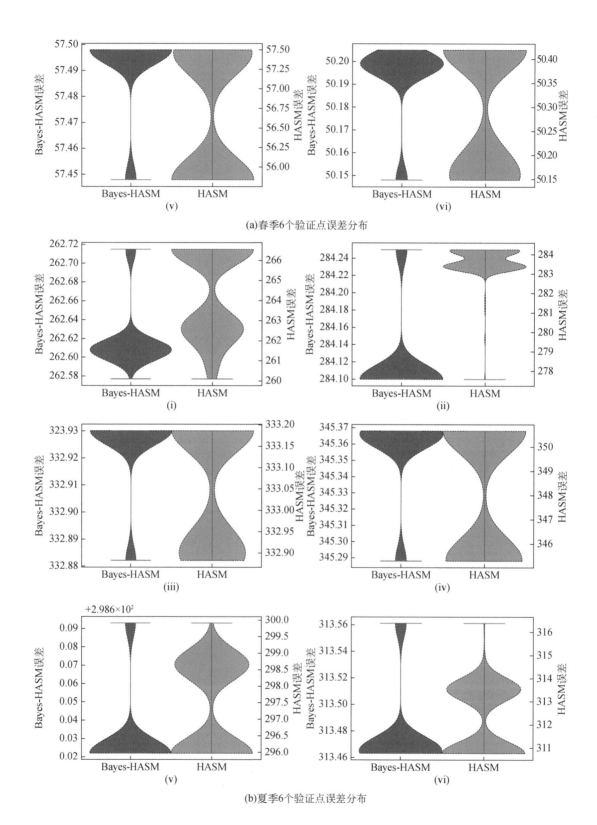

(a)春季6个验证点误差分布

(b)夏季6个验证点误差分布

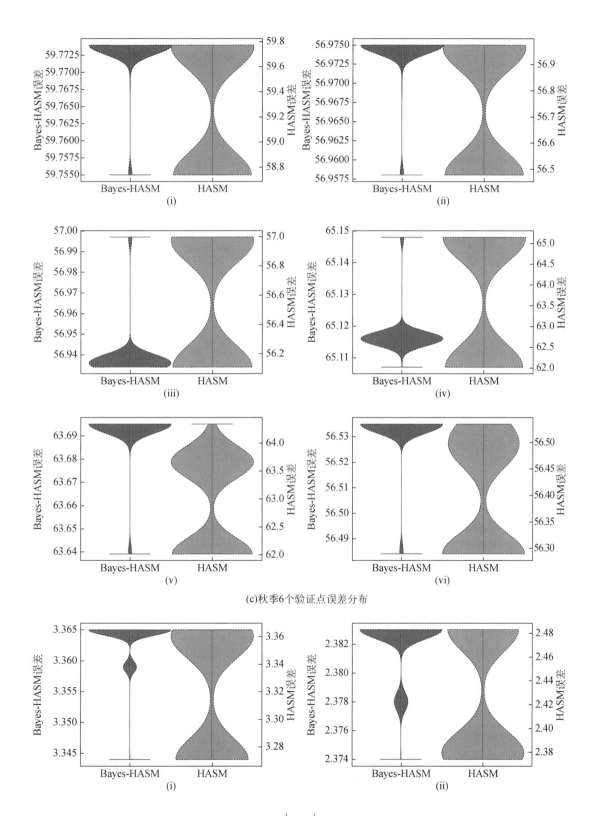

(c)秋季6个验证点误差分布

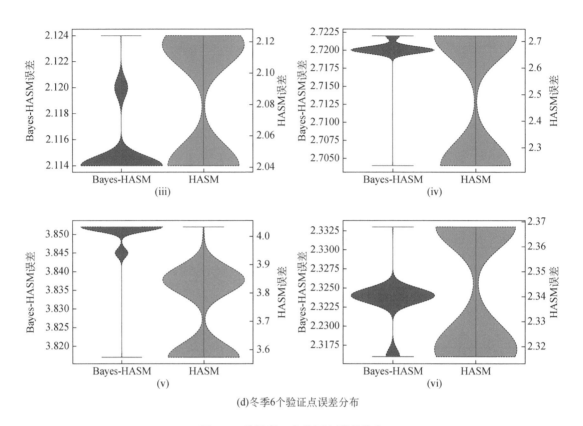

(d)冬季6个验证点误差分布

图6-5　季尺度6个验证点误差分布

间尺度误差的分布情况，发现贝叶斯优化在不同时间尺度的效果一直，说明 Bayes- HASM 具有较强的鲁棒性和稳定性，能够保证该模型应用到其他尺度的效果。

图 6-6 展示了月尺度 HASM 和 Bayes-HASM 的模型不确定性情况。从整体上看 Bayes-HASM 误差距平的置信区间围绕在 0 值附近，波动幅度小于±0.1，原始 HASM 置信区间波动幅度较大，波动幅度超过±0.5。从图中可以看到不同月份 Bayes-HASM 的不确定性相比于 HASM 均有降低，其中 1、2、3、11 和 12 月份降低幅度不大，4~10 月份的降低幅度较为明显，7、8 月份最为明显。说明，在月尺度上使用贝叶斯优化确实起到了降低高精度曲面建模误差和不确定性的作用，且对降水量较大的月份，对不确定性的降低更明显。

图 6-7 为月尺度下选取 6 个验证点的误差分布情况，其中红色为 Bayes- HASM 误差小提琴图，蓝色为 HASM 误差小提琴图，左侧红色刻度为 Bayes- HASM 的误差分布范围，右侧蓝色刻度为 HASM 的误差分布范围。通过将 Bayes-HASM 与 HASM 的小提琴图对比，发现全部 12 个月 Bayes-HASM 的误差分布范围均明显优于 HASM。证明贝叶斯优化算法能够将高精度曲面建模的误差稳定到原始模型误差范围的近 1/10，能够有效降低因参数选取造成的模型不确定性。同时，通过对比年、季和月尺度误差的小提琴图，发现 Bayes- HASM 在不同时间尺度降低模型不确定性的效果相同，说明 Bayes- HASM 相较 HASM 具有更强的

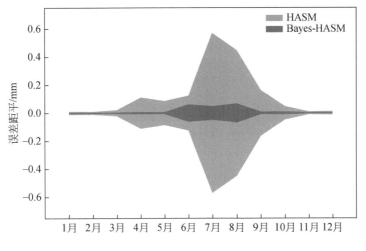

图6-6　月尺度置信区间对比

鲁棒性和稳定性，具备更高的应用价值。

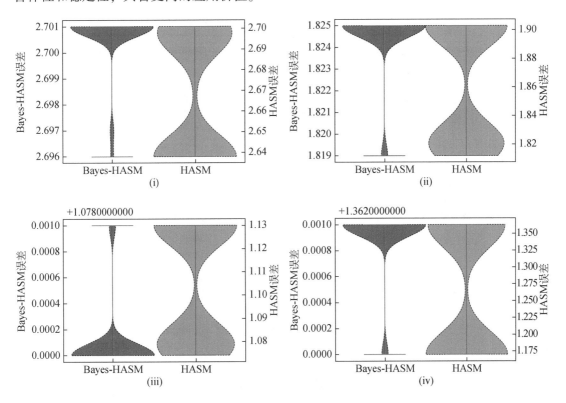

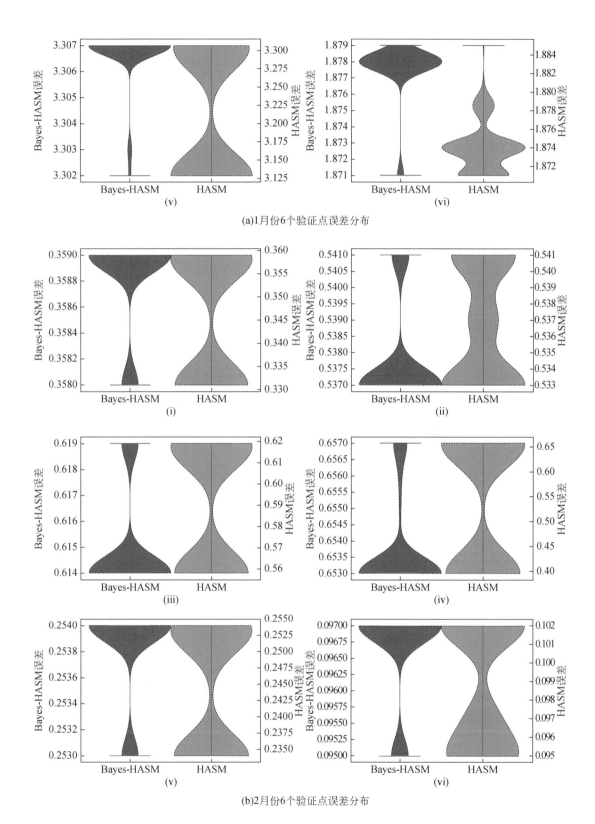

(a)1月份6个验证点误差分布

(b)2月份6个验证点误差分布

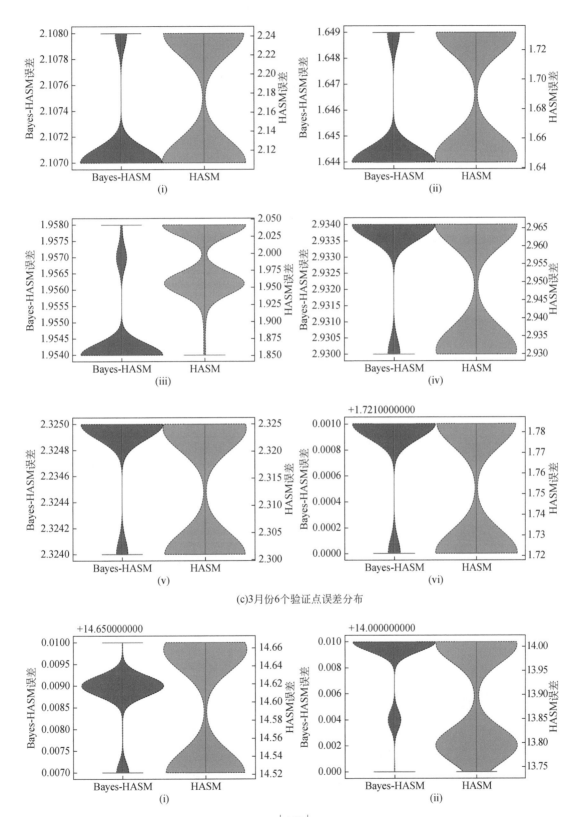

(c)3月份6个验证点误差分布

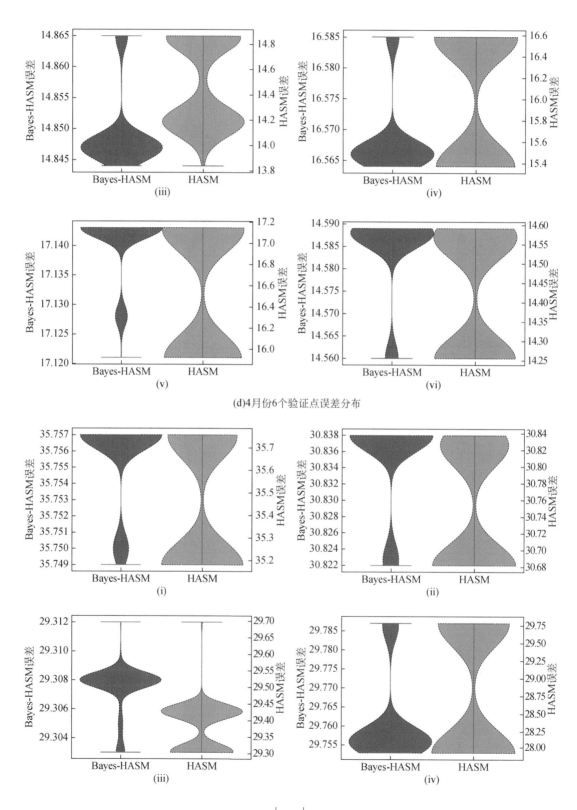

(d)4月份6个验证点误差分布

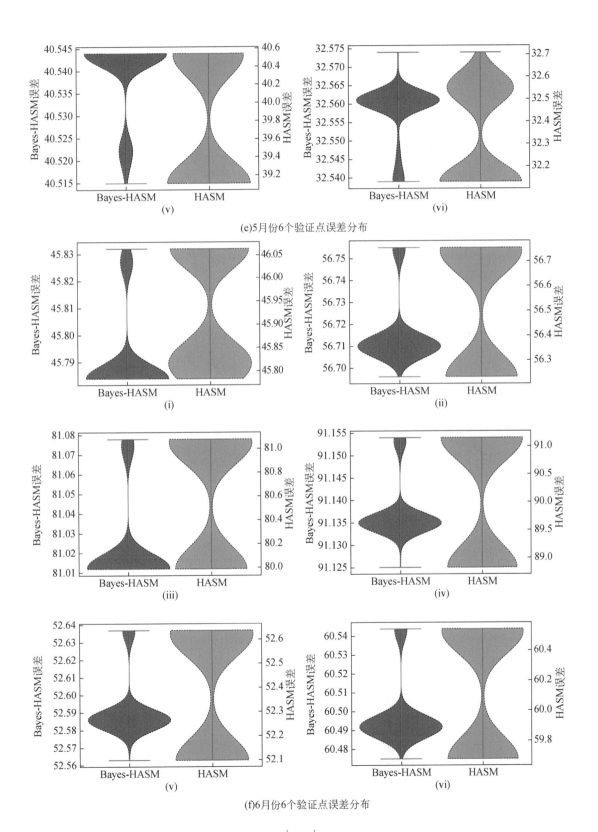

(e)5月份6个验证点误差分布

(f)6月份6个验证点误差分布

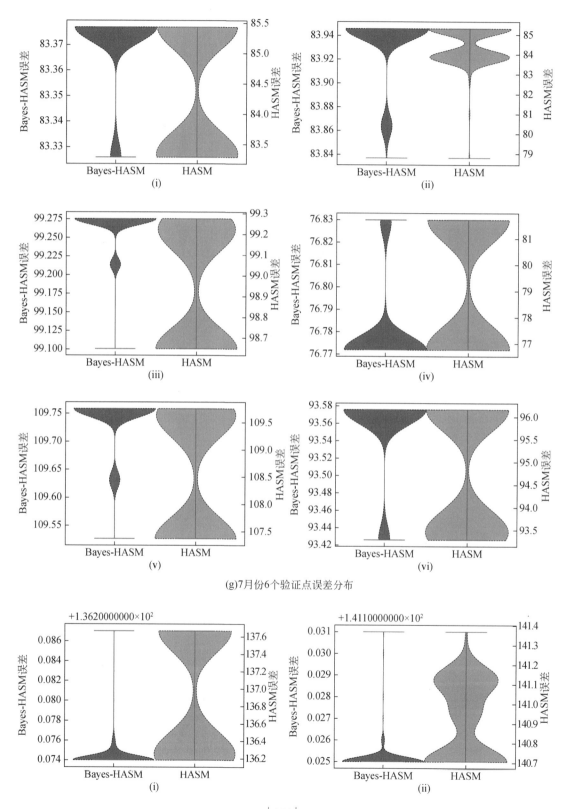

(g)7月份6个验证点误差分布

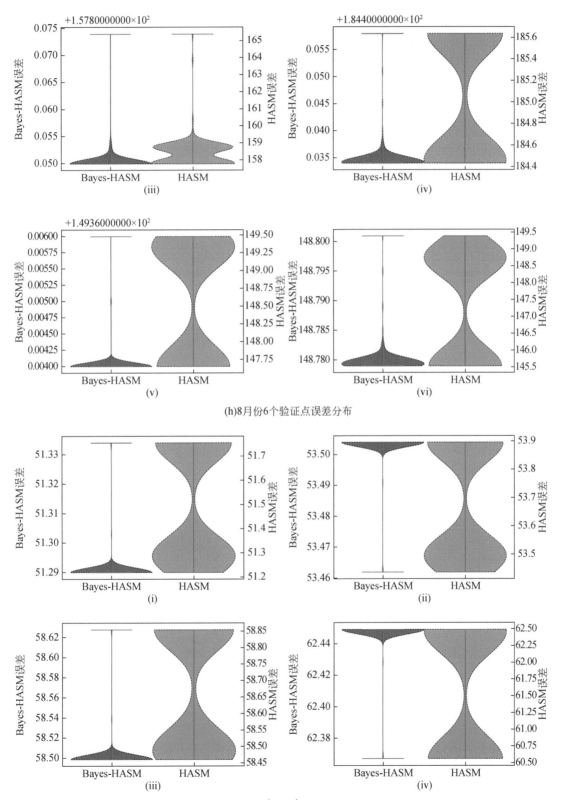

(h)8月份6个验证点误差分布

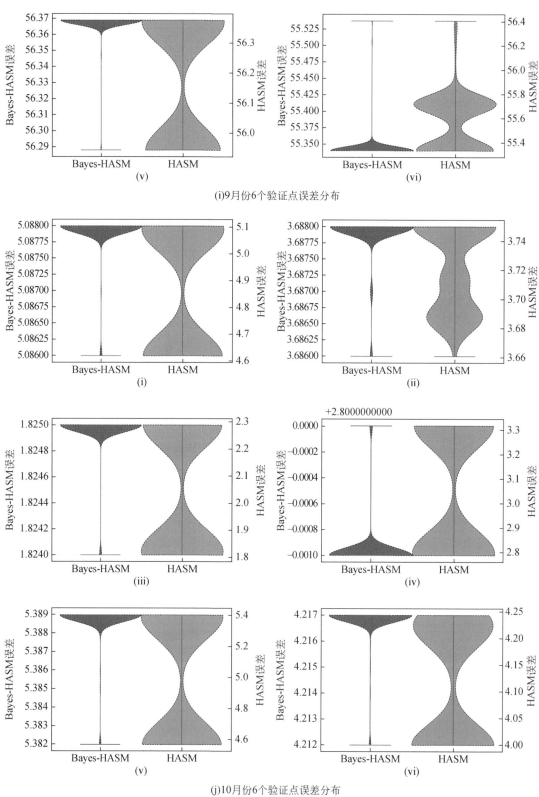

(i)9月份6个验证点误差分布

(j)10月份6个验证点误差分布

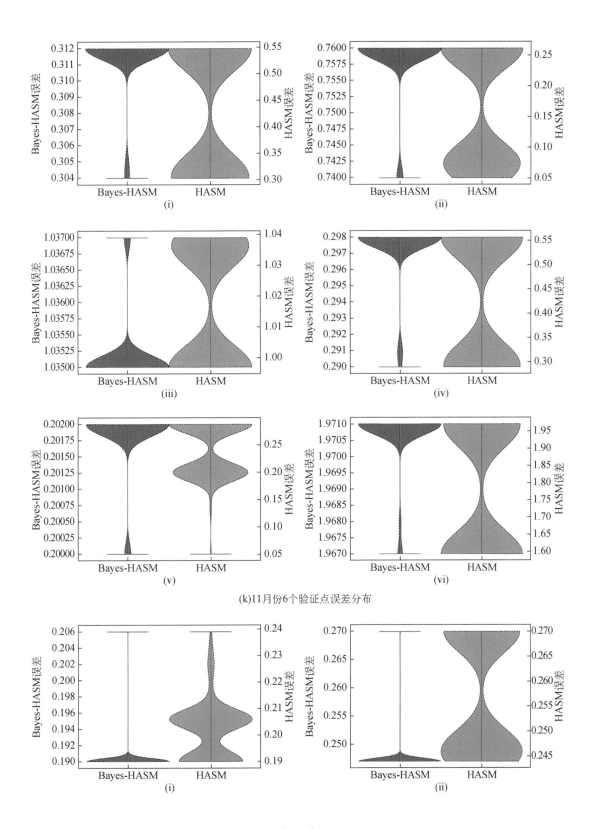

(k)11月份6个验证点误差分布

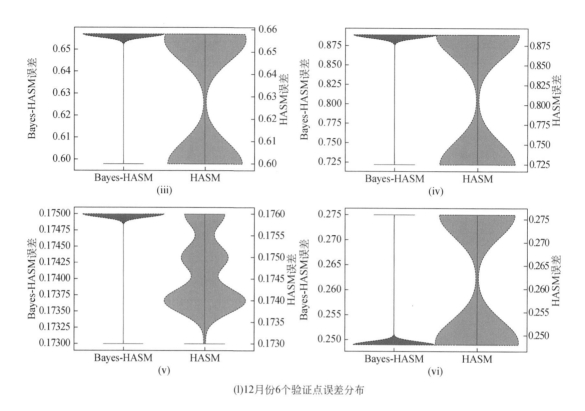

(l)12月份6个验证点误差分布

图6-7　月尺度6个验证点误差分布

图6-8对比了不同旬HASM和Bayes-HASM的误差距平的置信区间，从整体上看，

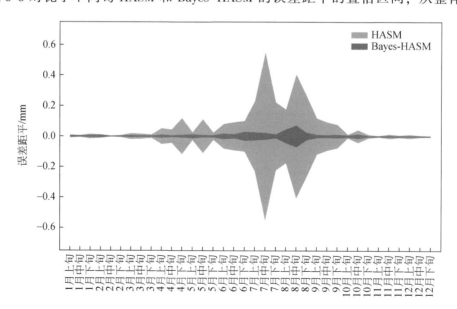

图6-8　旬尺度置信区间对比

HASM 和 Bayes-HASM 均能将误差限定到比较小的范围，但 Bayes-HASM 误差距平的置信区间紧紧地围绕在 0 值附近，相比较而言，HASM 的误差距平有较大幅度的波动，说明对旬尺度而言使用贝叶斯优化算法能够有效降低 HASM 的不确定性，其中对 7 月中旬和 8 月中旬降低程度最大，能够将±0.6 的置信区间稳定到±0.1 左右，其他旬也能将置信区间稳定在 0 值附近，说明贝叶斯优化能够起到稳定器的作用，能够将 HASM 参数选取引入的不确定性有效消除。逐验证点的误差分布情况于年、季尺度展现的规律相同，此处不再过多叙述。

6.4 残差校正结果精度验证

6.4.1 年、季降尺度残差校正

图 6-9 对比了残差校正前后的年降水量空间分布，图 6-9（a）为残差校正前年降水量空间分布，它的南部空间特征表现为降水量由南向北递减，呈现出明显的条带状分布，北部没有明显的空间特征，不同降水量混杂，且分布比较散乱。图 6-9（b）为残差校正后年降水量的空间分布，它既反映出滦河流域南部，降水由南向北递减的降水空间分布特征，也清晰地展现的滦河流域北部降水量呈圆环状递减的空间分布特征。综上可推断，残差校正能够更加准确地反映滦河流域南部的降水空间分布特征，也能有效的捕捉降尺度模型不能很好描述的北部降水特征。

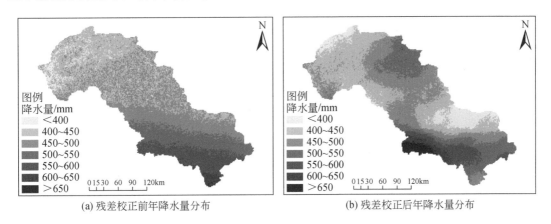

图 6-9 年降水量残差校正前后降水分布对比

图 6-10 对比了年降水量降尺度残差校正前后的精度评价指标，通过对比散点分布，发现残差校正后散点对于 1:1 线的偏离更小，相较于残差校正之前有了明显的改善；通过对比精度评价指标，发现所有指标均有较大幅度的提升 R 从 0.66 提升到了 0.97，IA 指标从 0.78 提升到 0.98，RMSE 从 54.71mm 下降到 18.03mm，BIAS 从 0.70% 降低到

-1.2%，精度有略微降低。综上可以证明，Bayes-HASM 残差校正算法对于年降水量降尺度的精度有较大的提升。

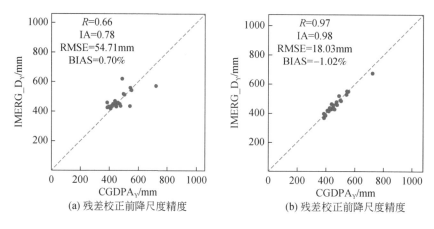

图 6-10　年降尺度残差校正前后精度对比图

图 6-11 展示了季降水量降尺度残差校正前后的精度指标对比，通过比较 4 个季度降尺度残差校正前后的散点分布，发现残差校正后，散点距 1∶1 线的偏离程度有较大幅度的减小，散点都集中到了 1∶1 线附近；对比残差校正前后精度指标的变化，发现残差校正后精度指标均有明显的改善，其中春季 R 提升了 0.18、IA 提升了 0.11、RMSE 下降了 5mm、BIAS 改善了 4.35%，夏季 R 提升了 0.27、IA 提升了 0.18、RMSE 下降了 39.07mm、BIAS 改善了 4.17%，秋季 R 提升了 0.10、IA 提升了 0.13、RMSE 下降了 4.27mm、BIAS 改善了 8.64%，冬季 R 提升了 0.15、IA 提升了 0.10、RMSE 下降了 0.68mm、BIAS 改善了 16.86%。综上可以证明 Bayes-HASM 残差校正算法可以对季降水量降尺度的精度起到明显的提升效果。

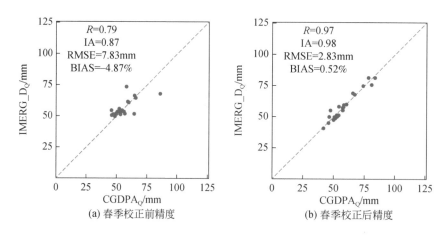

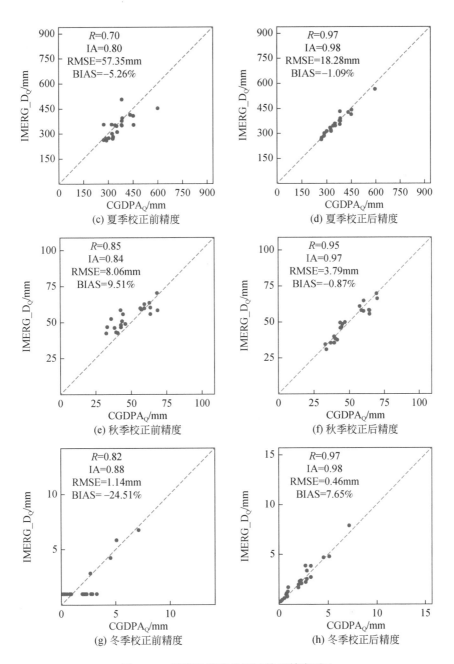

图 6-11 季降尺度残差校正前后精度对比

6.4.2 月降尺度残差校正

表6-2 将月降水量降尺度残差校正前后的精度评价指标进行了对比，对比残差校正前

后的精度指标，发现所有月份残差校正后精度指标均有较大的改善。所有月份 R 均超过 0.89，其中 1、2、3、6、8、10 和 11 月份 R 提升较大超过 0.3；所有月份的 IA 指标也均超过 0.94，其中 1、2、6、8、10 和 11 月份 IA 指标提升较大超过 0.3；4、5、6、7、8 和 11 月份的 RMSE 下降较为显著，超过 4mm；BIAS 的改善比较明显，但 4 和 9 月略微变差。综上可以证明 Bayes-HASM 残差校正算法月降水量降尺度的精度起到明显的提升效果。

表 6-2 月尺度残差校正前后精度对比

月份	残差校正前结果精度				残差校正后结果精度			
	R	IA	RMSE/mm	BIAS/%	R	IA	RMSE/mm	BIAS/%
1	0.00	0.47	1.25	−80.94	0.99	0.99	0.18	8.89
2	0.10	0.35	0.40	47.01	0.89	0.94	0.15	14.79
3	0.63	0.73	1.89	−31.87	0.95	0.97	0.63	2.33
4	0.95	0.97	6.45	1.13	1.00	1.00	1.60	1.95
5	0.96	0.87	7.48	−4.81	1.00	1.00	1.82	−4.44
6	0.51	0.65	16.26	13.95	0.92	0.96	5.46	−1.48
7	0.80	0.84	39.58	15.07	0.97	0.98	15.87	3.81
8	0.46	0.59	33.64	−10.06	0.93	0.94	14.60	−5.28
9	0.91	0.93	5.90	0.36	0.98	0.99	2.72	−1.07
10	0.63	0.67	3.43	42.23	0.97	0.98	0.71	3.93
11	0.00	0.19	4.19	993.15	0.98	0.98	0.14	1.33
12	0.85	0.91	0.79	−18.27	0.99	0.99	0.32	9.37

对比 12 个月份降尺度残差校正的精度变化 1、11 月份的提升最为显著，主要因为 1、11 月份滦河流域降水较少，有效降雨样本偏少，降尺度模型容易过拟合；且冬季滦河流域降水大多为降雪，由于传感器的局限性，IMERG 与 CGDPA 数据会出现较大偏差，造成残差校正前精度较差，由此可推断冬季降水场同质部分占比较高，残差校正能有效消除降水场同质部分的影响。

图 6-12 对比了残差校正精度提升较大月份的直方图。从整体明显看出残差校正后降水数据的直方图与 CGDPA 数据的相似度更高，能够精准地反映出滦河流域真实的降水概率密度曲线。对比 1、2 和 11 月份 CGDPA、残差校正前和残差校正后的概率密度直方图，发现这几个月份降水量较少，几乎所有像元的月累积降水量低于 1mm，使得有效降水样本较少，模型的拟合效果较差。但经 Bayes-HASM 残差校正后，降水量能够达到与 CGDPA 数据相似的概率密度曲线。将 8 月份 CGDPA、残差校正前和残差校正后的概率密度直方图对比，发现 8 月份降水量较大，受暴雨等极端降水的影响，降水场中同质部分占比偏大，同时受全局模型无法有效模拟细节的影响，残差校正前模型结果较差，但经 Bayes-

HASM 残差校正后降尺度精度得到明显提升。综上证明 Bayes-HASM 能够有效的弥补因降水量小、有效降水样本较少造成模型拟合效果不佳，也能有效消除降水场同质部分的影响。

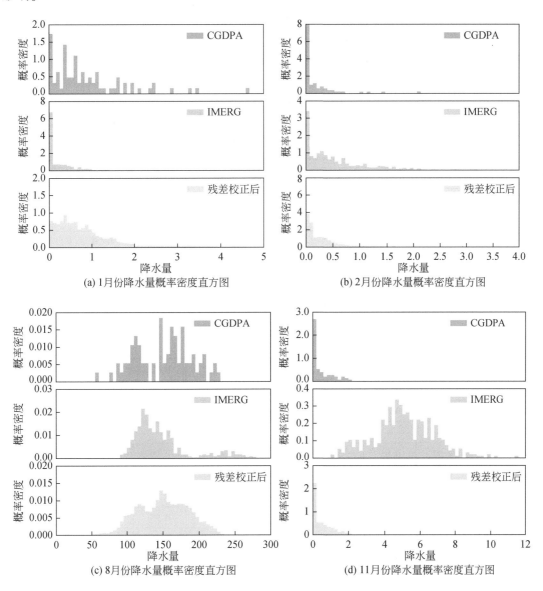

图 6-12　月降水量概率密度直方图

6.4.3　旬降尺度残差校正

表 6-3 将旬降水量降尺度残差校正前后的精度评价指标进行了对比，其中 2 月中下

旬、5月上旬、11月上旬和12月下旬所有像元的累积降水量均小于0.5mm，认定为无效降水（Sha等，2020），在表格中删除。通过比较残差校正前后的精度评价指标，发现残差校正后精度评价指标均有了明显的改善，其中R平均增加了0.41，IA平均提升了0.34，RMSE平均降低了5.52mm，BIAS平均改善了256.12。通过将不同旬进行纵向对比，发现残差校正对降尺度精度的提升表现出明显的时间差异，春夏季精度虽有较明显的提升，但秋冬季的改善更为明显，主要因为秋冬季降水量较少，降水的同质部分占比更高，不易被降尺度模型模拟，而残差校正的效果更好。

表6-3 旬尺度残差校正前后精度对比

时间	残差校正前结果精度				残差校正后结果精度			
	R	IA	RMSE/mm	BIAS/%	R	IA	RMSE/mm	BIAS/%
1月上旬	0.00	0.47	0.79	−100.84	0.98	0.99	0.12	0.27
1月中旬	0.00	0.48	0.45	−123.58	0.99	1.00	0.04	−5.27
1月下旬	−0.05	0.28	0.55	−39.65	0.84	0.88	0.32	63.31
2月上旬	0.33	0.56	0.33	−24.75	0.79	0.88	0.20	−16.74
2月中旬	—	—	—	—	—	—	—	—
2月下旬	—	—	—	—	—	—	—	—
3月上旬	0.61	0.75	1.03	−43.45	0.76	0.83	0.86	4.08
3月中旬	0.71	0.69	1.78	−45.54	0.99	0.99	0.35	3.17
3月下旬	0.78	0.74	0.49	7.60	0.96	0.97	0.22	−3.45
4月上旬	0.58	0.71	2.83	−17.85	0.87	0.92	1.67	6.62
4月中旬	0.00	0.30	7.04	138.35	0.99	0.98	0.70	−4.93
4月下旬	0.62	0.52	20.58	−68.43	1.00	1.00	1.97	2.17
5月上旬	—	—	—	—	—	—	—	—
5月中旬	0.92	0.85	6.25	−15.00	0.99	0.99	2.17	−8.53
5月下旬	0.68	0.77	0.59	−17.86	0.91	0.95	0.35	0.64
6月上旬	0.34	0.53	7.81	15.51	0.64	0.77	4.86	3.85
6月中旬	0.84	0.81	9.01	4.23	0.99	0.99	2.24	1.92
6月下旬	0.54	0.69	13.83	20.52	0.98	0.99	3.23	1.80
7月上旬	0.63	0.63	14.11	50.23	0.81	0.90	6.98	1.07
7月中旬	0.49	0.63	35.60	−5.07	0.94	0.97	13.97	0.79
7月下旬	0.89	0.76	24.02	86.23	0.98	0.99	3.72	−1.80
8月上旬	0.29	0.52	15.03	−0.99	0.89	0.93	6.00	−5.35
8月中旬	0.78	0.71	37.46	−41.23	0.98	0.99	8.18	2.71
8月下旬	0.93	0.95	14.50	−1.55	0.98	0.99	6.66	−2.80
9月上旬	0.50	0.31	13.58	−86.23	0.93	0.96	1.52	1.92
9月中旬	0.28	0.57	5.76	−2.77	0.85	0.92	2.94	4.39

续表

时间	残差校正前结果精度				残差校正后结果精度			
	R	IA	RMSE/mm	BIAS/%	R	IA	RMSE/mm	BIAS/%
9 月下旬	0.74	0.77	5.31	−16.60	0.88	0.93	3.24	−6.96
10 月上旬	0.12	0.47	0.50	55.65	0.85	0.92	0.23	−14.61
10 月中旬	0.91	0.93	1.61	−7.57	0.98	0.99	0.75	2.54
10 月下旬	0.00	0.21	4.03	438.00	0.98	0.98	0.17	−5.81
11 月上旬	—	—	—	—	—	—	—	—
11 月中旬	−0.07	0.23	0.47	93.80	0.62	0.69	0.37	66.74
11 月下旬	0.61	0.42	0.49	−37.53	0.98	0.98	0.14	−17.74
12 月上旬	0.62	0.64	1.02	−43.12	0.96	0.97	0.35	−8.83
12 月中旬	0.06	0.40	0.19	209.45	0.71	0.84	0.10	−21.39
12 月下旬	—	—	—	—	—	—	—	—

在旬尺度下，Bayes-HASM 也有很好的表现，其中提升较大的月份包括 1 月上中下旬、二月中旬、4 月中旬、8 月上旬、9 月中旬、10 月上旬、11 月中旬和 12 月中旬，其中 1、2、11、12 月份的大幅提升主要由秋冬季滦河流域降水少，有效降水样本不足，模型模拟精度不高造成，而 Bayes-HASM 能够有效弥补模型精度造成的降尺度偏差。另外 4 月中旬、8 月上旬、9 月中旬和 10 月下旬也有较大幅度提升，通过查看图 6-13 降水量概率密度直方图，发现这些旬 IMERG 和 CGDPA 数据存在较大偏差，导致由环境因子和 IMERG 数据计算得到的降尺度模型结果与真实降雨间存在较大偏差，同时残差校正后的结果与 CGDPA 数据具有极高的相似性，证明 Bayes-HASM 能有效消除因数据偏差造成的降水降尺度残差。

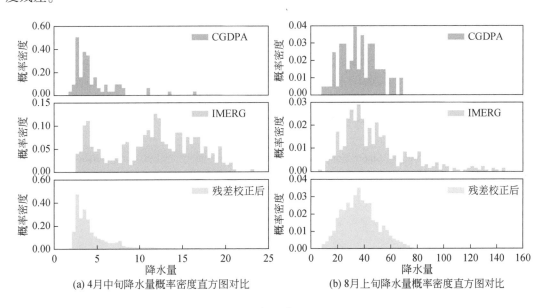

(a) 4 月中旬降水量概率密度直方图对比   (b) 8 月上旬降水量概率密度直方图对比

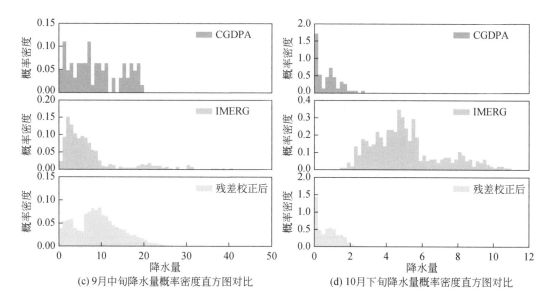

(c) 9月中旬降水量概率密度直方图对比 (d) 10月下旬降水量概率密度直方图对比

图 6-13　旬降水量概率密度直方图

参 考 文 献

蔡明勇，吕洋，杨胜天，等．2017．雅鲁藏布江流域 TRMM 降水数据降尺度研究．北京师范大学学报（自然科学版），53（1）：111-119，2.

田会，张承明，赵娜，等．2015．高精度曲面建模方法的系统构建．计算机工程与应用，51（12）：38-42.

赵明伟，岳天祥．2016．高精度曲面建模方法研究进展与分类．地理科学进展，35（4）：401-408.

Frazier P I. 2018. A tutorial on Bayesian optimization. arXiv preprint：1807. 02811.

Sha Y, Gagne II D J, West G, et al. 2020. Deep- learning- based gridded downscaling of surface meteorological variables in complex terrain. Part I：Daily maximum and minimum 2- m temperature. Journal of Applied Meteorology and Climatology, 59（12）：2057-2073.

Wang J, Zhao M, Jiang L, et al. 2021. A new strategy combined HASM and classical interpolation methods for DEM construction in areas without sufficient terrain data. Journal of Mountain Science, 18（10）：2761-2775.

Yue T X, Zhang L L, Zhao N, et al. 2015. A review of recent developments in HASM. Environmental Earth Sciences，74：6541-6549.

Zheng Y, Han F. 2016. Markov Chain Monte Carlo （MCMC） uncertainty analysis for watershed water quality modeling and management. Stochastic Environmental Research and Risk Assessment，30（1）：293-308.

第7章　基于时序遥感的流域降水量动态评价

本章使用本书第4~6章提出的"地理探测器环境因子选取–卷积神经网络降尺度模型构建–Bayes-HASM降尺度残差校正"方法获取2010~2019年的滦河流域的高精度、高空间分辨率的降水降尺度数据。并结合降水趋势线和当前较为流行的创新趋势分析方法，从年、季、月三个时间尺度综合分析了滦河流域全流域、行政区和子流域10年间的降水量空间分布和时间变化规律。

7.1　研究方法

7.1.1　ITA方法

创新趋势分析方法（innovative trend analysis，ITA）是十分直观的趋势检测方法，通过绘图的方式观测数据序列的增多或减少趋势。ITA方法首先将数据序列均匀分为两部分，前半序列记为x，后半序列记为y，然后将x和y按照升序排列，最后在直角坐标系下以x为横坐标，y为纵坐标绘制散点图并与1:1线进行比较，若散点分布在1:1线上方，则说明数据有增多的趋势；若散点分布在1:1线下方，则说明数据存在减少的趋势；若数据位于1:1线附近，则表明数据无明显趋势（Sen，2012）。

ITA方法的优势在于它不仅可以观测降水数据整体的趋势，而且能够判断在不同大小区间内降水数据的变化趋势，并且ITA方法对数据量、数据独立性和分布规律无要求（Harka et al.，2021；Wu and Qian，2017），应用范围十分广泛。

7.1.2　趋势分析方法

在本研究中，使用移动平均和线性回归方法来分析降水的时间趋势。有关这两种方法的详细介绍，请参见Wei（1990）以及Kundzewicz和Robson（2004）。此处只简单介绍。

移动平均是一种移动和滤波的数据处理方法。它可以消除数据不规则变动的影响，并显示出数据的时序发展方向和变化趋势。对于采样容量为n的x系列，移动平均序列的数学表达式如下：

$$\hat{x}_j = \frac{1}{k}\sum_{i=1}^{k} x_{i+j-1}(j = 1,2,\cdots,n-k+1) \tag{7-1}$$

式中，k 是移动长度。

线性回归是检验气候长期线性趋势的常用方法。线性回归方程如下：

$$Y = a_0 + a_1 t \tag{7-2}$$

式中，Y 是降水；t 是时间；a_0 是回归常数；a_1 是反映降水变化的回归系数。

7.2 降水量评价研究思路

具体的研究思路如下。

1) 数据预处理。本章选取 2010~2019 年的卫星降水降尺度数据进行滦河流域降水量的时空变化规律分析，所使用的数据为 2010~2019 年的 IMERG Final 降水再分析产品，2010~2019 年 CGDPA 降水格网数据，2010~2019 年 NDVI 数据以及对应的经纬度、高程、坡度和坡向数据。将以上数据经过本书第 4~6 章的运算得到分辨率为 0.01°×0.01° 的降尺度格网数据，为实现对 2010~2019 年滦河流域空间分布和时间变化规律的准确描述，分别按照全流域、流域内行政区和子流域统计降水量。滦河流域内有承德市、唐山市、秦皇岛市、朝阳市、张家口市、锡林郭勒盟、葫芦岛市等 7 个市级行政区，其中葫芦岛市面积过小，故其不予分析。子流域由滦河 9 条支流组成。

2) 降水量空间分布分析。为了准确反映滦河流域内降水量的空间分布，分别从流域降水等雨量线、流域内行政区和子流域三个角度对滦河流域年、季和月降水的空间分布展开分析。

3) 降水量时间变化规律分析。分别统计十年间年、季、月尺度的流域降水量均值，并使用 ITA 方法和降水趋势线方法，从年、季和月尺度上分析 2010~2019 年滦河流域的降水量变化情况。

7.3 降水量空间分布分析

为详细分析滦河流域 2010~2019 年的降水量空间分布情况，本章从降水量均值等雨量线、滦河流域内市级行政区降水量空间分布和滦河主要子流域降水量空间分布三个角度展开分析。

图 7-1 展示了 2010~2019 年滦河流域的降水量均值空间分布情况，其中图 7-1（a）为年降水量均值等雨量线图，图 7-1（b）为滦河流域内市级行政区划的降水量空间分布图，图 7-1（c）为滦河流域子流域的年降水量空间分布图。由等雨量线图可以发现滦河流域年均降水量空间分布与山脉走向基本一致，呈南高北低，东高西低的特点。年均降水量的变化区间为 310~710mm，从流域所在的行政区划分析，降水量最大的行政区为唐山市，10 年平均降水量为 150.07 亿 m³，其次是锡林郭勒盟 24.87 亿 m³、秦皇岛市 23.64 亿 m³ 和唐山市 13.67 亿 m³，降水量较少的行政区为朝阳市和张家口市，降水量均小于 10 亿 m³。从子流域角度分析，降水较多的是南部的柳河和青龙河子流域以及流域面积较大的闪电河和伊逊河子流域，年均降水量超过了 30 亿 m³，中部和北部面积较小的子流域

降水较少，年均降水低于 15 亿 m³。流域内降水主要受季风气候影响，来自东南方向的夏季风主导了降水过程，使得流域内降水量呈现东南至西北走向。

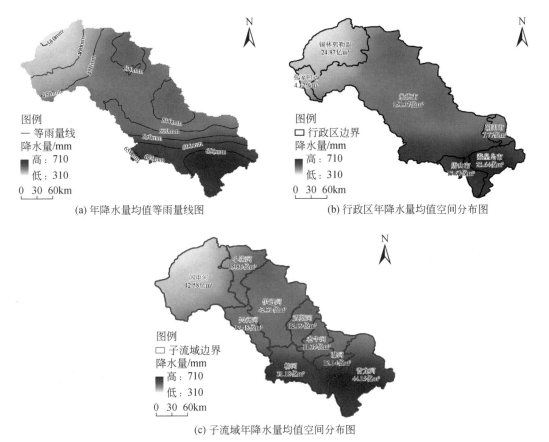

(a) 年降水量均值等雨量线图

(b) 行政区年降水量均值空间分布图

(c) 子流域年降水量均值空间分布图

图 7-1　滦河流域年降水量空间分布

滦河流域非汛期、汛期的降水等雨量线图如图 7-2 所示。非汛期降水量的变化区间为80~160mm，东北和西南两个区域降水量偏多，降水呈现由这两个区域向外递减的趋势，整体上南部降水多于北部。非汛期降水量的变化区间为 245~560mm，降水量呈现出由东南向西北递减的趋势，南北部降水有显著差异，南部降水明显多于北部。

图 7-3 为滦河流域内行政区非汛期、汛期的降水空间分布图。非汛期承德市的降水量最多为 37.2 亿 m³，其次是锡林郭勒盟降水量为 6.59 亿 m³，其他市降水偏少，降水量小于 5 亿 m³。汛期降水多集中在南部市县，其中承德市、锡林郭勒盟、秦皇岛市和唐山市降水量较多，均超过 10 亿 m³，朝阳市和张家口市降水量偏少，均低于 10 亿 m³。

图 7-4 展示了滦河子流域的降水空间分布，非汛期降水量较多的子流域为闪电河、伊逊河、柳河和青龙河，降水量超过 7 亿 m³，降水量较少的子流域为小滦河、兴洲河、武烈河、老牛河和瀑河，降水量低于 5 亿 m³。汛期青龙河子流域的降水量最多为34.82 亿 m³，其次为闪电河、伊逊河和柳河子流域，降水量超过 20 亿 m³，其他子流域降

水较少，低于 12 亿 m³。

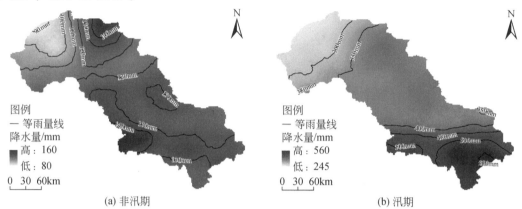

(a) 非汛期   (b) 汛期

图 7-2 滦河流域非汛、汛期降水等雨量线图

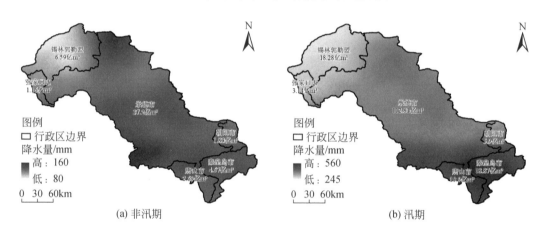

(a) 非汛期   (b) 汛期

图 7-3 滦河流域内行政区非汛、汛期降水空间分布

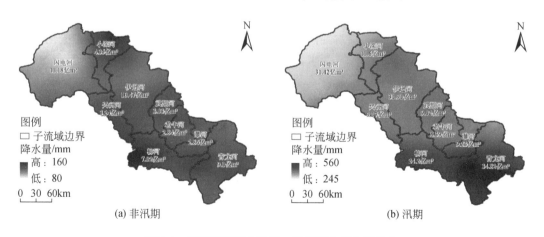

(a) 非汛期   (b) 汛期

图 7-4 滦河子流域非汛期、汛期降水量空间分布

　　滦河流域四个季度的降水等雨量线图如图7-5所示。受滦河流域气候多变和地形复杂的影响，滦河流域四季降水量空间分布差异显著，降水主要集中在夏季，春秋季次之，冬季降水最少。滦河流域春季降水量区间为48～88mm，主要分布在滦河沿岸，且沿着滦河向西北方向的降水逐渐减少。主要因为春季水汽由渤海吹向内地，受到滦河沿岸山脉的阻挡，气流抬升形成地形雨，由于春季副热带高压较弱，水汽输送量随着运移距离的增加而减少，造成滦河流域中下游沿岸山区降雨丰沛，上游降雨较少。夏季降水量最为丰沛，降水量区间为195～550mm，占全年总降水量的60%以上，夏季降水量也决定了年降水量的空间分布格局，滦河流域夏季降水量总体呈现出由东南向西北逐渐减少的分布格局，主要因为夏季在副热带高压的作用下，夏季东南季风从渤海吹向陆地，带来的大量水气与陆上冷空气相遇，形成锋面降水。降水量达到全年最大，且降水量呈现由东南向西北明显递减的条带分布。滦河流域秋季秋高气爽，降水偏少，降水量在72～135mm之间变化，降水主要分布在滦河及其沿岸，存在东北和西南两个主要的降水区域。滦河流域冬季寒冷少雪，是全年降水最少的季节，流域全境降水均少于25mm，且主要集中在滦河流域北部，主要因为滦河流域冬季盛行北风和西北风，冷空气造成坝上高原北部降水相对较多。

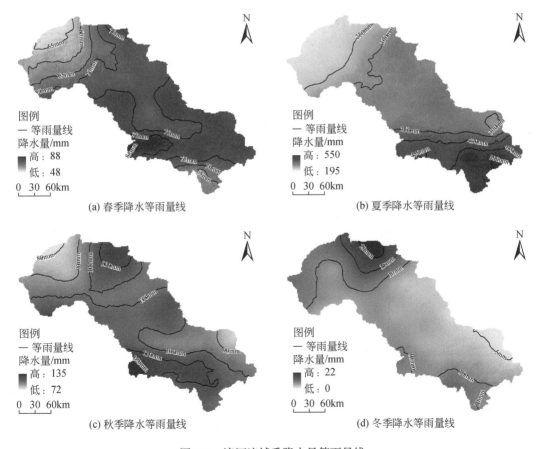

图7-5　滦河流域季降水量等雨量线

图 7-6 为滦河流域内行政区的降水量空间分布图。春季各行政区降水量差异显著，其中承德市的降水量最多，为 21.72 亿 m³，其次为锡林郭勒盟和秦皇岛市，降水量分别为 3.72 和 2.68 亿 m³，朝阳市、唐山市和张家口市降水量较少，均少于 1.44 亿 m³。夏季降水量最多的行政区是承德市，降水量为 95.2 亿 m³，其次为锡林郭勒盟、秦皇岛市和唐山市，朝阳市和张家口市降水较少。相比于春季，降水量增加最多的行政区位于滦河流域南部的秦皇岛市和唐山市，降水量相较春季增加了 7 倍有余，其他行政区降水量相较春季增加 3 倍左右。秋季承德市降水量为 30.2 亿 m³，其他行政区降水量较少，均小于 6 亿 m³。冬季所有行政区降水量均很少，均小于 3 亿 m³。

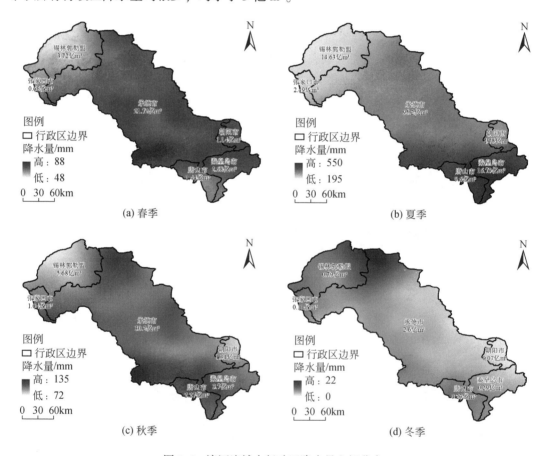

图 7-6　滦河流域内行政区降水量空间分布

图 7-7 为季尺度滦河子流域的降水空间分布情况。由图 7-7（a）所示，春季闪电河、伊逊河、柳河和青龙河子流域的降水量较多，超过 4 亿 m³，小滦河、兴洲河、武烈河、老牛河和瀑河降水量较少，降水量均在 2 亿 m³ 左右。整体上，春季滦河子流域的降水分布比较均匀。图 7-7（b）为夏季滦河子流域的降水空间分布，其中流域面积较大的闪电河和伊逊河子流域以及位于滦河流域南部的柳河和青龙河子流域降水量较多，均超过 20 亿 m³，其他子流域降水量偏少，少于 10 亿 m³。夏季降水主要集中在柳河和青龙河子流

域。秋季子流域的降水情况如图 7-7（c）所示，降水量较多的子流域有闪电河、伊逊河、青龙河和柳河子流域，降水量超过 5 亿 m³，其次为小滦河子流域，降水量为 3.57 亿 m³，其他子流域降水量相差不大，均在 2 亿 m³ 上下，秋季的降水主要集中在柳河、武烈河和小滦河子流域。冬季滦河各子流域的降水量均较低 [图 7-7（d）]，只有闪电河子流域降水量超过 1 亿 m³，其他子流域降水量均低于 1 亿 m³。冬季降水主要集中在小滦河子流域。

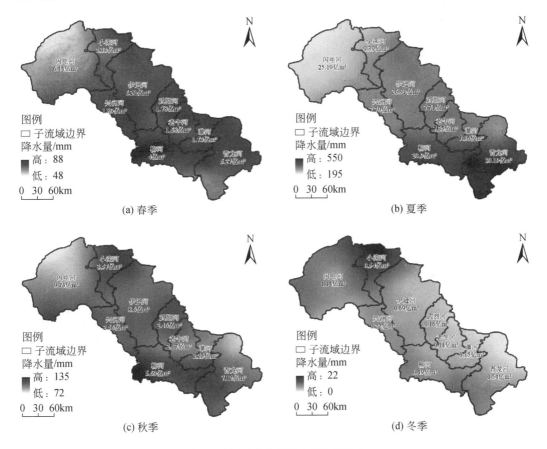

图 7-7　滦河子流域降水量空间分布

图 7-8 显示了滦河流域 12 个月份的降水等雨量线。从整体上看，滦河流域降雨年内分配不均，丰枯相差悬殊，年内降雨量的 60% 集中于 7、8 月份，其次是 5、6、9 月份，其他月份降水较少，1、2、3、12 月份多年月降水量均值低于 10mm，几乎无降水。流域内 12 个月份的降水量空间分布差异也十分显著。1、2、12 月份为冬季，降水主要集中在滦河流域北部的坝上高原区域，形成了降水由北部区域向四周递减的空间分布特征。3、6、10 月份降水较多的区域位于流域的北部和中部，降水呈现出由北部和中部向四周减少的分布特征。4 月份降水最多的区域位于滦河流域的西南区域，降水量呈现出由东南区域向周围递减的特征。5 月份的降水呈现明显的条带分布，滦河流域北部、中部和南部降水较少的区域夹杂两条降水较多的区域。7、8 月份为全年降水最多的月份，降水量集中在

滦河流域东南部，呈现出由东南向西北逐渐减少的分布格局。9、11 月份降水主要集中在滦河流域的东北、西北和西南方向，降水呈现出由东北、西北和西南向周围减少的分布特征。

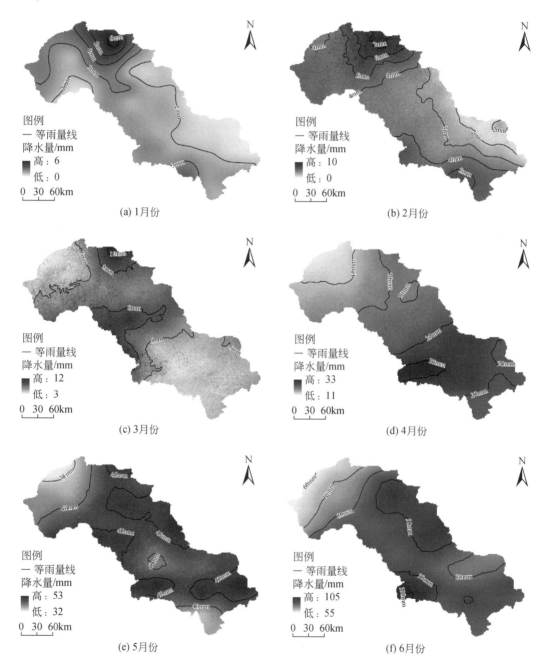

(a) 1月份　　　　　　　　　　　　　　　　(b) 2月份

(c) 3月份　　　　　　　　　　　　　　　　(d) 4月份

(e) 5月份　　　　　　　　　　　　　　　　(f) 6月份

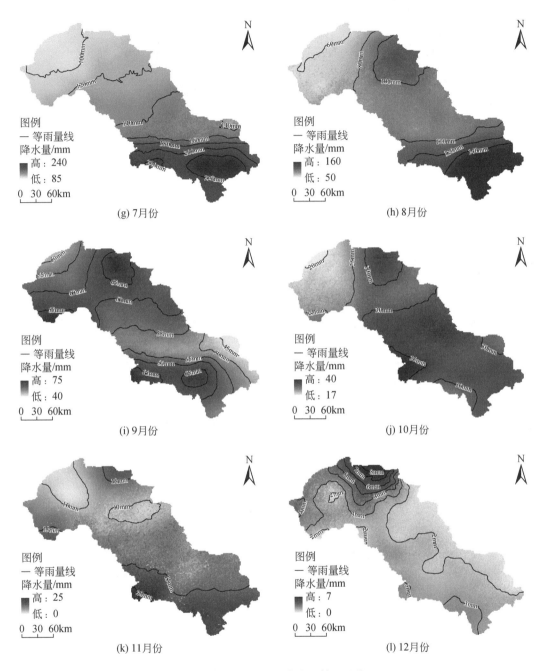

图 7-8　滦河流域月降水量等雨量线

　　图 7-9 和图 7-10 显示了滦河流域内行政区划及子流域 12 个月份的降水空间分布情况。其中 1、2 和 12 月份为冬季，是滦河流域全年降水量最少的几个月份，月累积降水量均小于 10mm，几乎无降水，受冬季北方和西北方的冷空气影响，这几个月仅有的降水主要集

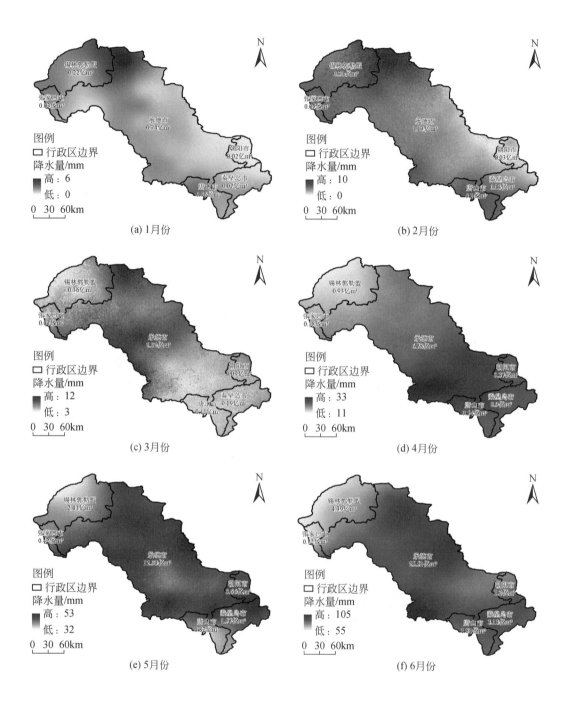

(a) 1月份

(b) 2月份

(c) 3月份

(d) 4月份

(e) 5月份

(f) 6月份

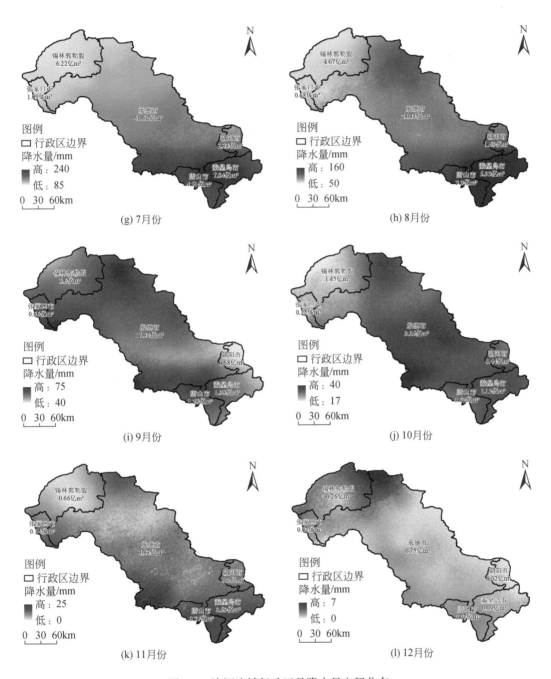

图 7-9　滦河流域行政区月降水量空间分布

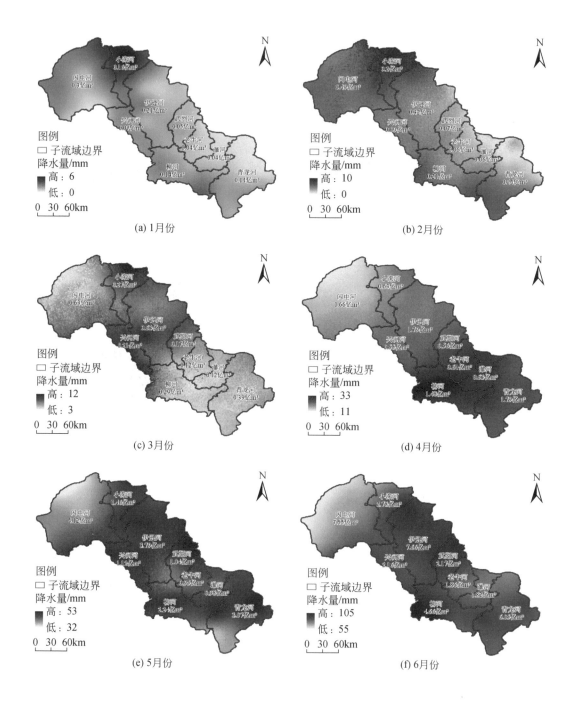

(a) 1月份

(b) 2月份

(c) 3月份

(d) 4月份

(e) 5月份

(f) 6月份

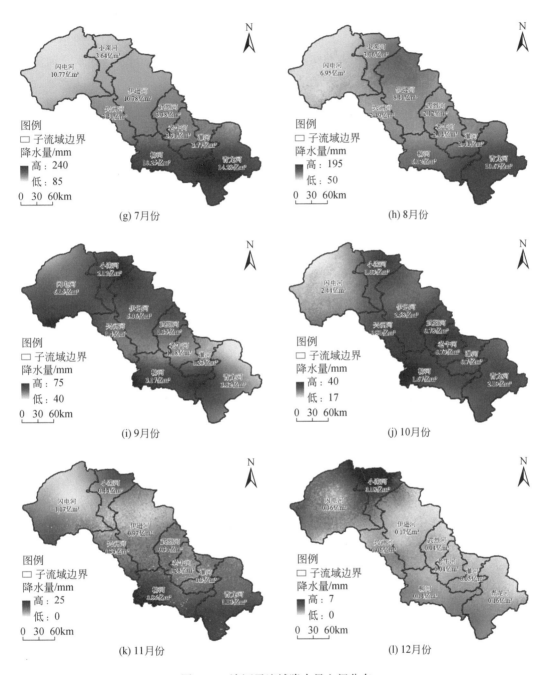

图 7-10　滦河子流域降水量空间分布

中在锡林郭勒盟和承德市，主要分布在滦河流域北部的闪电河和小滦河流域。3月份降水主要集中在承德市，降水量为 2.02 亿 m³，主要分布在小滦河、伊逊河和兴州河子流域。4月份降水集中承德市、唐山市、秦皇岛市和朝阳市，其中承德市的降水量最多为 6.78 亿 m³，主要分布在滦河流域中部和南部的柳河、武烈河、老牛河、瀑河和青龙河子流域。5月份降水集中在承德市、朝阳市和秦皇岛市，降水较多的子流域为滦河流域中部的小滦河、伊逊河、兴洲河、武烈河、柳河和青龙河流域。3、4、5月份为春季，进入春季滦河流域的降水开始逐月增加，降水集中区域开始向南移动，这主要因为随着春季到来，气温逐渐回升，由东南沿海吹往滦河流域腹地的季风开始主导降雨过程，气温对降水的影响开始减弱，地形对降水的影响开始增强。6月份的降水主要集中在承德市、唐山市和秦皇岛市，降水量较多的子流域为闪电河、伊逊河、柳河和青龙河子流域。7、8月份是滦河流域全年降水最多的月份，降水主要集中在唐山市和秦皇岛市，降水较多的子流域位于滦河流域南部的柳河和青龙河子流域。6、7、8月份是夏季，这三个月份的降水量贡献了全年降水量的60%以上，它们主导了年降水的空间分布格局，这几个月份是季风最强的月份，大量的水汽随季风到达滦河流域，经纬度和水汽运移距离决定了这几个月份的降水空间分布呈现由东南向西北递减的格局。9月份的降水主要集中在张家口市、承德市和唐山市，降水较多的子流域位于滦河流域的东北部和西南部的闪电河、小滦河、伊逊河和柳河子流域。10月份降水集中在承德市、唐山市、秦皇岛市和朝阳市，降水较多的子流域位于滦河流域的中部，11月份的降水集中在唐山市和秦皇岛市，降水较多的子流域位于滦河流域的南部和西南部。9、10、11月为秋季，降水开始逐月减少，与春季相反，降水较多的区域呈现逐渐北移的趋势，气温和地形成为主导降水的因素。

7.4 降水量时间变化规律分析

本章使用降水量趋势线和ITA趋势分析方法对滦河流域降水量的时间变化规律进行分析，趋势线分析用于分析滦河流域2010~2019年的整体变化规律，ITA趋势分析用于分析2015~2019年相比于2010~2014年不同降水量的变化趋势。本节所有插图左半部分为降水量趋势图，右半部分为ITA趋势分析图。

滦河流域2010~2019年平均降水量时间变化规律如图7-11所示，如趋势图所示，滦河流域降水年际变化十分明显，丰水年和枯水年相差悬殊，降水量的年际差异最高能达到100亿m³。其中2012年和2016年降水较多，2011年、2014年、2017年和2018年降水较少，总体上呈现丰、枯交替的降水时间变化特征。由趋势线可以看出，2010~2019年，滦河流域降水量呈现出明显的波动下降趋势，且下降幅度较大。如ITA趋势分析图所示，2015~2019年与2010~2014年相比，降水量低于500mm的年数保持不变，高于500mm的年数呈现出明显的下降趋势，ITA趋势与距平结果一致，受降水量超过500mm年数减少的影响，滦河流域2010~2019年的降水量呈现出波动下降的时间变化特征。

表7-1展示了2010~2019年滦河流域内行政区及子流域降水量的变化情况。整体上看，2011年、2014年和2017年为枯水年，所有行政区和子流域的降水量较其他年份均有明显的下降。2010年、2012年和2016年为丰水年，所有行政区和子流域的降水量均明显高于其他年份。从行政区来看，2010~2019年承德市和秦皇岛市降水量波动较为剧烈，其中承德市降水量的波动幅度超过50亿m³，秦皇岛市降水量的波动幅度也超过了25亿m³，

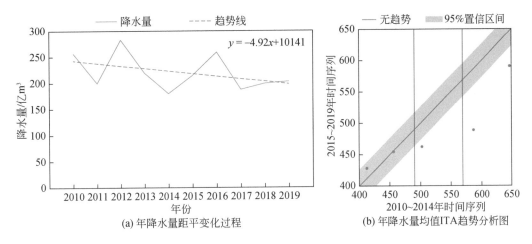

图 7-11　滦河流域年降水量时间变化图

其他行政区波动幅度较小。从子流域来看，2010～2019 年降水量波动最大的子流域为青龙河子流域，波动幅度超过 50 亿 m³，伊逊河、闪电河和柳河也有明显的波动，幅度为 20 亿 m³，其他子流域 10 年间降水量变化比较平缓。

表 7-1　2010～2019 年滦河流域内行政区和子流域年降水量　　（单位：亿 m³）

	全流域	2010 年	2011 年	2012 年	2013 年	2014 年	2015 年	2016 年	2017 年	2018 年	2019 年
		585.91	455.97	646.53	501.93	411.83	489.65	591.35	428.99	455.05	463.03
行政区划	承德市	178.51	142.73	175.01	147.99	131.54	152.45	170.71	126.12	138.32	137.28
	秦皇岛市	29.54	19.65	39.24	24.56	13.98	19.71	29.42	20.02	18.94	21.32
	唐山市	15.35	11.56	23.58	14.76	9.14	11.94	16.06	10.69	11.76	11.86
	张家口市	5.54	3.36	4.71	4.44	3.72	4.44	4.99	2.83	4.71	4.47
	朝阳市	10.09	6.95	11.16	7.51	5.03	6.73	9.38	7.56	6.22	7.10
	锡林郭勒盟	27.87	17.81	28.57	28.22	23.77	26.58	27.91	16.31	26.88	24.77
子流域	闪电河	48.82	32.67	46.81	47.02	39.44	44.89	49.10	28.96	44.95	43.14
	小滦河	19.39	13.58	18.09	15.64	16.21	17.56	17.38	11.03	15.73	14.01
	武烈河	15.56	11.83	13.28	11.92	10.83	12.31	13.56	10.88	10.23	10.46
	兴州河	14.71	12.31	13.02	12.45	11.35	12.27	14.86	10.34	11.14	12.30
	伊逊河	51.73	40.77	45.80	39.17	41.27	45.85	46.71	34.28	41.12	36.42
	瀑河	14.56	11.34	16.85	12.35	8.84	11.17	13.56	11.61	9.62	11.55
	青龙河	54.88	37.47	71.63	45.65	27.25	37.39	54.20	38.05	35.34	39.63
	老牛河	13.24	11.40	13.60	11.06	9.10	11.40	13.03	10.92	8.99	10.72
	柳河	33.74	30.56	43.02	32.06	22.59	28.73	35.85	27.38	29.49	28.41

图 7-12 显示了 2010～2019 年滦河流域四季降水量的变化情况。如降水量趋势图所示，滦河流域四季降水量年际间波动剧烈，变化十分明显。整体上看春、夏季虽波动剧烈，但降水量无明显的增多或减少，秋、冬季波动同样剧烈，但降水量出现明显的波动下降趋势。

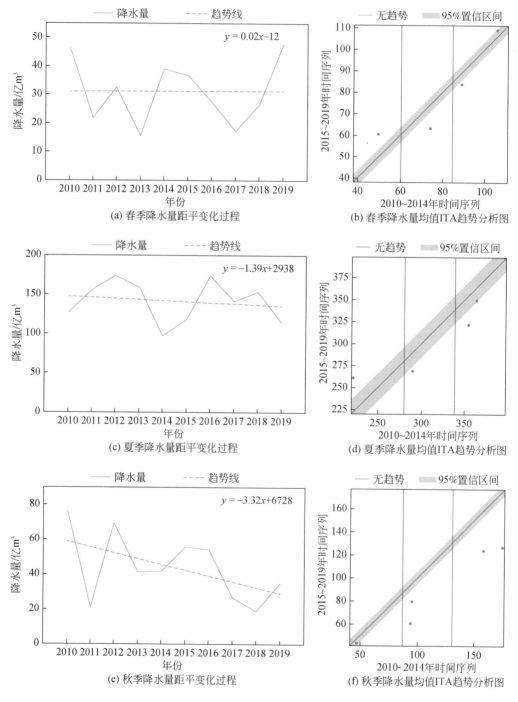

(a) 春季降水量距平变化过程

(b) 春季降水量均值ITA趋势分析图

(c) 夏季降水量距平变化过程

(d) 夏季降水量均值ITA趋势分析图

(e) 秋季降水量距平变化过程

(f) 秋季降水量均值ITA趋势分析图

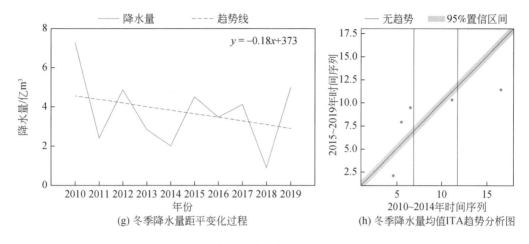

图 7-12　滦河流域季降水量时间变化图

春季降水量较多的年份是 2010 年和 2019 年，降水量较少的年份是 2013 年和 2017 年，10 年间春季的降水量最大波动幅度超过了 80mm，其中春季降雨量低于 60mm 的数量呈现出增多趋势，春季降水量在 60～100mm 的数量呈现出下降趋势。

夏季是滦河流域全年降水最多的季节，也是全年降水幅度波动最大的季节，最大的波动幅度接近 200mm，其中 2012 年和 2016 年降水最丰沛，降水量超过 170 亿 m³，2014 年最干旱，降水量为 100 亿 m³，其中夏季降水量低于 250mm 的数量呈现出明显的增多趋势，降水量在 250～350mm 之间的数量出现下降趋势。

秋季降水较多的年份是 2010 年和 2012 年，超过了多年平均降水量接近 100mm，降水量较少的年份是 2011 年和 2018 年，低于多年平均降水量 50mm，多年最大波动幅度达到 150mm，10 年间秋季降水量呈现明显的减少趋势，秋季降水量低于 80mm 的数量无明显变化，但降水量超过 80mm 的数量呈现明显的下降趋势。

冬季降水量为全年最低，最大降水量也不超过 20mm，其中 2010 年冬季降水量最多，2018 年冬季降水量最少，波动幅度为 15mm。但 2010～2019 年冬季降水量呈现出较为明显的减少趋势，其中冬季降水量低于 5mm 和高于 10mm 的数量明显下降，降水量在 5～10mm 之间的数量略有提升。

本书附录表 1 展示了 2010～2019 年滦河流域内行政区和子流域季降水量的变化情况。10 年间同一季节不同行政区和子流域降水量的变化具有明显的一致性，不同季节降水量的变化却有明显差异性。如春季降水量较多的年份为 2010 年、2014 年、2015 年和 2019 年，而夏季降水量较少的年份却变为 2010 年、2014 年、2015 年和 2019 年，春、夏季有较为明显的降水互补特征。而秋冬季降水却呈现出大致相同的变化趋势，降水量均有明显下降趋势。

滦河流域 12 个月份降水量随时间的变化情况如图 7-13 所示，12 个月份降水量的波动均比较剧烈。从整体上看，1 月、3 月、9 月、10 月份降水量呈现逐年下降的趋势，8 月份降水量呈现明显的增加趋势，6 月份呈现出 2010～2012 年降水量迅速增加，2012～2019 年降水量快速下降特征，其他月份降水量虽有波动，但无明显增加或减少趋势。

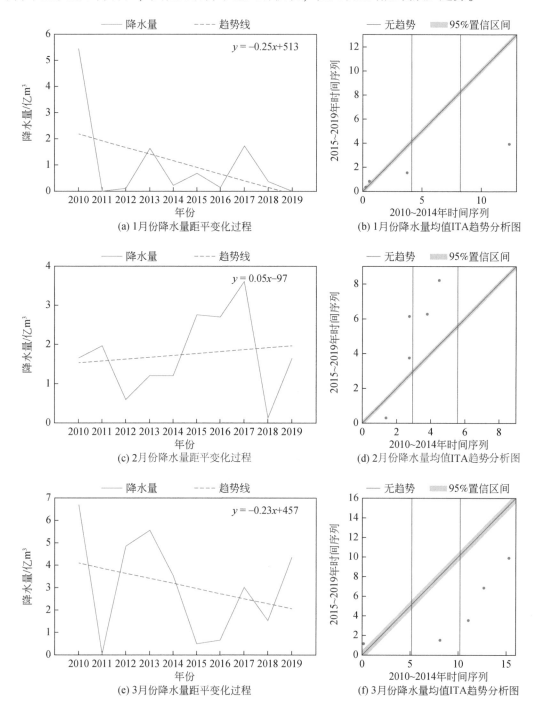

(a) 1月份降水量距平变化过程

(b) 1月份降水量均值ITA趋势分析图

(c) 2月份降水量距平变化过程

(d) 2月份降水量均值ITA趋势分析图

(e) 3月份降水量距平变化过程

(f) 3月份降水量均值ITA趋势分析图

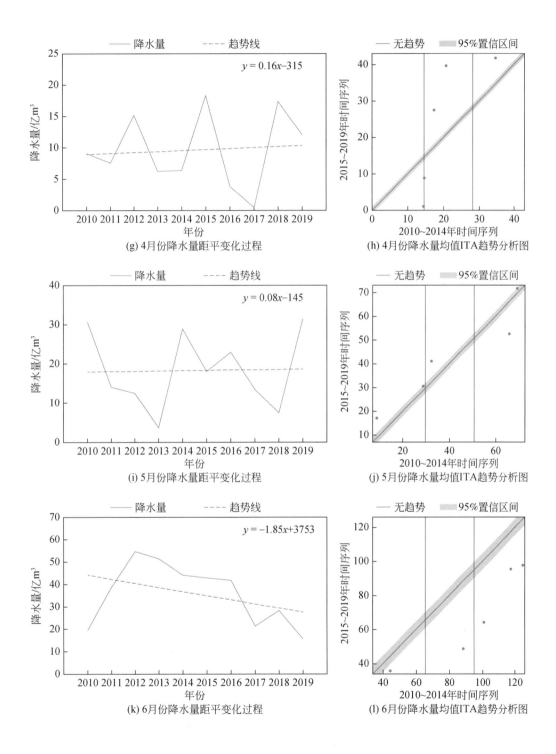

(g) 4月份降水量距平变化过程

(h) 4月份降水量均值ITA趋势分析图

(i) 5月份降水量距平变化过程

(j) 5月份降水量均值ITA趋势分析图

(k) 6月份降水量距平变化过程

(l) 6月份降水量均值ITA趋势分析图

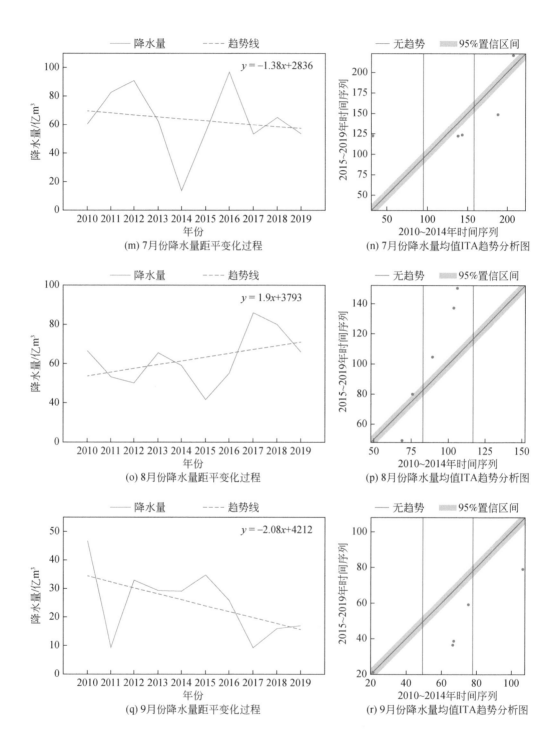

(m) 7月份降水量距平变化过程

(n) 7月份降水量均值ITA趋势分析图

(o) 8月份降水量距平变化过程

(p) 8月份降水量均值ITA趋势分析图

(q) 9月份降水量距平变化过程

(r) 9月份降水量均值ITA趋势分析图

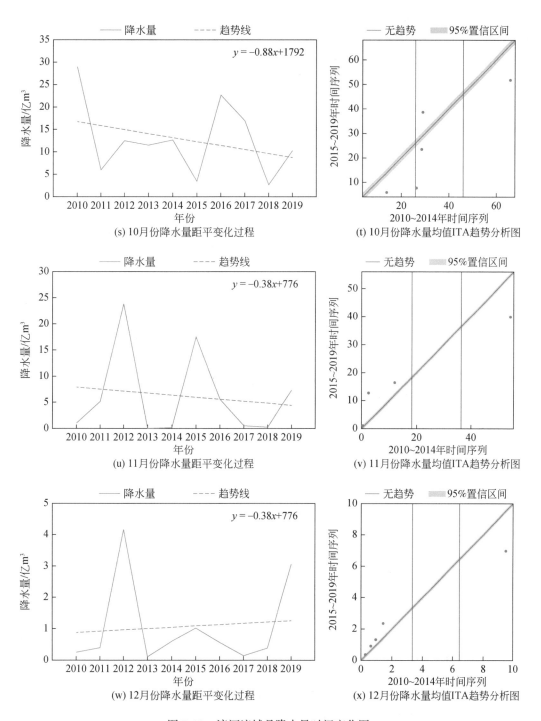

图 7-13　滦河流域月降水量时间变化图

1月、2月、3月和12月份的降水量太小，全流域降水量均低于7亿 m³，一次降水便会改变整个降水量时间变化规律，所以不再进行更加详细的分析。4月份降水量最大值出现在2015年和2018年，最小值出现在2017年，最大波动幅度为20亿 m³，趋势线的斜率为0.16，降水量有略微增加的趋势，由 ITA 趋势分析可知，低于15mm 的降水量呈减少趋势，高于15mm 的降水量呈增多趋势。5月份的降水量距平图呈现 W 形，最大降水出现在2010年、2014年和2019年，最低降水出现在2013年，波动幅度接近30亿 m³，降水量整体无明显趋势，但低于40mm 的降水量呈现增多趋势，超过40mm 的降水量呈现减少趋势。6月份的最大降水量出现在2012年，最小降水量为2019年，波动幅度接近50亿 m³，降水趋势线斜率为-1.85，有明显的下降趋势。由 ITA 趋势图可知，40~120mm 的降水均呈现减少趋势。7月份降水量最大值出现在2016年，最小值出现在2014年，波动幅度为100亿 m³，丰水年和枯水年的降水量差距巨大，趋势线斜率为-1.38，降水量呈现减少趋势，其中低于100mm 和高于200mm 的降水有增多的趋势，位于100~200mm 的降水呈减少趋势。8月份降水量最大值出现在2017年，最小值出现在2015年，波动幅度接近50亿 m³，趋势线斜率为1.9，降水量有明显的增加趋势，其中低于70mm 的降水呈减少趋势，大于80mm 的降水有明显增多趋势。9月份降水量最大值出现在2010年，最小值出现在2011年和2017年，波动幅度为40亿 m³，降水趋势线斜率为-2.08，存在明显的下降趋势，其中低于40mm 的降水无明显变化，高于40mm 的降水有明显减少趋势。10月份降水量最大值出现在2010年，最小值出现在2015和2018年，波动幅度为25亿 m³，整体呈现下降趋势，其中低于30mm 和高于40mm 的降水有减少趋势，位于30~40mm 之间的降水呈增多趋势。11月份降水量最大值出现在2012年，大部分年份降水量较少，波动幅度为25亿 m³，降水量有轻微减少趋势，其中低于20mm 的降水有增多的趋势，大于20mm 的降水有减少趋势。滦河流域内行政区和子流域的降水时间变化规律与全流域相同，不再进行过多的描述，详细变化情况见附录 A 表 A.2 所示。

参 考 文 献

Harka A E, Jilo N B, Behulu F. 2021. Spatial-temporal rainfall trend and variability assessment in the Upper Wabe Shebelle River Basin, Ethiopia: Application of innovative trend analysis method. Journal of Hydrology: Regional Studies, 37: 100915.

Kundzewicz Z W, Robson A J. 2004. Change detection in hydrological records: A review of the methodology. Hydrological Sciences Journal, 49 (1): 7-19.

Sen Z. 2012. Innovative trend analysis methodology. Journal of Hydrologic Engineering, 17 (9): 1042-1046.

Wei W W S. 1990. Time Series Analysis: Univariate and Multivariate Methods. Langton: Addison-Wesley Redwood City Press.

Wu H, Qian H. 2017. Innovative trend analysis of annual and seasonal rainfall and extreme values in Shaanxi, China, since the 1950s. International Journal of Climatology, 37 (5): 2582-2592.

第8章 基于时序遥感的非点源污染风险动态评估

8.1 引　言

随着全球经济快速发展，水环境污染已成为一个亟须解决的全球性问题，受到学者和管理者关注（刘庄等，2015）。水体污染按污染形式可以分成点源污染和非点源（面源）污染，近年来，随着点源污染管控措施逐步完善，非点源污染已成为全球水环境防治的最大挑战之一（李华林等，2021；李明龙等，2021；高晓曦等，2020）。相较于点源污染，非点源污染具有来源广泛、爆发具有随机性、空间差异明显且监测困难等特点，使得非点源污染防治难度远远高于点源污染（王雪蕾等，2013；Ma et al.，2015）。目前，国内外非点源污染研究以非点源污染负荷定量估算和非点源污染风险定性评估为主（Zou et al.，2020；李悦昭等，2021），但有学者认为，相对于非点源污染负荷的精确估算，如何准确识别污染输出高风险区域并制定相应防治措施才是非点源污染研究的首要工作（贾玉雪等，2020；雷能忠和黄大鹏，2007）。

输出风险模型作为非点源污染输出风险评估常用方法之一，以输出系数法为基础，核心思想是根据土地利用类型空间分布特征实现区域非点源污染输出风险评估（张立坤等，2014；Wu et al.，2015）。该方法不考虑非点源污染形成及迁移转化等复杂物理过程，模型具有结构简单、基础数据易获取及参数较少等特点，且模型对时空尺度不敏感，可移植性好（荆延德等，2017；Matias and Johnes，2012）。目前，基于输出风险模型的非点源污染研究，大多已考虑降水和地形时空差异影响，并通过引入新的模型参数，对经典的输出风险模型进行改进，模型模拟精度得到了较大改善（Wang et al.，2019；刘瑞民等，2009；田甜等，2011；张立坤等，2014）。但通过调研，发现目前研究存在以下3点不足之处：①土地利用数据空间分辨率和精度不足，大多数研究以30m分辨率Landsat系列卫星影像为基础，采用单一分类器提取土地利用数据；②基于气象站点插值的降水数据精度不足，尤其在站点数据稀少区域，这使得降水因子计算存在不确定性；③目前非点源污染风险研究以年尺度为主，但实际上，大多数区域年内降水时空分布差异较大，非点源污染风险也存在较大差异。

水库作为人类赖以生存的资源，在防洪、灌溉和城市用水等方面起到重要作用（李子成等，2012）。潘家口水库是"引滦入津"工程主要水库，近年来由于受上游农业和城市排污等影响，水库水质持续恶化（李锦时等，2021；王洪伟等，2021）。本节以潘家口水库流域为研究区，首先以高空间分辨率（16m）国产GF-6 WFV影像作为土地利用分类基础数据，采用多分类器组合方法，实现研究区土地利用高精度提取；其次以高时空分辨率（时间分辨率 0.5h，空间分辨率 0.1°×0.1°）的卫星反演降水产品 GPM（global precipitation measurement mission）作为流域降水基础数据，通过 PSO-BP（particle swarm optimization-back propagation）降尺度方法，得到研究区高精度降水数据；最后构建了考虑流域降水和地形差异的输出风险模型，区别于传统研究，在月尺度上评估潘家口水库流域非点源污染输出风险，并提出针对性的污染防控措施，以期为流域非点源污染研究和水环境保护提供科学参考。

8.2 数据与预处理

所需数据包括潘家口水库流域 DEM、18 景 GF-6 WFV 影像、卫星反演降水产品 GPM、降水站点数据和 NDVI，所有数据时间均为 2018 年。数据处理包括：①子流域是输出风险模型的最小计算单元，以 DEM 为基础数据，通过 ArcGIS_10.6 软件进行填注、流向计算、汇流量计算、河网水系提取和河网分级等处理，将研究区划分为 105 个子流域。②土地利用分类是输出风险模型的基础，以 18 景 GF-6 WFV 影像为土地利用提取基础数据，采用多分类器组合方法（顾晶晶等，2021a），将研究区土地利用分为水体、草地、耕地、林地、建设用地和未利用地这 6 类。③降水作为非点源污染产输的主要驱动力，无疑是最重要的参数之一，采用文献（顾晶晶等，2021b）的卫星反演降水产品 GPM 空间降尺度 PSO-BP 模型，得到研究区高精度降水数据。④土壤侵蚀是非点源污染产输的主要途径之一，一般认为土壤侵蚀强度与坡度正相关，即坡度越大，发生侵蚀的可能性越高（陈学凯等，2018）。以 DEM 为基础，利用 ArcGIS_10.6 软件中 Spatial Analysis 工具计算研究区坡度，作为模型地形因子计算的基础数据。

8.3 研 究 方 法

传统输出风险模型适用于降水均匀、地势平坦区域，而随着模型的广泛应用，降水和地形因子已成为输出风险模型不可忽视的模型参数（程先等，2017）。因此，本章综合考虑潘家口水库流域降水时空差异以及地形空间差异，引入动态降水因子和地形因子对模型进行改进，构建输出风险评估模型，识别了潘家口水库流域非点源污染输出风险时空分布特征。本章技术路线如图 8-1 所示。

8.3.1 输出风险模型

输出系数法是输出风险模型的基础，输出系数法最早由 Frink 提出，经 Johnes 等改进，形成经典输出系数模型（Johnes，1996）。模型不涉及非点源污染复杂的产输机理，参数少、计算简单、模拟精度高，且对监测数据要求不高，所以在大尺度非点源污染研究中应用广泛（荆延德等，2017；张华美，2018）。非点源污染风险评估需要明确的阈值，有研

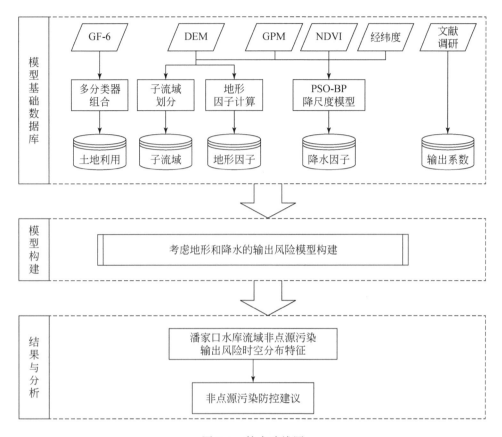

图 8-1　技术路线图

究表明，相对于其他土地利用类型，林地产污少，且对污染物的迁移有一定抑制，所以一般认为林地是非点源污染的"汇"，其他土地利用类型是非点源污染的"源"（许芬等，2020；Cheng et al.，2018）。本文在非点源污染风险计算中，以林地输出系数作为风险计算阈值，大于则认为存在输出风险，反之则不存在输出风险（郝桂珍等，2020；荆延德等，2017）。考虑降水动态因子和地形因子的输出风险模型计算公式为

$$L_k = \sum_{i=1}^{n} (\alpha_k \times \beta_k \times E_{ij} A_{ik}) \tag{8-1}$$

$$G_k = \frac{(L_k - E_h)}{L_k} \tag{8-2}$$

式中，L_k 为第 k 个子流域内污染物 j 带权重的平均输出系数；j 为污染物类型，本章研究为总氮（total nitrogen，TN）和总磷（total phosphorus，TP）；i 为流域内土地利用类型；E_{ij} 为污染物 j 在第 i 类土地利用类型的输出系数；A_{ik} 为第 k 个子流域内第 i 种土地利用类型的面积百分比；α_k 和 β_k 分别为第 k 个子流域内降水因子和地形因子；G_k 为第 k 个子流域非点源污染输出概率；E_h 表示非点源污染输出计算阈值，即林地的最大输出系数。

8.3.2 模型参数计算

1. 动态降水因子

降水时空差异对非点源污染形成与迁移影响显著，本文动态降水因子（a_k）计算需要从时间差异（α_k^t）和空间差异（α_k^s）两个方面进行考虑（段扬等，2020；Wang et al.，2020），计算公式如式8-3所示：

$$a_k = \alpha_k^t \cdot \alpha_k^s = \frac{R_k^{month}}{\overline{R_k}^{month}} \times \frac{R_k^{month}}{R^{month}} \tag{8-3}$$

式中，a_k 为第 k 个子流域的某月降水因子；α_k^t 和 α_k^s 分别为第 k 个子流域降水因子的时间差异因子和空间差异因子；R_k^{month} 和 $\overline{R_k}^{month}$ 分别为第 k 个子流域的某月降水侵蚀力和月平均降水侵蚀力；R^{month} 为全流域某月降雨侵蚀力。降水侵蚀力计算参考徐丽等（徐丽等，2007）降水侵蚀力简易计算方法，计算公式如8-4所示：

$$R = 0.689 \cdot P^{1.474} \tag{8-4}$$

式中，R 为降水侵蚀力；P 为月降水量。计算潘家口水库流域2018年降水影响因子如图8-2所示。从中可以看出，从4~9月，降水因子整体呈现先增后减趋势，且降水因子空间差异显著，其中7月和8月降水因子相对较高。

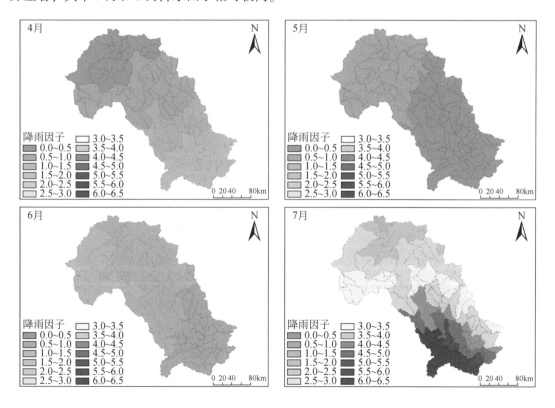

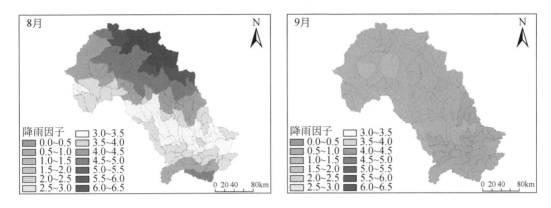

图 8-2 2018 年潘家口水库流域降水因子

2. 地形因子

有研究表明（Liu and Singh，2004），地形与非点源污染产输存在显著关系，并采用坡度因子来表示非点源污染由于下垫面起伏而产生的空间差异，计算公式如 8-5 所示：

$$\beta_k = \frac{S_k^b}{\overline{S^b}} \tag{8-5}$$

式中，β_k 为第 k 个子流域的地形因子；S_k^b 为第 k 个子流域的平均坡度；$\overline{S^b}$ 为全流域平均坡度；b 为常数，参考相关非点源污染研究中地形因子计算方法（胡富昶等，2019；Cheng et al.，2018），取 $b = 0.6104$。计算潘家口水库流域地形因子如图 8-3 所示。从图中可以

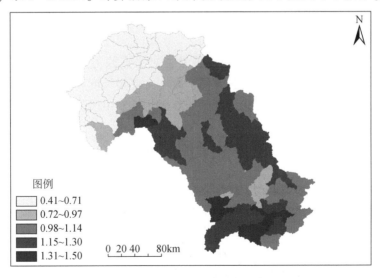

图 8-3 潘家口水库流域地形因子

看出，潘家口水库流域地形因子取值在 0.41 ~ 1.50，流域上游位于内蒙古坝上高原，地势平坦，所以坡度因子相对较小；中下游以丘陵和山地为主，地貌复杂，坡度因子相对较大。

3. 输出系数

输出系数确定是构建非点源输出风险模型的关键步骤，国内外输出系数确定方法包括野外监测、统计分析和文献查阅。由于研究区监测数据不足，本文输出系数采用文献查阅方法确定，结合文献（第一次全国污染源普查资料编纂委员会，2011）以及国内学者在相似区域的研究成果（王珊，2020；万超，2002；刘亚琼等，2011；时迪迪等，2020；程先等，2017），确定非点源污染输出系数（表 8-1）。

表 8-1　潘家口水库流域非点源污染输出系数

项目	土地利用类型				
	耕地	林地	草地	建设用地	未利用土地
TN	29	2.38	10	11	14.9
TP	0.9	0.15	0.2	0.24	0.51

8.4　结果与讨论

目前，非点源污染输出风险并没有明确的等级划分，本文参考方广玲等（2015）对非点源污染输出风险等级划分，以 0.2 为间隔，将 TN 和 TP 输出风险概率划分为 5 个等级，分别为低风险（0 ~ 0.2）、较低风险（0.2 ~ 0.4）、中风险（0.4 ~ 0.6）、较高风险（0.6 ~ 0.8）和高风险（0.8 ~ 1.0）。国内外学者对非点源污染输出风险研究多集中在年尺度，较少对月尺度污染输出风险进行评估，故本文在年尺度和月尺度分别计算了潘家口水库流域非点源污染输出风险，分析研究区非点源污染输出风险时空分布特征。

8.4.1　年尺度非点源污染风险空间分布

2018 年潘家口 TN 和 TP 的非点源污染输出风险空间分布如图 8-4 所示。总体而言，两种污染物的输出风险均在流域的上游和下游较高，中游较低。结合行政区划分和非点源污染输出风险面积统计，从图 8-4（a）可以看出，TN 污染输出高风险和较高风险区分别占流域总面积的 23.9% 和 46.7%，主要分布在流域上游多伦县、围场满族自治县西部、沽源县东北部、丰宁满族自治县东部和流域下游的滦平县、鹰手营子矿区、双桥区、宽城满族自治区和兴隆县东北部，这些区域土地利用方式以产污量较高的耕地和城市为主，所以非点源污染输出风险相对较高。中风险区主要集中在流域中游，约占流域总面积

21.9%，主要分布在围场满族自治县西南部、隆化县、承德县和平泉县的西部，这些区域土地利用方式以林地为主，村落和耕地分散在整个区域，虽然林地对污染物有一定拦截能力，但由于山区坡度较大，地表径流对污染物迁移能力较强。较低风险和低风险区面积约占流域总面积的 7.5%，主要集中在流域中游的围场满族自治县中部、隆化县东部和承德县东北部，这些区域林地占比高，且多为天然林地，不需要施肥，污染物来源较少，非点源污染风险相应也就较低。

从图 8-4（b）可以看出，TP 污染输出无高风险区。较高风险区和中风险区分别占流域面积的 29.4% 和 38.0%，主要集中在土地利用类型以耕地为主的上游、中游西部和下游城市区，包括正蓝旗北部、太仆寺旗和沽源县东部、多伦县围场满族自治县西部、丰宁满族自治县、隆化县中部、滦平县东部和兴隆县和宽城满族自治县等。较低风险区主要集中在流域的中游和下游东部区域，包括围场满族自治县中部、隆化县、承德县西部和平泉县西部等，约占流域总面积的 26.9%。低风险区和无风险区分别占流域总面积的 5.2% 和 0.5%，集中分布在流域中游东南部，包括隆化县东部和承德县北部。

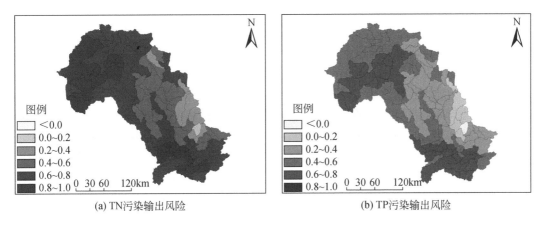

图 8-4　2018 年潘家口水库流域 TN 和 TP 污染输出风险

8.4.2　年内非点源污染风险空间分布

潘家口水库流域 2018 年 4~9 月 TN 和 TP 污染输出风险时空分布如图 8-5 所示，污染输出风险等级面积占比统计结果如图 8-6 所示。结合图 8-5 和图 8-6 可以看出，4 月 TN 和 TP 污染输出的无风险区域均超过全流域面积的一半，分别达到 60.7% 和 77.9%；低风险区分别为 9.7% 和 4.2%；较低风险区和中风险区面积相当，分别约为 9.1% 和 8.7%；TN 污染输出的较高风险区约为 11.6%，主要位于流域下游；两类污染物输出均无高风险区。5 月降水量较小，污染输出风险相对较低，流域内污染输出均无较高风险区和高风险区，TP 污染输出仅存在无风险区和低风险区。其中，TN 和 TP 污染输出的无风险区占比分别为 68.4% 和 94.8%，低风险区占比分别为 5.9% 和 5.2%；TN 污染输出的较低风险区和中风险区分别为6.6%和19.1%。6月流域汛期开始，污染输出风险明显高于4月和5月，但仍不存在高风险区域。其中，TN和TP污染输出的无风险区域面积明显减少，分别为23.4%和55.0%；低风险区、较低风险区、中风险区面积占比分别为21.2%、16.3%、9.3%和14.9%、19.3%、10.8%，TN污染输出较高风险区约为29.7%。

潘家口水库流域2018年7月和8月总降水量达到年降水量的50%以上，非点源污染输出风险相应也较高（万超，2002）。其中，7月污染输出风险等级均在较低风险以上，TN和TP污染输出的较低风险区、中风险区、较高风险区、高风险区面积占比分别为0.9%、12.6%、40.0%、46.4%和6.0%、36.3%、46.8%、10.9%。流域TN污染输出以较高风险和高风险为主，总面积占比达到86.4%，TP污染输出以中风险和较高风险为主，约占全流域的83.1%。8月降水量最大，相应的污染风险也达到最高，其中TN和TP污染输出的中风险、较高风险和高风险区面积占比分别为3.1%、41.7%、55.2%和23.7%、67.4%、7.8%，TP污染输出的较低风险区约为1.1%。9月是流域汛期的最后一个月，降水量相对于7月和8月明显下降，污染输出风险也相应减小，TN和TP污染输出的无风险区、低风险区、较低风险区、中风险区面积占比分别为17.4%、25.4%、19.1%、10.1%和62.8%、7.9%、23.0%、6.2%，TN污染输出的较高风险区约为28.0%；其中TN各等级污染输出风险面积占比平均为20%，而TP污染输出以无风险区为主，较低风险区次之。

结合图8-5和图8-6分析，总体而言，从4~9月TN和TP污染输出风险呈现先增大后减小，趋势与年内降水量变化一致，这与张婷等（2021）利用SWAT模型模拟结果一致，呈现出"汛期高，非汛期低"的特点。对比分析不同类型污染物输出风险，发现研究区TN污染输出风险均比TP高，这与杨金风等（2021）在海河流域的研究结果一致。分析不同等级污染风险区内主要的土地利用类型，发现以林地为主要土地利用类型的中游，非点源污染输出风险相对较低，而在以耕地和建设用地为主的上游和下游，非点源污染输出风险较高。

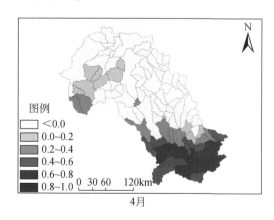

4月

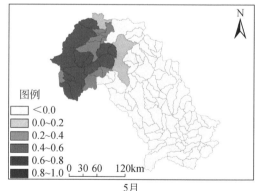

5月

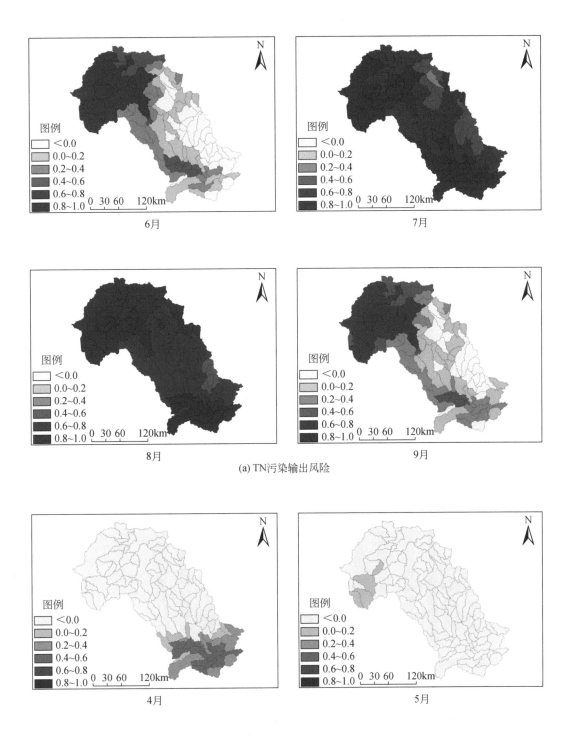

(a) TN污染输出风险

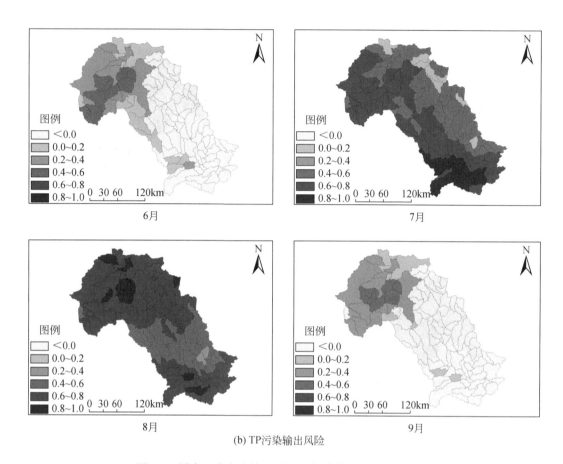

(b) TP污染输出风险

图 8-5　潘家口水库流域 TN 和 TP 污染输出风险空间分布

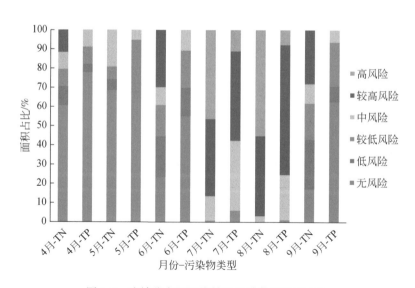

图 8-6　流域非点源污染输出风险等级面积占比

8.4.3　讨论

充分考虑流域降水和地形的时空差异，运用改进的输出风险模型，评估潘家口水库流域 2018 年非点源污染输出风险时空分布特征，并结合流域降水分布和农业活动，提出非点源污染防控措施。模型模拟过程中土地利用、降水等数据均来源于高分辨率卫星遥感数据，能够准确得到流域非点源污染风险时空分布特征，合理划分污染风险区。从结果来看，流域内以耕地和建设用地为主的区域污染风险更高，以林地为主的区域风险相对较低，这与大多数流域非点源污染风险评估研究结论一致（时迪迪等，2020；杨金凤等，2021；许芬等，2020；荆延德等，2017）。结合潘家口水库流域已有的非点源污染负荷研究，汛期的 TN 和 TP 污染负荷输出占到全年的 75% 以上（张婷等，2021），相应的在汛期污染输出风险也就越高，这与本书结论中 7 月和 8 月污染风险较高一致。

非点源污染受到诸多因素影响，其防控是牵扯到流域综合治理的系统工程，需要根据实际情况，在污染源和污染迁移方面同时进行防控。结合本文和已有潘家口水库流域非点源污染研究（万超，2003），提出以下非点源污染防控建议：①潘家口水库流域上游非点源污染以农业面源污染为主，污染物来自于农药和化肥流失，所以合理科学的农业管理是非点源污染防治关键。其中，农业化肥流失主要受施肥量、时间和方式等影响，农作物对化肥的吸收能力一般情况下保持不变，所以合理的施肥量可以一定程度上减少污染物的产生量；研究区年内降水集中在 6～9 月，雨季前的施肥在汛期流失严重，根据已有研究（Wang et al.，2018；万超，2002），若将 6 月底施肥改在月初施用，污染物总量将会下降10%；而深耕施肥相较于播撒施肥方式，也能有效降低化肥等污染物的流失。②合理景观布局，可以一定程度对污染物起到截留作用，在与土地利用规划不冲突的情况下，增加林地和草地等汇景观面积，可以有效降低流域非点源污染（贾玉雪等，2020）。有研究表明，河岸的植被缓冲带可以有效的降低各种污染物进入水体，达到非点源污染防治目的（徐珊珊等，2018）。所以针对流域非点源污染防治，在允许的情况下，合理布局"源"景观和"汇"景观，可提高景观单元内对污染物的消纳和降解能力。考虑到研究区河道周围分布着大量农田，应避免在河道附近种植化肥施用量较大的农作物，并结合付婧等（付婧等，2019）对国内外学者关于缓冲带最佳宽度的研究，推荐设置宽度为 5m 的植被缓冲带，减少近河农田污染物进入水体。

参 考 文 献

陈学凯，刘晓波，彭文启，等．2018. 程海流域非点源污染负荷估算及其控制对策．环境科学，39（1）：77-88.

程先，陈利顶，孙然好．2017. 考虑降水和地形的京津冀水库流域非点源污染负荷估算．农业工程学报，33（4）：265-272.

第一次全国污染源普查资料编纂委员会．2011. 污染源普查产排污系数手册-中册．北京：中国环境科学出版社．

段扬，蒋洪强，吴文俊，等．2020．基于改进输出系数模型的非点源污染负荷估算——以嫩江流域为例．环境保护科学，46（4）：48-55.

方广玲，香宝，杜加强，等．2015．拉萨河流域非点源污染输出风险评估．农业工程学报，31（1）：247-254.

付婧，王云琦，马超，等．2019．植被缓冲带对农业面源污染物的削减效益研究进展．水土保持学报，33（2）：1-8.

高晓曦，左德鹏，马广文，等．2020．降水空间异质性对非点源关键源区识别面积变化的影响．环境科学，41（10）：4564-4571.

顾晶晶，冶运涛，何毅，等．2021a．河谷盆地型城市扩张的时空与驱动力分析——以兰州市为例．科学技术与工程，21（19）：8120-8128.

顾晶晶，冶运涛，董甲平，等．2021b．滦河流域遥感反演降水产品高精度空间降尺度方法．南水北调与水利科技（中英文），19（5）：862-873.

郝桂珍，宋凤芝，徐利，等．2020．基于输出系数模型的清水河上游农业非点源污染负荷估算．科学技术与工程，20（33）：13919-13927.

胡富昶，敖天其，胡正，等．2019．改进的输出系数模型在射洪县的非点源污染应用研究．中国农村水利水电，（6）：78-82，92.

贾玉雪，帅红，韩龙飞．2020．基于"源-汇"理论的资江下游地区非点源污染风险区划．应用生态学报，31（10）：3518-3528.

荆延德，张华美，孙笑笑．2017．基于输出系数模型的南四湖流域非点源污染输出风险评估．水土保持通报，37（3）：270-274.

雷能忠，黄大鹏．2007．基于GIS的农业面源污染风险评估．中国农学通报，（12）：381-385.

李华林，张建军，张耀方，等．2021．基于不同赋权方法的北运河上游潜在非点源污染风险时空变化特征分析．环境科学，42（6）：2796-2809.

李锦时，李双江，宋汉卿，等．2021．磨盘山水源地污染源解析及防治对策研究．环境科学与管理，46（6）：50-55.

李明龙，贾梦丹，孙天成，等．2021．三峡库区非点源污染氮磷负荷时空变化及其来源解析．环境科学，42（4）：1839-1846.

李悦昭，陈海洋，孙文超．2021．白洋淀流域氮、磷、COD负荷估算及来源解析．中国环境科学，41（1）：366-376.

李子成，邓义祥，郑丙辉．2012．中国湖库水环境质量现状调查分析．环境科学与技术，35（10）：201-205.

刘瑞民，何孟常，王秀娟．2009．大辽河流域上游非点源污染输出风险分析．环境科学，30（3）：663-667.

刘亚琼，杨玉林，李法虎．2011．基于输出系数模型的北京地区农业面源污染负荷估算．农业工程学报，27（7）：7-12.

刘庄，晁建颖，张丽，等．2015．中国非点源污染负荷计算研究现状与存在问题．水科学进展，26（3）：432-442.

时迪迪，张守红，王红．2020．北沙河上游流域潜在非点源污染风险时空变化分析．环境科学研究，33（4）：921-931.

田甜, 刘瑞民, 王秀娟, 等. 2011. 三峡库区大宁河流域非点源污染输出风险分析. 环境科学与技术, 34 (6): 185-190.

万超. 2002. 潘家口水库上游流域面源污染的模拟研究. 北京: 清华大学.

万超, 张思聪. 2003. 基于 GIS 的潘家口水库面源污染负荷计算. 水力发电学报, (2): 62-68.

王洪伟, 王少明, 张敏, 等. 2021. 春季潘家口水库沉积物-水界面氮磷赋存特征及迁移通量. 中国环境科学, 41 (9): 4282-4293.

王珊. 2020. 潘家口水库上游非点源污染输出风险分析. 测绘与空间地理信息, 43 (6): 53-55.

王雪蕾, 蔡明勇, 钟部卿, 等. 2013. 辽河流域非点源污染空间特征遥感解析. 环境科学, 34 (10): 3788-3796.

徐丽, 谢云, 符素华, 等. 2007. 北京地区降雨侵蚀力简易计算方法研究. 水土保持研究, 14 (6): 433-437.

徐珊珊, 赵清贺, 曹梓豪, 等. 2018. 北江干流河岸植被缓冲带景观渗透性时空变化及其影响因素. 资源科学, 40 (6): 1267-1276.

许芬, 周小成, 孟庆岩, 等. 2020. 基于"源-汇"景观的饮用水源地非点源污染风险遥感识别与评价. 生态学报, 40 (8): 2609-2620.

杨金凤, 冯爱萍, 王雪蕾, 等. 2021. 海河流域农业面源污染潜在风险识别方法研究. 中国环境科学, 40 (10): 4782-4791.

张华美. 2018. 南四湖流域非点源污染输出风险评估及其对土地利用变化的响应. 曲阜: 曲阜师范大学.

张立坤, 香宝, 胡钰, 等. 2014. 基于输出系数模型的呼兰河流域非点源污染输出风险分析. 农业环境科学学报, 33 (1): 148-154.

张婷, 高雅, 李建柱, 等. 2021. 流域非点源氮磷污染负荷分布模拟. 河海大学学报(自然科学版), 49 (1): 42-49.

Cheng X, Chen L D, Sun R H, et al. 2018. An improved export coefficient model to estimate non-point source phosphorus pollution risks under complex precipitation and terrain conditions. Environmental Science & Pollution Research, 25 (21): 20946-20955.

Johnes P J. 1996. Evaluation and management of the impact of land use change on the nitrogen and phosphorus load delivered to surface waters: the export coefficient modelling approach. Journal of Hydrology, 183 (3-4): 323-349.

Liu QQ, Singh V P. 2004. Effect of Microtopography, Slope Length and Gradient, and Vegetative Cover on Overland Flow through Simulation. Journal of Hydrologic Engineering, 9 (5): 375-382.

Ma X, Li Y, Li B, et al. 2015. Evaluation of nitrogen and phosphorus loads from agricultural nonpoint source in relation to water quality in Three Gorges Reservoir Area, China. Desalination and Water Treatment, 57 (44): 20985-21002.

Matias N, Johnes P J. 2012. Catchment Phosphorous Losses: An Export Coefficient Modelling Approach with Scenario Analysis for Water Management. Water Resources Management, 26 (5): 1041-1064.

Wang G Q, Li J W, Sun W C, et al. 2019. Non-point source pollution risks in a drinking water protection zone based on remote sensing data embedded within a nutrient budget model. Water Research, 157: 238-246.

Wang W Z, Chen L, Shen Z Y. 2020. Dynamic export coefficient model for evaluating the effects of environmental changes on non-point source pollution. The Science of the total environment, 747: 141164.

Wang W, Xie Y J, Bi M F, et al. 2018. Effects of best management practices on nitrogen load reduction in tea fields with different slope gradients using the SWAT model. Applied Geography Sevenoaks, 90: 200-213.

Wu L, Gao J E, Ma X Y, et al. 2015. Application of modified export coefficient method on the load estimation of non-point source nitrogen and phosphorus pollution of soil and water loss in semiarid regions. Environmental Science & Pollution Research, 22 (14): 10647-10660.

Zou L L, Liu Y S, Wang Y S, et al. 2020. Assessment and analysis of agricultural non-point source pollution loads in China: 1978-2017. Journal of Environmental Management, 263: 110400.

第9章 总结与展望

9.1 总 结

本书在建立的数字孪生流域理论指导下，研究了降水遥感机理与方法，以滦河流域为研究区，在传统统计降水降尺度算法的基础上，通过整合地理探测器、卷积神经网络、高精度曲面建模，实现了环境因子选取、降水降尺度模型构建、降尺度残差校正的高分辨率、高精度降水数据获取的整个流程。最终结合 10 年的降水降尺度结果实现了滦河流域的降水量评价，从理论和应用的角度证明了所提降尺度方法的可靠性。基于时序遥感降水数据，研究了流域非点源污染风险动态评估。取得主要成果如下。

1. 建立了基于流域科学和数字孪生理论的数字孪生流域基础理论体系

数字孪生流域是数字孪生地球的重要组成部分，厘清数字孪生流域理论定义和内涵是研究和建设数字孪生流域的前提和基础，对流域智慧化治理管理具有重要意义。本文基于数字孪生理论技术，开展了以下研究：①给出了数字孪生流域的定义，认为数字孪生流域是以服务流域全生命周期管理的全量数据和领域知识驱动物理流域和虚拟流域交互映射、共智进化、虚实融合的新基建新范式，并辨析了与传统建模仿真的区别。②数字孪生流域内涵是通过"由实入虚"、"以虚映实"和"由虚控实"实现物理流域对象的全生命周期管控，特征包括高度保真、演化自治、实时同步、闭环互动和共生进化。③数字孪生流域基本模型由物理流域、虚拟流域、实时连接交互、数字赋能服务、孪生流域数据和孪生流域知识组成，其核心能力包括物理流域感知操控、全要素数字化表达、实景可视动态呈现、流域数据融合供给、流域知识融合供给、流域模拟仿真推演及孪生自主学习优化。④提出数字孪生流域要解决的关键科学问题和关键技术体系，并从感知网、数据网、知识网、模型网及服务网展望了数字孪生流域发展方向，阐述了数字孪生流域的赋能领域。本文旨在通过数字孪生流域理论新型研究范式为数字孪生流域技术应用落地提供理论指导，对未来智慧流域研究和数字技术在流域治理管理中的应用提供有益的启发与借鉴。

2. 研究了基于降水形成机制的降水遥感理论与方法

降水作为联结大气过程和地表过程的水分通量变化过程，属于地球水循环的最基本环节，对于大气圈、水圈、岩土圈和生物圈等都产生深刻的影响。降水过程具有强烈的时间和空间变异性，同时受到大气的宏观动力过程和微观物理过程的作用。云中不同大小的云滴、雨滴和冰晶，通过凝结（或凝华）增长和碰并（碰冻）增长机制，形成降水，其中以对流云和层状云降水最为典型。作为不同形式降水的雨、雪和冰雹等水凝物具有不同的滴谱分布特征，在与电磁波相互作用过程中，表现出不同的波谱反射、红外辐射、微波辐射和衰减特性。大气水凝物与电磁波之间的相互特性，构成降水遥感的重要物理基础。自20世纪70年代以来，人们利用气象卫星提供的大量对地观测资料，研发了上百种降水反演算法。尤其是1997年TRMM降雨观测卫星的发射，极大地推动了降水遥感的发展。结合不同波段电磁波在不同水凝物中的辐射传输原理，人们发展了可见光-红外、被动微波、雷达降水反演算法。在这些方法中，既有经验型的统计识别方法，如GPI方法；也有基于物理原理的反演方法，如Ferraro法、GPROF法等。运用多平台、多模式、多传感器、多通道的遥感数据，联合监测地球降水的长期变化，成为降水遥感的发展趋势，由此涌现了多种联合反演降水方法。利用地表测量，检验降水遥感反演产品精度，是降水遥感的重要一环。雨量计和雨滴谱仪是最基本的地表测量手段，地基雷达也是地表降水测量的重要补充。其中，以雨量计为基本观测设施的气象站已经构成全球降水监测网络系统，但主要分布在陆地，海洋地区仍然相对稀少。在世界主要发达国家地区，目前已经形成地基雷达观测网，可为降水遥感的精度检验提供有效的降水参照数据。根据所使用参考数据的不同，精度检验可分为直接检验、间接检验和交叉检验。利用地面雨量计和雨滴谱仪的观测数据，可对降水产品的精度进行直接检验。将经直接检验的地基雷达或卫星反演的降水数据，作为相对真值，也可对待检降水产品的精度进行间接检验。在缺乏地面观测数据和间接检验产品数据的情况下，可对不同来源的降水数据进行交叉分析，从而获得不同降水数据之间的一致性和差异性。

3. 建立了基于地理探测器的降水遥感环境影响因子定量识别方法

针对现有方法存在无法避免线性假设、无法保证多自变量共线性免疫和无法有效探索因子间交互作用对降水分布影响的问题，提出了一种基于地理探测器的定量分析方法，以滦河流域为研究对象，从因子探测、交互探测和生态探测三个方面探究了环境因子及其交互作用对降水空间分布的影响。结果表明：①不同时间尺度下降水空间分布的主导因子有所差异，年尺度以及春季、夏季、冬季的主导因子为纬度，且影响力超过80%，秋季的主导因子为经度，影响力为53%。月尺度的3月、5月、6月、9月和11月份主导因子为经度，其余月份为纬度，且影响力均超过44%。旬尺度下，1月中旬主导因子为坡度，2月上旬主导因子为高程，其他旬主导因子均为经度和纬度，且平均影响力超过51%。②在不同时间尺度环境因子的交互探测中，只有2月份高程-坡度及7月上旬NDVI-经度的交互作用为单因子非线性减弱，其余交互作用均起到了增强的效果。交互结果的影响力均超过10%，与单因子影响力相比有较大幅度的提升。③在年、季和月尺度下，纬度-经度的交互作用影响力最大，超过60%。旬尺度下，只有1月上旬和2月上旬最大Q值为纬度-坡向的交互作用，其余均为经度-纬度的交互作用。④生态探测结果表明，整体上不同环境因子对降水空间分布的影响差异显著。其中有显著差异的结果在所有结果中占比超过90%。⑤影响降水空间分布的环境因子在年、季、月尺度有较大变化。从整体上看，经度、度和高程对降水空间分布的影响显著，这也符合了季风气候区降水量由东南向西北递减的客观规律。交互探测发现原本影响力较小的 NDVI、坡度和坡向，在与其他因子交互之后起到了不俗的增强效果。生态探测发现不同环境因子对降水空间分布影响差异与时间尺度有密切联系，这为统计降水降尺度研究提供了基础。6 个环境因子在年尺度和秋季的单因子影响力均超过 6%，且交互作用的影响力超过 22%，且对降水空间分布的影响差异显著，可以都被选择进行降尺度模型构建。对春冬季来说，单因子影响力较弱且与其他因子差异不显著的环境因子可以适当的删除，这样在不影响计算精度的情况下能够提升模型的计算效率。

4. 建立基于参数高效优化的降水遥感深度学习模型

针对传统降尺度方法非线性拟合能力不足、现有深度学习方法对小流域和精确的时间尺度建模不佳以及当前对旬降尺度研究缺乏的问题。通过构建 IMERG 数据与 NDVI、高程、坡度、坡向、经纬度的关系，构建了一种基于像元的卷积神经网络降水降尺度模型，探讨了模型在年、季、月和旬尺度的表现及模型参数的变化情况，结果表明：降尺度结果与原始数据相比，年、季、月降尺度结果的相似指数分别超过 0.94、0.89 和 0.69，旬尺度也能有效表征降水情况；与中国日降水站点分析产品（CGDPA）相比，年、季、月和旬降尺度结果的平均相似指数分别为 0.58、0.78、0.68 和 0.47；模型参数的相似度会随着模型层数的深入逐渐增大。证明所提出模型具有良好的收敛性，在流域范围降水降尺度应用中具有良好的潜力。

5. 建立了遥感降水降尺度高效高精度校正方法

为消除降水场同质部分影响，提升统计降水降尺度结果精度。针对现有降尺度残差校正方法存在的误差问题和多尺度问题，通过使用贝叶斯优化算法改进高精度曲面建模方法，提出了一种基于贝叶斯参数优化的高精度曲面建模算法（Bayes-HASM），解决了模型参数选取和降尺度残差校正的问题，有效的消除了降水场同质部分对降水降尺度的影响。结果表明：经 Bayes-HASM 残差校正后，降尺度结果散点集中到 1 : 1 线附近；残差校正后年、季、月和旬尺度的精度指标均有较大幅度的改善，残差校正后 R 和 IA 能达到 0.9 左右，RMSE 均下降到 20mm 以下，BIAS 与 0 的距离也得到明显降低；四季精度均有明显提升，但秋冬季改善更为显著；月和旬尺度的改善幅度显著，部分月和旬的 R 和 IA 指标能够提升 0.8 以上。上述结果表明，本方法能有效提升降水降尺度结果精度，能显著消除降水场同质部分对统计降水降尺度的影响。

6. 基于时序遥感降水的滦河流域降水量评价

为了消除降水产品对水资源评价时效性和精细度的影响，整理筛选了 2010~2019 年间的环境因子，通过降尺度模型构建和降尺度残差校正获取该时段的年、季和月尺度的高精度降水量数据。从降水量的空间分布和时间变化两方面实现降水量动态评价。研究发现，滦河流域降水量年际变化幅度巨大，呈现逐年波动下降的趋势。降水的空间分布格局与山脉走向一致，呈现由东南沿海向西北内陆递减的特征。四季降水量变化差异显著，空间上，春秋季降水集中在滦河沿岸山区，冬季降水集中在滦河流域北部坝上高原区域，夏季降水最多，呈现从东南沿海向西北内陆递减的趋势；时间上，春夏季降水量存在明显互补的特征，秋冬季降水呈现出明显的减少趋势。滦河流域 12 个月份的降雨量变化显著，1 月、2 月、12 月降水极少，主要集中在坝上高原区域，3~6 月，降水量开始增多，降水集中区域逐渐向南移动，7 月、8 月降水量最大，呈现由东南向西北递减的趋势。9~12 月反转，降水量减少，降水较多的区域向北移动；其中 1 月、3 月、6 月、7 月、9 月、10 月、11 月降水量呈现逐年下降的趋势，2 月、4 月、5 月、8 月、12 月降水量呈现增多趋势。研究结果表明，所提出的降尺度方法能够有效提升降水数据的可靠性，降尺度结果也能够准确展示降水量的空间分布情况和时空变化规律。

7. 基于时序遥感降水的非点源污染风险动态评估

潘家口水库流域地形复杂，降水时空差异显著，传统输出风险模型适用性较差，引入降水因子和地形因子对输出风险模型进行改进。研究结果表明，考虑降水和地形的输出风险模型对潘家口水库流域非点源污染输出风险评估更合理。潘家口水库流域非点源污染输出风险时空差异显著，结合土地利用空间分布分析，以耕地为主的上游和以建设用地为主的下游，非点源污染风险较高；而以林地为主的流域中游，非点源污染风险相对较低。从时间上分析，4~9 月非点源污染风险先增后减，在汛期达到最高，与潘家口水库流域年内降水变化趋势相符。分析潘家口水库流域非点源污染输出风险时空分布特征，可以发现，流域农业非点源污染贡献较高，且在汛期输出风险更高，所以应制定科学的农业管理措施，减少非点源污染物产量。尽可能减少在河道附近种植高污染输出农作物，并设置植被缓冲带。

9.2 创 新 点

1）针对现有方法存在无法避免线性假设、无法保证多自变量共线性免疫和无法有效探索因子间交互作用对降水分布影响的问题，提出了一种基于地理探测器的定量分析方法，对影响地理探测器稳定性的可变面积单元问题展开讨论，并从因子探测、交互探测和生态探测三个方面探究了环境因子及其交互作用对降水空间分布的影响。

2）针对传统降尺度方法非线性拟合能力不足、现有深度学习方法对小流域和精确的时间尺度建模不佳以及当前对旬尺度降尺度研究缺乏的问题，构建了使用网格搜索算法实现超参数自优化的卷积神经网络的降水降尺度模型，并探讨了模型在年、季、月和旬的表现及模型参数的变化情况。

3）针对现有降尺度残差校正研究无法有效消除残差校正过程中的误差问题和多尺度问题，通过整合高精度曲面建模（HASM）空间插值方法和贝叶斯优化算法（Bayesian Optimization）提出了可以实现参数自优化的基于贝叶斯优化的高精度曲面建模算法（Bayes-HASM）。考虑到曲面的内蕴因素对曲面的约束作用，以残差初值为驱动场，以精确的残差点要素为优化控制条件，实现残差数据的准确表达。

9.3 展　望

1）考虑到其他潜在环境因子如何影响降水空间分布、其他 MAUP 分析方法适用性如何等问题，还需要深入研究：①增加更多的潜在环境因子深入分析；②增加监督分类方法使 MAUP 问题更加严密完整。

2）受样本和算力的影响，本书使用了卷积神经网络来构建统计降水降尺度模型，随着样本数量的增加，层数更多、更为复杂的深度学习模型可能会有更好的降水降尺度效果，能够将时间尺度扩展到日尺度甚至是小时尺度。

3）受不同时间尺度降水量差异的影响，对不同时间尺度，本书构建的卷积神经网络降水降尺度模型需分别训练和计算，而且在降水量较少的月份模型的表现欠佳。也许统一时间尺度模型以及多模型融合可能更具应用前景。

4）HASM 虽然具有优秀的性能，但是模型的使用过程需要提供高精度的样点数据和迭代初值数据。迭代初值数据一般采用样点数据插值得到，而不同的插值方法得到的迭代初值数据也可能对模型结果产生影响，对插值方法选取的讨论可能也会降低模型的不确定性。

5）目前降水降尺度框架只构建了基于 IMERG 数据的降水降尺度模型，多种降水产品的融合也许会弥补单个降水产品的不足，多源数据融合可能会为降水降尺度增加新的生命力。本书中使用的验证数据为 CGDPA，虽然多篇论文均证实它有很高的精度，但是它始终无法与实测站点更具说服力，而且该数据目前已经停产，所以未来使用实测雨量站点更具应用前景。

附录 滦河流域内行政区和子流域降水量

表1 滦河流域内行政区和子流域季降水量 （单位：亿 m^3）

	年份	2010	2011	2012	2013	2014	2015	2016	2017	2018	2019
春季	全流域	105.84	49.55	74.06	35.77	88.93	83.65	63.21	39.29	60.44	109.04
	行政区划 承德市	31.09	17.71	22.04	10.47	27.24	26.88	20.58	10.83	17.10	33.21
	秦皇岛市	4.00	1.96	2.58	1.27	3.37	3.89	2.05	1.04	2.26	4.36
	唐山市	1.95	1.01	1.45	0.60	1.69	2.32	1.09	0.64	1.45	2.24
	张家口市	1.10	0.56	0.63	0.23	0.76	0.50	0.55	0.51	0.63	1.19
	朝阳市	1.71	0.74	1.10	0.49	1.65	1.47	1.23	0.36	1.09	1.54
	锡林郭勒盟	5.70	2.76	3.35	1.36	5.32	3.22	2.87	2.72	3.12	6.74
	子流域 闪电河	9.94	4.94	6.07	2.53	8.35	5.63	5.07	5.03	5.39	11.45
	小滦河	3.71	1.78	2.32	1.14	2.81	2.51	1.70	1.47	1.58	4.23
	武烈河	2.36	1.63	1.89	0.95	2.58	2.12	1.90	0.66	1.32	2.41
	兴州河	3.02	1.43	2.00	0.95	2.17	2.11	1.88	1.23	1.34	2.77
	伊逊河	9.79	5.37	6.59	3.17	7.34	7.24	5.82	2.95	4.14	9.74
	瀑河	2.07	1.33	1.65	0.84	2.51	2.57	1.72	0.49	1.81	2.27
	青龙河	7.74	3.71	5.13	2.41	6.90	7.52	4.43	1.98	4.79	8.08
	老牛河	1.88	1.34	1.57	0.86	2.57	2.38	1.88	0.60	1.50	2.21
	柳河	4.94	3.20	3.90	1.54	4.77	6.18	3.97	1.66	3.78	6.04

续表

	年份	2010	2011	2012	2013	2014	2015	2016	2017	2018	2019
夏季	全流域	289.83	354.56	396.86	363.70	221.66	268.81	397.68	321.81	349.52	260.81
	承德市	83.00	109.02	107.33	106.34	74.68	83.87	110.17	95.68	107.12	74.76
	秦皇岛市	19.74	15.88	27.46	17.07	7.30	11.75	23.03	15.92	14.80	14.34
	唐山市	10.38	8.89	16.67	10.54	5.15	6.74	12.03	8.08	9.53	8.01
	张家口市	2.35	2.23	2.57	3.57	1.92	2.36	2.96	1.56	3.33	2.08
	朝阳市	5.35	5.61	4.96	4.79	2.37	3.73	6.39	6.32	4.43	3.52
	锡林郭勒盟	9.11	12.29	16.74	21.69	12.35	14.41	17.52	9.88	19.89	12.41
	闪电河	18.05	22.97	26.47	36.08	20.74	24.96	30.64	17.51	33.17	21.33
	小滦河	6.51	9.96	9.98	11.63	9.96	9.71	10.68	6.92	12.22	6.29
	武烈河	7.75	9.20	7.85	8.60	5.63	6.92	8.82	8.69	7.80	5.86
	兴州河	6.58	9.67	7.42	8.86	6.79	6.44	9.57	7.39	8.58	6.55
	伊逊河	22.06	31.38	28.39	28.76	25.75	26.47	29.65	25.73	33.02	17.91
	瀑河	7.98	8.75	10.69	8.29	4.01	5.81	8.88	9.70	6.91	7.61
	青龙河	34.92	29.86	46.75	31.35	14.02	21.69	40.86	30.37	27.14	24.90
	老牛河	6.60	9.04	8.97	7.70	4.23	6.04	8.34	9.08	6.58	6.89
	柳河	19.41	23.00	29.12	22.59	12.44	14.64	24.52	22.06	23.48	17.75
秋季	全流域	174.84	46.89	158.24	93.7	95.11	126.92	123.99	60.77	43.07	79.54
	承德市	58.79	14.71	39.03	29.44	28.18	39.25	37.38	16.60	13.72	24.94
	秦皇岛市	5.22	1.71	7.87	5.58	3.07	3.18	4.34	2.74	1.32	1.94
	唐山市	2.59	1.26	4.92	3.32	2.05	2.28	2.82	1.65	0.72	1.14
	张家口市	1.76	0.53	1.45	0.63	0.97	1.42	1.31	0.63	0.64	1.03
	朝阳市	2.68	0.44	2.36	1.80	0.92	1.13	1.78	0.78	0.50	0.76
	锡林郭勒盟	11.17	2.31	7.70	4.62	5.37	7.54	6.95	3.11	3.82	4.23
	闪电河	18.07	4.11	13.16	7.72	9.07	13.00	12.06	5.64	6.31	8.12
	小滦河	7.56	1.49	4.47	2.66	3.17	5.30	4.63	1.99	2.00	2.44
	武烈河	5.17	1.24	2.84	2.48	2.63	2.94	2.61	1.32	1.05	2.36
	兴州河	4.85	1.25	3.04	2.31	2.25	3.31	3.15	1.55	1.17	2.73
	伊逊河	18.15	3.95	9.74	7.05	7.97	11.72	10.71	4.81	4.06	7.83
	瀑河	4.33	1.04	3.41	2.87	2.18	2.45	2.95	1.15	0.79	1.30
	青龙河	10.83	3.19	14.67	10.34	5.77	6.26	8.83	5.04	2.53	3.80
	老牛河	4.43	1.09	2.97	2.40	2.22	2.64	2.69	0.99	0.81	1.51
	柳河	8.69	3.58	8.98	7.56	5.25	7.07	6.88	2.98	1.96	3.91

续表

	年份	2010	2011	2012	2013	2014	2015	2016	2017	2018	2019
	全流域	16.58	5.51	11.12	6.5	4.6	10.3	7.91	9.41	2.08	11.42
行政区划	承德市	5.62	1.52	3.45	1.94	0.99	2.76	2.59	2.97	0.38	3.81
	秦皇岛市	0.54	0.08	0.25	0.18	0.17	0.64	0.14	0.38	0.17	0.34
	唐山市	0.40	0.13	0.21	0.16	0.13	0.48	0.12	0.28	0.13	0.24
	张家口市	0.20	0.05	0.10	0.05	0.06	0.17	0.10	0.15	0.03	0.20
	朝阳市	0.15	0.01	0.09	0.02	0.01	0.11	0.05	0.13	0.03	0.11
	锡林郭勒盟	1.87	0.37	0.86	0.39	0.48	0.89	0.62	0.84	0.16	1.37
子流域	闪电河	2.47	0.52	1.24	0.59	0.64	1.31	1.06	1.30	0.24	2.06
	小滦河	1.44	0.31	0.69	0.30	0.22	0.47	0.41	0.55	0.07	1.00
	武烈河	0.34	0.08	0.29	0.17	0.05	0.16	0.18	0.17	0.02	0.17
	兴州河	0.47	0.15	0.35	0.25	0.09	0.17	0.29	0.18	0.02	0.28
	伊逊河	1.61	0.42	0.94	0.53	0.25	0.75	0.66	0.69	0.06	0.97
	瀑河	0.32	0.07	0.20	0.10	0.05	0.19	0.09	0.24	0.03	0.21
	青龙河	1.00	0.17	0.51	0.32	0.27	1.13	0.28	0.72	0.30	0.67
	老牛河	0.29	0.05	0.22	0.13	0.05	0.15	0.15	0.22	0.01	0.18
	柳河	0.82	0.38	0.52	0.35	0.22	0.71	0.50	0.70	0.15	0.52

(左侧合并格：冬季)

表 2　滦河流域内行政区和子流域月降水量　　　　　　　（单位：亿 m³）

	年份	2010	2011	2012	2013	2014	2015	2016	2017	2018	2019
	全流域	12.35	12.35	12.35	12.35	12.35	12.35	12.35	12.35	12.35	12.35
行政区划	承德市	4.24	0.01	0.02	1.20	0.02	0.48	0.08	1.14	0.19	0.01
	秦皇岛市	0.34	0.00	0.03	0.04	0.05	0.05	0.01	0.20	0.01	0.00
	唐山市	0.27	0.00	0.03	0.03	0.04	0.05	0.02	0.15	0.03	0.00
	张家口市	0.14	0.00	0.00	0.03	0.00	0.03	0.00	0.06	0.03	0.00
	朝阳市	0.11	0.00	0.00	0.00	0.00	0.02	0.00	0.05	0.00	0.00
	锡林郭勒盟	1.32	0.02	0.03	0.13	0.05	0.16	0.04	0.29	0.11	0.01
子流域	闪电河	1.73	0.02	0.03	0.27	0.05	0.24	0.05	0.44	0.18	0.02
	小滦河	1.14	0.01	0.00	0.11	0.00	0.07	0.01	0.18	0.04	0.01
	武烈河	0.27	0.00	0.00	0.13	0.00	0.04	0.00	0.05	0.01	0.00
	兴州河	0.35	0.00	0.00	0.18	0.00	0.04	0.01	0.07	0.01	0.00
	伊逊河	1.28	0.00	0.00	0.36	0.00	0.11	0.02	0.25	0.04	0.00
	瀑河	0.21	0.00	0.01	0.03	0.00	0.03	0.00	0.10	0.00	0.00
	青龙河	0.67	0.00	0.05	0.06	0.08	0.10	0.02	0.34	0.03	0.00
	老牛河	0.21	0.00	0.00	0.08	0.00	0.03	0.00	0.08	0.01	0.00
	柳河	0.54	0.00	0.02	0.19	0.02	0.13	0.05	0.38	0.05	0.00

(左侧合并格：1月份)

	年份	2010	2011	2012	2013	2014	2015	2016	2017	2018	2019
	全流域	3.79	3.79	3.79	3.79	3.79	3.79	3.79	3.79	3.79	3.79
2月份	行政区划 承德市	1.27	1.27	0.33	0.64	0.63	1.75	2.19	1.64	0.03	1.52
	秦皇岛市	0.17	0.04	0.02	0.14	0.02	0.56	0.11	0.19	0.02	0.01
	唐山市	0.16	0.06	0.01	0.13	0.01	0.41	0.09	0.12	0.01	0.02
	张家口市	0.04	0.05	0.01	0.02	0.05	0.06	0.08	0.07	0.00	0.11
	朝阳市	0.03	0.00	0.00	0.01	0.00	0.08	0.04	0.13	0.00	0.01
	锡林郭勒盟	0.31	0.37	0.05	0.21	0.33	0.33	0.38	0.46	0.02	0.65
	子流域 闪电河	0.47	0.56	0.06	0.26	0.46	0.53	0.76	0.72	0.02	1.06
	小滦河	0.18	0.30	0.11	0.11	0.16	0.24	0.21	0.32	0.01	0.39
	武烈河	0.11	0.06	0.02	0.03	0.03	0.10	0.18	0.09	0.01	0.06
	兴州河	0.08	0.14	0.01	0.07	0.06	0.10	0.27	0.11	0.00	0.11
	伊逊河	0.37	0.42	0.14	0.14	0.19	0.47	0.59	0.39	0.01	0.46
	瀑河	0.11	0.01	0.01	0.07	0.00	0.15	0.07	0.12	0.00	0.04
	青龙河	0.32	0.08	0.03	0.25	0.03	0.97	0.21	0.40	0.03	0.04
	老牛河	0.10	0.03	0.01	0.05	0.01	0.10	0.14	0.13	0.00	0.03
	柳河	0.24	0.19	0.03	0.15	0.09	0.53	0.45	0.32	0.00	0.12
	全流域	15.24	15.24	15.24	15.24	15.24	15.24	15.24	15.24	15.24	15.24
3月份	行政区划 承德市	4.23	0.01	2.97	3.39	2.52	0.67	0.30	1.94	0.94	3.18
	秦皇岛市	0.20	0.00	0.38	0.39	0.31	0.04	0.09	0.09	0.24	0.17
	唐山市	0.14	0.00	0.20	0.18	0.10	0.02	0.05	0.10	0.11	0.16
	张家口市	0.19	0.01	0.11	0.10	0.03	0.00	0.02	0.08	0.02	0.08
	朝阳市	0.10	0.00	0.11	0.19	0.17	0.03	0.02	0.04	0.11	0.10
	锡林郭勒盟	0.85	0.04	0.85	0.37	0.24	0.00	0.00	0.10	0.13	0.62
	子流域 闪电河	1.60	0.06	1.33	0.87	0.42	0.01	0.15	0.73	0.20	0.92
	小滦河	0.68	0.00	0.44	0.38	0.35	0.03	0.07	0.23	0.09	0.44
	武烈河	0.28	0.00	0.24	0.28	0.26	0.09	0.02	0.09	0.07	0.32
	兴州河	0.53	0.00	0.36	0.33	0.28	0.06	0.01	0.31	0.05	0.21
	伊逊河	1.29	0.00	0.86	1.03	1.00	0.24	0.09	0.46	0.20	1.12
	瀑河	0.19	0.00	0.15	0.25	0.12	0.05	0.03	0.08	0.12	0.18
	青龙河	0.44	0.00	0.69	0.78	0.61	0.10	0.16	0.21	0.46	0.39
	老牛河	0.21	0.00	0.14	0.24	0.12	0.07	0.01	0.10	0.10	0.22
	柳河	0.48	0.00	0.41	0.47	0.19	0.13	0.05	0.41	0.25	0.49

	年份	2010	2011	2012	2013	2014	2015	2016	2017	2018	2019
	全流域	20.73	20.73	20.73	20.73	20.73	20.73	20.73	20.73	20.73	20.73
4月份	承德市	6.39	6.96	10.73	3.99	4.58	13.66	2.46	0.27	12.01	6.78
	秦皇岛市	0.79	0.80	1.54	0.36	0.31	2.25	0.29	0.00	1.86	0.83
	唐山市	0.41	0.43	0.83	0.16	0.20	1.34	0.13	0.01	1.29	0.58
	张家口市	0.23	0.22	0.16	0.04	0.21	0.18	0.16	0.02	0.18	0.38
	朝阳市	0.60	0.26	0.59	0.15	0.04	0.88	0.20	0.00	0.85	0.11
	锡林郭勒盟	0.61	1.05	0.79	0.53	1.65	1.21	0.69	0.17	0.95	1.67
	闪电河	1.39	1.91	1.78	0.76	2.37	2.06	1.26	0.23	1.72	3.15
	小滦河	0.37	0.64	0.98	0.63	0.59	1.18	0.27	0.10	0.63	0.86
	武烈河	0.55	0.59	0.95	0.38	0.38	1.21	0.15	0.01	1.04	0.35
	兴州河	0.49	0.64	0.95	0.34	0.34	0.89	0.16	0.00	0.93	0.73
	伊逊河	1.31	2.18	3.30	1.45	1.06	3.52	0.48	0.06	2.56	2.00
	瀑河	0.71	0.51	0.88	0.24	0.30	1.49	0.25	0.01	1.61	0.27
	青龙河	1.85	1.45	2.95	0.70	0.51	4.43	0.65	0.00	3.96	1.39
	老牛河	0.74	0.53	0.83	0.26	0.41	1.50	0.24	0.01	1.35	0.25
	柳河	1.63	1.25	2.00	0.45	1.00	3.24	0.48	0.03	3.36	1.32
	全流域	69.64	69.64	69.64	69.64	69.64	69.64	69.64	69.64	69.64	69.64
5月份	承德市	20.55	10.42	8.59	3.23	19.93	12.62	17.87	8.73	4.11	23.20
	秦皇岛市	2.99	1.21	0.66	0.44	2.76	1.72	1.66	0.82	0.14	3.33
	唐山市	1.41	0.68	0.41	0.24	1.43	1.09	0.90	0.53	0.05	1.51
	张家口市	0.67	0.31	0.36	0.10	0.52	0.32	0.36	0.39	0.41	0.73
	朝阳市	1.00	0.47	0.38	0.13	1.35	0.63	0.97	0.34	0.08	1.29
	锡林郭勒盟	4.08	1.69	1.74	0.48	3.42	2.02	2.07	2.05	2.06	4.45
	闪电河	6.79	2.96	3.01	0.95	5.60	3.61	3.66	3.76	3.50	7.39
	小滦河	2.72	1.14	0.95	0.22	1.89	1.34	1.35	1.20	0.88	2.91
	武烈河	1.54	0.84	0.75	0.29	1.89	0.82	1.74	0.59	0.21	1.72
	兴州河	1.99	0.78	0.75	0.25	1.53	1.12	1.71	0.91	0.35	1.84
	伊逊河	7.21	3.25	2.49	0.74	5.15	3.48	5.22	2.53	1.28	6.60
	瀑河	1.15	0.79	0.63	0.37	2.07	1.06	1.45	0.41	0.08	1.82
	青龙河	5.42	2.34	1.47	0.81	5.67	3.33	3.55	1.63	0.29	6.21
	老牛河	1.01	0.75	0.62	0.37	2.02	0.92	1.61	0.47	0.05	1.72
	柳河	2.81	1.91	1.45	0.62	3.58	2.71	3.54	1.34	0.19	4.25

年份		2010	2011	2012	2013	2014	2015	2016	2017	2018	2019
6月份	全流域	44.42	44.42	44.42	44.42	44.42	44.42	44.42	44.42	44.42	44.42
	行政区划 承德市	13.53	27.37	41.13	32.40	29.96	32.30	29.37	16.01	21.34	11.74
	秦皇岛市	0.80	3.22	5.80	5.26	2.57	3.46	5.45	1.39	2.69	0.66
	唐山市	0.82	1.51	3.53	2.90	1.61	1.85	3.23	0.87	1.33	0.43
	张家口市	0.32	0.66	0.83	1.29	0.82	0.91	0.89	0.30	0.64	0.48
	朝阳市	0.42	1.38	1.85	1.93	1.25	1.83	1.47	0.51	1.12	0.21
	锡林郭勒盟	1.16	4.24	5.82	8.09	3.78	5.70	5.86	1.57	4.38	3.26
	子流域 闪电河	2.80	7.62	9.61	12.98	7.51	9.33	9.77	3.04	7.27	5.58
	小滦河	0.93	2.49	5.14	3.67	3.17	3.40	3.09	1.26	3.07	1.60
	武烈河	1.46	2.50	3.09	2.48	2.47	3.24	2.23	1.84	1.60	0.74
	兴州河	1.10	2.74	3.01	3.00	2.92	2.02	2.68	1.48	1.43	1.26
	伊逊河	3.28	7.45	14.26	8.49	8.72	10.76	7.42	5.48	7.11	3.60
	瀑河	1.04	1.96	3.03	2.54	1.89	2.52	2.24	0.92	1.48	0.58
	青龙河	1.83	6.21	10.90	10.04	5.30	7.26	9.77	2.72	5.25	1.26
	老牛河	1.33	2.18	2.63	2.12	2.08	2.77	2.24	1.19	1.33	0.72
	柳河	3.28	5.21	7.20	6.52	5.89	4.69	6.79	2.72	2.89	1.41
7月份	全流域	137.92	137.92	137.92	137.92	137.92	137.92	137.92	137.92	137.92	137.92
	行政区划 承德市	43.22	55.63	54.85	38.45	11.74	37.15	58.49	35.80	42.62	38.13
	秦皇岛市	8.41	10.09	13.64	6.37	1.03	6.06	13.98	6.03	6.09	6.65
	唐山市	4.41	6.19	8.54	3.76	0.63	3.16	6.88	3.18	4.29	4.02
	张家口市	1.31	1.13	1.51	1.43	0.49	0.89	1.42	0.82	1.18	0.73
	朝阳市	2.99	3.28	3.09	1.62	0.20	1.80	3.92	2.07	1.84	2.51
	锡林郭勒盟	4.53	6.41	9.75	8.54	2.79	5.51	4.92	5.41	5.27	5.13
	子流域 闪电河	8.91	11.47	15.11	14.11	4.69	10.26	15.51	9.14	10.01	8.48
	小滦河	3.44	4.98	4.79	3.71	1.46	4.11	5.61	2.86	2.92	2.52
	武烈河	4.39	4.24	4.21	3.39	0.99	2.57	4.71	3.30	2.92	3.03
	兴州河	3.05	3.80	3.71	3.32	1.14	3.22	4.92	2.79	4.92	3.26
	伊逊河	12.57	14.52	11.64	9.51	4.11	10.56	15.42	8.94	12.35	8.18
	瀑河	4.18	5.49	5.94	2.98	0.56	2.68	5.14	3.46	2.84	4.40
	青龙河	15.88	18.95	24.01	11.40	1.82	10.74	24.57	11.23	11.33	12.83
	老牛河	3.48	4.99	4.30	2.83	0.66	2.61	4.41	3.46	2.52	3.86
	柳河	8.94	14.28	17.71	8.88	1.41	7.76	13.25	8.12	11.46	10.65

年份		2010	2011	2012	2013	2014	2015	2016	2017	2018	2019
8月份	全流域	105.97	105.97	105.97	105.97	105.97	105.97	105.97	105.97	105.97	105.97
	行政区划 承德市	26.83	25.17	13.92	35.18	33.42	14.99	22.27	43.74	42.75	25.46
	秦皇岛市	10.36	2.50	9.19	5.71	3.69	2.34	3.63	8.44	5.95	7.45
	唐山市	5.09	1.15	4.73	3.88	2.82	1.73	1.92	4.02	3.93	3.72
	张家口市	0.84	0.33	0.23	0.82	0.60	0.55	0.65	0.46	1.49	0.83
	朝阳市	2.17	1.10	2.34	1.48	0.93	0.43	1.03	3.61	1.64	2.15
	锡林郭勒盟	3.64	1.72	1.21	5.17	5.98	3.31	2.75	2.75	10.16	3.97
	子流域 闪电河	6.79	3.96	1.90	9.05	9.03	5.50	5.38	5.16	15.56	7.21
	小滦河	2.45	2.52	0.59	4.21	5.44	2.35	1.98	2.70	6.18	2.14
	武烈河	1.85	2.28	1.14	2.56	2.10	0.96	1.87	3.70	3.02	1.74
	兴州河	2.27	2.92	0.82	2.53	2.74	1.11	1.98	3.28	2.20	2.08
	伊逊河	6.81	8.46	2.38	10.42	13.05	5.19	6.81	11.24	13.54	6.22
	瀑河	2.71	1.47	2.26	2.94	1.59	0.81	1.49	5.19	2.84	2.84
	青龙河	17.34	4.91	15.94	10.63	6.86	4.27	6.55	16.19	10.81	13.22
	老牛河	1.65	1.64	1.34	2.69	1.48	0.68	1.69	4.44	2.68	2.16
	柳河	7.03	3.76	5.27	7.17	5.01	2.42	4.48	11.14	8.99	5.92
9月份	全流域	106.47	106.47	106.47	106.47	106.47	106.47	106.47	106.47	106.47	106.47
	行政区划 承德市	34.56	6.52	18.76	20.98	19.02	24.28	18.37	6.76	11.96	11.97
	秦皇岛市	3.25	0.44	3.82	3.33	2.07	2.20	2.01	0.99	0.97	0.70
	唐山市	1.67	0.42	2.26	2.27	1.43	1.60	1.54	0.70	0.48	0.47
	张家口市	1.24	0.29	0.85	0.50	0.71	0.84	0.60	0.27	0.59	0.67
	朝阳市	1.48	0.18	1.07	0.97	0.72	0.70	0.80	0.25	0.42	0.25
	锡林郭勒盟	7.57	1.26	4.70	3.60	3.72	4.90	2.96	1.46	3.65	2.21
	子流域 闪电河	12.36	2.27	7.84	6.09	6.43	8.24	5.25	2.53	5.88	4.58
	小滦河	4.65	0.60	2.37	1.98	2.13	3.18	2.14	1.08	1.93	1.13
	武烈河	2.90	0.61	1.13	1.71	1.58	1.77	1.21	0.50	0.87	1.24
	兴州河	2.75	0.49	1.37	1.76	1.57	1.93	1.24	0.58	1.00	1.36
	伊逊河	10.83	1.60	4.72	5.06	5.37	7.09	5.84	2.46	3.57	4.03
	瀑河	2.34	0.47	1.66	1.81	1.43	1.63	1.51	0.39	0.66	0.42
	青龙河	6.52	0.93	6.98	6.16	4.03	4.22	4.22	1.88	1.87	1.37
	老牛河	2.35	0.50	1.38	1.61	1.34	1.72	1.34	0.29	0.67	0.58
	柳河	4.98	1.64	3.97	5.45	3.74	4.69	3.49	0.68	1.57	1.51

续表

	年份	2010	2011	2012	2013	2014	2015	2016	2017	2018	2019
	全流域	66.02	66.02	66.02	66.02	66.02	66.02	66.02	66.02	66.02	66.02
10月份	承德市	23.58	5.33	8.55	8.35	9.33	2.15	14.76	9.31	1.56	7.55
	秦皇岛市	1.89	0.37	1.43	2.21	1.06	0.13	1.77	1.79	0.26	0.33
	唐山市	0.91	0.30	0.89	1.03	0.66	0.07	0.99	0.97	0.22	0.18
	张家口市	0.52	0.15	0.23	0.11	0.25	0.05	0.54	0.33	0.07	0.21
	朝阳市	1.13	0.08	0.42	0.80	0.40	0.05	0.70	0.56	0.05	0.21
	锡林郭勒盟	3.57	0.66	1.34	0.92	1.62	0.41	3.24	1.42	0.20	1.15
	闪电河	5.63	1.15	2.22	1.49	2.57	0.59	5.47	2.72	0.44	2.18
	小滦河	2.81	0.65	0.89	0.68	1.02	0.49	1.97	0.78	0.12	0.86
	武烈河	2.17	0.41	0.70	0.77	1.01	0.13	1.06	0.76	0.13	0.70
	兴州河	2.04	0.51	0.79	0.56	0.74	0.11	1.43	0.96	0.17	0.77
	伊逊河	7.29	1.78	2.28	2.00	2.68	0.95	3.62	2.18	0.40	2.63
	瀑河	1.77	0.29	0.72	1.03	0.82	0.06	1.10	0.76	0.12	0.28
	青龙河	4.12	0.70	2.66	4.09	2.12	0.25	3.46	3.25	0.51	0.71
	老牛河	2.06	0.35	0.69	0.78	0.85	0.07	1.10	0.73	0.13	0.52
	柳河	3.68	1.04	1.90	2.05	1.52	0.21	2.77	2.24	0.36	0.95
	全流域	2.56	2.56	2.56	2.56	2.56	2.56	2.56	2.56	2.56	2.56
11月份	承德市	0.55	3.09	11.71	0.05	0.05	12.66	4.34	0.38	0.10	5.37
	秦皇岛市	0.17	0.84	2.67	0.01	0.00	0.91	0.51	0.00	0.05	0.73
	唐山市	0.04	0.53	1.76	0.01	0.01	0.62	0.27	0.00	0.02	0.44
	张家口市	0.04	0.08	0.37	0.01	0.01	0.53	0.17	0.04	0.00	0.20
	朝阳市	0.11	0.16	0.87	0.00	0.00	0.34	0.24	0.00	0.01	0.26
	锡林郭勒盟	0.27	0.40	1.67	0.09	0.04	2.21	0.79	0.21	0.00	0.91
	闪电河	0.35	0.69	3.11	0.12	0.05	4.16	1.35	0.30	0.01	1.60
	小滦河	0.13	0.24	1.21	0.01	0.01	1.61	0.56	0.12	0.00	0.46
	武烈河	0.03	0.28	1.00	0.00	0.00	1.05	0.31	0.01	0.02	0.43
	兴州河	0.01	0.24	0.89	0.00	0.00	1.19	0.44	0.00	0.00	0.55
	伊逊河	0.08	0.59	2.73	0.00	0.01	3.65	1.27	0.17	0.01	1.22
	瀑河	0.09	0.27	1.03	0.00	0.01	0.73	0.36	0.00	0.01	0.46
	青龙河	0.35	1.46	5.06	0.01	0.01	1.81	1.04	0.01	0.09	1.41
	老牛河	0.06	0.22	0.91	0.00	0.01	0.84	0.26	0.00	0.02	0.45
	柳河	0.06	1.12	3.09	0.02	0.02	2.21	0.73	0.00	0.03	1.34

续表

年份			2010	2011	2012	2013	2014	2015	2016	2017	2018	2019
12月份		全流域	0.63	0.63	0.63	0.63	0.63	0.63	0.63	0.63	0.63	0.63
	行政区划	承德市	0.13	0.19	3.10	0.10	0.37	0.52	0.38	0.09	0.15	2.42
		秦皇岛市	0.00	0.05	0.20	0.00	0.08	0.02	0.02	0.00	0.15	0.32
		唐山市	0.00	0.07	0.16	0.00	0.09	0.01	0.02	0.00	0.09	0.22
		张家口市	0.02	0.00	0.10	0.00	0.02	0.08	0.02	0.02	0.00	0.08
		朝阳市	0.00	0.00	0.09	0.00	0.01	0.01	0.01	0.00	0.02	0.10
		锡林郭勒盟	0.25	0.00	0.78	0.06	0.11	0.39	0.19	0.09	0.03	0.67
	子流域	闪电河	0.27	0.00	1.16	0.05	0.13	0.52	0.27	0.13	0.03	1.00
		小滦河	0.11	0.00	0.56	0.08	0.06	0.17	0.18	0.05	0.03	0.59
		武烈河	0.00	0.00	0.28	0.00	0.02	0.03	0.00	0.00	0.00	0.11
		兴州河	0.00	0.01	0.34	0.00	0.03	0.04	0.01	0.00	0.00	0.17
		伊逊河	0.00	0.00	0.81	0.03	0.08	0.15	0.09	0.01	0.02	0.52
		瀑河	0.00	0.03	0.17	0.00	0.05	0.01	0.00	0.00	0.02	0.19
		青龙河	0.00	0.09	0.43	0.00	0.16	0.04	0.04	0.00	0.24	0.62
		老牛河	0.00	0.02	0.22	0.00	0.03	0.01	0.00	0.00	0.00	0.16
		柳河	0.00	0.16	0.47	0.00	0.11	0.05	0.04	0.00	0.09	0.44